高等职业教育“十三五”创新型规划教材

进出口商品检验检疫理论与实务

（第2版）

主　编　刘菊堂
副主编　赵　阔　高　伟　王　戎　鞠春娜
参　编　张　鹏　董艳丽

北京理工大学出版社
BEIJING INSTITUTE OF TECHNOLOGY PRESS

内容简介

本书采取以报检员的工作过程为主线、以体现工学结合的教材编写模式编写，有针对性与实用性的特点。本书分十三个项目，主要涉及出入境检验检疫工作的主体；检务基础知识；报检业务基础知识以及具体的商品、包装、运输工具等报检与管理。以“新、实、全”为特色，既考虑了实际工作流程，又考虑了学生考取报检员资格证的需要；本书既可作为高职院校和应用型院校经贸专业及相关专业学生的教材，又可作为从业人员的参考用书及岗位培训教材。

图书在版编目（CIP）数据

进出口商品检验检疫理论与实务/刘菊堂主编. —2 版. —北京：北京理工大学出版社，2017.7（2017.8 重印）

ISBN 978-7-5682-4349-0

Ⅰ. ①进…　Ⅱ. ①刘…　Ⅲ. ①进出口商品-商品检验-中国②国境检疫-中国　Ⅳ. ①F752.6②R185.3

中国版本图书馆 CIP 数据核字（2017）第 169956 号

出版发行 / 北京理工大学出版社
社　　址 / 北京市海淀区中关村南大街 5 号
邮　　编 / 100081
电　　话 / (010)68914775（办公室）　68944990（批销中心）　68911084（读者服务部）
网　　址 / http://www.bitpress.com.cn
经　　销 / 全国各地新华书店
印　　刷 / 北京泽宇印刷有限公司
开　　本 / 787 毫米×1092 毫米　1/16
印　　张 / 15
字　　数 / 353 千字
版　　次 / 2017 年 7 月第 2 版　　2017 年 8 月第 2 次印刷
定　　价 / 38.00 元

责任编辑 / 王俊洁
文案编辑 / 王俊洁
责任校对 / 孟祥敬
责任印制 / 李志强

前　言

报检工作是一项政策性、专业性很强的工作，是外贸企业进出口业务中的重要环节。随着国家对进出口货物、包装、运输工具等对象的检验检疫要求的增加，外贸企业的报检工作越来越重要。所以，我们面向外贸企业，根据报检工作岗位职业能力的要求，编写了《进出口商品检验检疫理论与实务》的专业教材。

本教材有以下特点：

1. 本教材的框架体系依据职业岗位要求编写，更符合我国出入境检验检疫工作程序的要求，体现了职业教育的特色。

2. 本教材把报检员工作流程的技能训练与全国报检员职业资格考试所要求的知识和内容有效结合。通过案例导入、确定工作任务、知识链接和重点内容各栏目的学习，再进行案例分析并提出思考的问题等方式，加深学生对相关内容的理解和掌握。同时，该教材的内容体现了最新的检验检疫方面的法规和要求。（截至 2017 年 4 月）

3. 本教材采用了详列各种图表、单证以及网络界面等多种多样的形式，让学生在理解掌握职业资格考试知识内容的基础上，围绕出入境检验检疫业务操作流程，通过实训加强学生的技能训练，强调了对学生实践能力的培养。

4. 本教材为了方便学生自学及教学，对每个项目的要点进行总结；对项目内容设定能力目标，即了解、熟悉、掌握相关知识能力；在每个项目后面附有与其内容相关的复习思考题等。

本教材尽可能地采取以报检员的工作过程为主线，体现任务驱动、项目教学特点的项目教材编写模式。体现其针对性与实用性特点。本教材可作为高职高专院校的国际贸易、国际物流管理、报关与国际货运代理、国际商务、国际航运管理等专业的课程教材。也可供参加报检员考试及从事进出口业务的人员用作学习、培训的参考用书。

本教材由刘菊堂主编并负责全书总编纂。具体分工如下：刘菊堂负责项目二、三、四、五、九、十一，赵阔负责项目六、七，高伟负责项目八，王戎负责项目十，鞠春娜负责项目一，张鹏负责项目十二，董艳丽负责项目十三。

由于编者时间和水平有限，书中难免有不足之处，敬请各位同行和专家批评指正。

编　者

前言

目 录

项目一

出入境检验检疫的概述

学习目标

全面、系统地了解出入境检验检疫业务，对检验检疫工作各个环节进行宏观的学习和掌握。

技能目标

通过学习本章，学生能够在实践中快速掌握检验检疫各项业务的总体要求和相关法律基础知识。

出入境检验检疫，是指检验检疫部门和检验检疫机构依照法律、行政法规和国际惯例等要求，对出入境货物、交通工具、运输设备、人员等进行检验、检疫、认证、监督管理及签发官方检验检疫证明等工作的统称。中国出入境检验检疫按其业务内容划分，包括进出口商品检验、进出境动植物检疫以及国境卫生检疫。

任务一　我国出入境检验检疫的发展历程

中国出入境检验检疫产生于19世纪后期，迄今已有100多年历史。中国出入境检验检疫源自进出口商品检验、进出境动植物检疫和国境卫生检疫。

一、中国进出口商品检验的产生和发展

（一）中华人民共和国成立前的进出口商品检验

19世纪后期，中国近代对外贸易逐渐发展起来。清同治三年（1864年），由英商劳合氏的保险代理人上海仁记洋行代办水险和船舶检验、鉴定业务，这是中国第一个办理商检业务的机构。随后一些规模较大的外国检验机构，先后到上海及其他重要口岸设立了公证检验机构，办理洋行贸易商品的检验、鉴定工作，在对中外贸易关系中充当居间人，袒护本国商人经济利益，控制了中国的进出口商品检验主权，成为对中国进行经济侵略的工具之一。

辛亥革命后，国民政府迫于当时国内外形势压力，开始重视商品检验工作，在一些通商

口岸设立了若干种商品的官方检验所，实施出口商品检验。1928 年，国民政府工商部颁布了《商品出口检验暂行规则》，规定对生丝、棉麻、茶叶等 8 类商品实施检验。1929 年，工商部又颁布了《商品出口检验局暂行章程》。同年，工商部上海商品检验局成立，这是中国第一个由国家设立的官方商品检验机构。之后又在汉口、青岛、天津和广州设立了 4 个商品检验局，并在其他指定管辖地区设立了分支机构和办事处。1932 年，国民政府行政院通过《商品检验法》，这是中国商品检验最早的法律。该法明确规定商品检验范围包括进口和出口商品，对“有掺伪之情弊者、有毒害之危险者、应鉴定其质量等级者”依法实施检验。同时规定，“应施检验之商品，非经检验领有证书不得输入输出”，对违反该法者进行罚款或惩处，开创了中国对进出口商品实施法定检验的先河。

抗日战争初期，天津、上海、青岛和广州商检局先后因沦陷而停办或撤销，汉口商检局西迁重庆。1939 年先后设立重庆商检局和昆明商检局，这是抗战时期国民政府管辖地区仅存的商检局。1940 年汪伪政府公布了与国民政府商检法内容完全相同的《商品检验法》和伪工商部《商品检验局组织条例》，在沦陷区陆续成立上海、天津、青岛商品检验局，并公布应施检验的进出口商品的种类表，对列入种类表内的商品实施强制性检验。抗战胜利后，国民政府恢复了天津、上海、青岛、广州和汉口等 5 个商检局，连同重庆商检局，当时全国共有 6 个商检局，属国民政府经济部领导。

中华人民共和国成立前的商品检验，虽然有法律和法规作依据，也设有官方的商检局实施检验工作。但由于中国当时处于半封建半殖民地的地位，中国商检局的证书得不到国际上的承认，只能作为国内通关使用，不能在国际上发挥交货、结汇、计费、计税和处理索赔的有效凭证作用。

（二）中华人民共和国成立后的进出口商品检验

中华人民共和国成立后，中央贸易部国外贸易司设立商品检验处，统一领导全国商检工作，并在改造国民政府遗留下来的商检局的基础上，在大连、新疆设立了商品检验局。除青岛、新疆两局只管辖所在省和自治区的检验业务外，其他商检局都实行按大行政区划和商品的流向跨省市自治区检验的体制。

1951 年，中央人民政府政务院财政经济委员会公布了《商品检验暂行条例》，这是中华人民共和国第一部关于进出口商品检验的行政法规。这个法规确定了输入输出商品检验的范围，并规定“凡输入输出商品的衡量、鉴定等公证事项，统由商品检验局办理”，体现了商检工作集中、统一的特点。1950 年、1951 年各地政府明令停止中外公证行的业务活动，规定一切检验和公证鉴定业务统由中国商品检验局办理，中国境内不得设立外国检验机构，不准外国检验机构派员来华办理公证鉴定业务，确立了中国检验机构独立自主行使检验主权的制度。条例的颁布实施有力地推动了商检事业的发展，对打破西方贸易歧视政策，发展中国对外贸易发挥了重要的作用。1952 年，中央贸易部分为商业部和对外贸易部，在外贸部内设立商品检验总局，统一管理全国的进出口商品检验工作，加强了全国进出口商品检验工作的管理。1953 年，政务院在《商品检验暂行条例》的基础上，制定了《输出输入商品暂行条例》（以下简称《暂行条例》），并于 1954 年 1 月 3 日公布实施。这个《暂行条例》进一步明确了商检局统一办理对外公证鉴定工作的职能，并将国营企业外贸合同规定应经商检的商品和应检验的动植物及其产品有无害虫、病菌的商品列为法定检验的范围，加强了对进出口商品的检验管理。通过全国商检人员的共同努力，中国商检证书很快在国外树立了良好的信誉，得到世界各国的普遍承认，成为国际贸易中进出口商品交接、结算和处理索赔争议具有法律效力的重要证件。

1980 年，国务院做出了关于改革商检管理体制的决定，将外贸部商品检验总局改为中华人民共和国进出口商品检验总局，并将各地商检局的建制收归中央，实行中央与地方双重领导，以中央领导为主的垂直领导体制，地方局改称进出口商品检验局，冠以所在省、自治区和直辖市名称。1982 年国务院机构改革，中华人民共和国进出口商品检验总局更名为中华人民共和国国家进出口商品检验局，由外经贸部归口管理。为适应新形势的需要，1984 年国务院发布《中华人民共和国进出口商品检验条例》（以下简称《商检条例》）。《商检条例》明确规定：国家商检局是统一监督管理全国进出口商品检验工作的主管机关。同时明确了商检机构的检验范围、检验内容、检验制度以及对违法行为的行政处罚等。

随着改革开放的不断深入，中国的对外贸易有了很大的发展，进出口商品结构、贸易方式也发生了变化，国际市场对商品质量的要求越来越严格，新的形势迫切需要把多年来在进出口商品检验方面的经验和权利、义务用法律的形式加以规定。1986 年国家商检局成立商检法起草小组，认真总结商检工作多年积累的经验，调查研究并借鉴国内外有关法律法规规定，在《商检条例》的基础上起草了《商检法》草案。1989 年 2 月，第七届全国人大常委会第六次会议审议通过了《中华人民共和国进出口商品检验法》（以下简称《商检法》）。《商检法》规定商品检验的宗旨是确保进出口商品质量，促进对外贸易的发展。它以法律的形式明确了商检机构对进出口商品实施法定检验，办理进出口商品鉴定业务以及监督管理进出口商品检验工作等基本职责。《商检法》实施后，国家商检局根据该法第 31 条的规定，制定了《中华人民共和国进出口商品检验法实施条例》（以下简称《商检法实施条例》）。《商检法实施条例》经国务院批准，于 1992 年 10 月发布施行。2002 年 10 月 1 日新《商检法》实施。新修订的《商检法实施条例》也于 2005 年 12 月 1 日实施。

二、中国进出境动植物检疫的产生和发展

（一）中华人民共和国成立前的进出境动植物检疫

中国最早的动物检疫是 1903 年在中东铁路管理局建立的铁路兽医检疫处，对来自沙俄的各种肉类食品进行检疫工作。1913 年英国为防止牛羊疫病的传入，禁止病畜皮毛的进口，向中国政府提出检疫要求。上海的英国商人为了使其经营的产品顺利地出口到英国，聘请了英国的兽医派得洛克在上海做出口肉类检验，并签发兽医卫生证书。1921 年英国驻华使馆照会中国政府外交部，要求执行英国政府颁布的《禁止染有病虫害植物进口章程》。1922 年英国又以中国无国家兽医检查机关为由，禁止中国的肉类进口。

在国外压力和国内商人的强烈要求下，当时的北京张作霖军政府农工部开始筹备设立“毛革肉类出口检查所”，并于 1927 年制定公布了《毛革肉类出口检查条例》《毛革肉类检查条例实施细则》，同时限制了染有炭疽病菌的肉类进口。当年在天津成立了“农工部毛革肉类检查所”，这是中国官方最早的动植物检疫机构。随后，又在上海、南京设立分所，在东北的绥芬河、满洲里设立工作点，具体执行毛、革、肉类的出口检查任务。1928 年国民政府制定了《农产物检查所检查农产物规则》《农产物检查所检验病虫害暂行办法》等一系列规章，成立了“农产物检查所”，执行农产品的检验和植物检疫任务。以上是中国官方最早的动植物检疫机构和相关的动植物检疫法规。

1930年国民政府将农矿部和工商部合并为实业部，“毛革肉类检查所”与“农产物检查所”统一划归1929年成立的商品检验局负责，隶属实业部领导。1939年4月上海商检局开始实施植物病虫害检验。这些法律的颁布对于保护当时国内的农业和畜牧业起到了积极的作用，也促进了农畜产品的出口。

抗日战争爆发后，随着天津、上海等大城市的沦陷，各地检验检疫机构相继停办，除了少量的桐油、茶叶和蚕丝外，农畜产品的进出口量甚少，动植物检疫工作基本上处于停滞状态。也正是在这时，国外很多疫病传入了中国，如甘薯黑斑病、蚕豆象和棉花黄枯萎病等。

（二）中华人民共和国成立后的动植物检疫

中华人民共和国成立后，政府接管并改造了原有的商品检验局，于1949年建立了由中央贸易部领导的商品检验机构。1952年明确由外贸部商检总局负责对外动植物检疫工作，其中，畜产品检验处负责动物检疫，农产品检验处负责植物检疫。由于当时出口动物及其产品的数量逐年增加，外贸部制定了《输出输入农畜产品检验暂行标准》，该标准在对外贸易中发挥了很好的作用。1964年2月，国务院决定将动植物检疫从外贸部划归农业部领导（动物产品检疫仍由商检局办理），并于1965年在全国27个口岸设立了中华人民共和国动植物检疫所，之后又根据形势发展的需要，在开放的口岸设立进出境动植物检疫机构。

“文化大革命”初期，进出境动植物检疫工作受到严重干扰，有的机构被撤销，人员被调离，进出境动植物检疫工作一度陷入混乱，致使一些国外疫病传入中国，如被列入一类检疫对象的对林业危害严重的美国白蛾就是这时通过丹东口岸传入的。

改革开放以来，动植物检疫恢复了正常的工作秩序。1982年，国务院正式批准成立国家动植物检疫总所，并明确其性质为代表国家行使对外动植物检疫行政管理职权，负责统一管理全国口岸动植物检疫工作的局级事业单位。国家动植物检疫总所的成立，将进出口动植物检疫改为由中央和地方双重领导、以中央领导为主的垂直领导体制。同年，国务院颁布《中华人民共和国进出口动植物检疫条例》（以下简称《条例》），以国家行政法规的形式明确规定了进出口动植物检疫的宗旨、意义、范围、程序、方法以及检疫处理和相应的法律责任。《条例》是中国进出境动植物检疫史上第一部比较完善的检疫法规。

1991年10月30日，七届全国人大常委会二十二次会议通过公布了《中华人民共和国进出境动植物检疫法》（以下简称《动植物检疫法》）。《动植物检疫法》是中国颁布的第一部动植物检疫法律，是中国动植物检疫史上一个重要的里程碑，它以法律的形式明确了动植物检疫的宗旨、性质和任务，为口岸动植物检疫工作提供了法律依据和保证。它的颁布实施，扩大了中国动植物检疫在国际上的影响，标志着中国动植物检疫事业进入一个新的发展时期。1995年，国家动植物检疫总所更名为国家动植物检疫局。1996年12月，国务院颁布《动植物检疫法实施条例》，并于1997年1月1日起正式实施。自此，中国进出境动植物检疫工作有了相对完善的法律法规体系。对于实现进出境动植物检疫“把关、服务、促进”的宗旨发挥了重要的作用。

三、中国国境卫生检疫的产生和发展

（一）中华人民共和国成立前的国境卫生检疫

1873年，印度、泰国和马来半岛等地霍乱流行并向海外广泛传播。帝国主义为了巩固和扩大他们在华的既得利益，在其控制下的上海、厦门海关设立了卫生检疫机构，订立了相应的检疫章程，并任命一些当时被外国掌管的海关官员为卫生官员，开始登轮检疫。这就是中国出入境卫生检疫的雏形。

1910 年和 1921 年，中国东北两次鼠疫大流行。为了加强卫生检疫工作，减少疫情带给人民的灾难，当时的东三省防疫总管理处向南京国民政府提出从海关收回卫生检疫权的要求。历经数年的努力，国民政府在上海建立全国海港检疫管理处，自 1930 年 7 月 1 日起先收回上海海港检疫机构，由外国人掌握权力的中国海关交回中国政府管理。总管理处订立全国检疫章程，呈中央政府批准后施行，总管理处负责分期收回上海港以外的各口岸卫生检疫机构。

1930 年，各地卫生检疫从海关分离出来，成为独立部门，隶属国民政府内务部卫生署领导。卫生署先后在上海、天津、广州、汉口、满洲里、厦门等口岸设立海港检疫管理处和卫生检疫所，负责出入境卫生检疫。同年颁布了《海港检疫章程》，这是中国第一部全国统一的卫生检疫法规，从此结束了海港卫生检疫各自为政的状态。1931—1932 年，海港检疫管理处从海关收回了汕头、营口、塘沽和秦皇岛等卫生检疫所。

1937 年，抗日战争爆发，大部分港口被日本占领，上海检疫工作暂由港务局代管，检疫行政由海关主持，具体业务由中日双方医师共同负责，沦陷区其他口岸由日本人接办。在国民政府管辖地区设有宜渝（汉口、宜昌、重庆）与滇边检疫所。

1945 年，抗日战争胜利后，国民政府卫生署先后从海关收回天津、上海、秦皇岛和广州等检疫所，并成立大连、台湾检疫总所。中国航空卫生检疫也于 1943 年在重庆开始实施，1946 年制定了《航空检疫章程草案》。草案规定：凡由外国或传染港来的飞机一律按规定检疫及消毒，并检查健康证明。

这一时期的卫生检疫，由于设立了海港总管理处，并且颁布了全国统一的卫生检疫法规，中国的卫生检疫事业有了一定的发展。此期间颁布的各种章程、法规，基本包括了卫生检疫方面的实体法和程序法。但是，由于国民政府的政权在总体上仍受制于外人，卫生检疫法规在外国人面前显得软弱无力，甚至出现有法不能执行的情况。

（二）中华人民共和国成立后的国境卫生检疫

中华人民共和国成立后，中央人民政府卫生部防疫处设立防疫科，接管了原有的 17 个海陆空检疫所并更名为“交通检疫所”。除天津、塘沽、秦皇岛检疫所由卫生部直接领导外，其他各所分别划归东北、华北和中南大行政区军政委员会卫生部领导。

1950 年 2 月，卫生部召开新中国成立后第一次全国卫生检疫会议。1953 年 1 月，卫生部通知将各地交通检疫所移交有关省、市、自治区卫生厅直接领导，北京、天津、秦皇岛检疫所仍由卫生部直接领导。

1957 年，第一届全国人大常委会第 88 次会议通过《中华人民共和国国境卫生检疫条例》（以下简称《卫生检疫条例》）。条例将鼠疫、霍乱、黄热病、天花、斑疹伤寒和回归热等列为检疫传染病。这是新中国成立以来颁布的第一部卫生检疫法规，从此卫生检疫工作有了全国统一的行政执法依据。

1980 年，卫生部发布《国境卫生传染病检测试行办法》，规定流行性感冒、疟疾、登革热、脊髓灰质炎等为检测传染病。1981 年卫生部又发布《中华人民共和国国境口岸卫生监督办法》。这一系列规章的颁布，极大地丰富了卫生检疫工作的内容，并对当时的卫生检疫工作起到了重要的指导作用，同时也为卫生检疫立法提供了很好的经验。

随着中国改革开放的持续深入，经济迅速发展，出入境的人员和货物数量也日益增加，卫生检疫任务十分繁重。为了适应新形势，促进对外贸易，繁荣中国经济，1986 年 12 月 2 日，经第六届全国人大常委会第十八次会议审议通过，颁布了《中华人民共和国国境卫生检疫法》（以下简称《国境卫生检疫法》）。随后，卫生部根据《国境卫生检疫法》的授权，于 1989 年发布了《中华人民共和国国境卫生检疫法实施细则》。《国境卫生检疫法》及其实施细则以法律法规的形式规定了新形势下卫生检疫机构的职责、检疫对象、主要工作内容、疫情通报、发生疫情时的应急措施以及处理程序。同时，对出入境人员、运输工具检验检疫、物品检疫查验、临时检疫、国际间传染病监测、卫生监督和法律责任也作了相应的规定。《国境卫生检疫法》的发布施行标志着中国国境卫生检疫工作进入了法制化管理的轨道。

为适应国境卫生检疫工作发展的需要，1988 年 5 月 4 日，中华人民共和国卫生检疫总所成立，同年 6 月 26 日，卫生部发文确定第一批 15 个省、市、自治区卫生检疫机构上划归卫生部直接领导，至 1992 年全部上划完毕。1992 年各地卫生检疫所更名为“中华人民共和国×××卫生检疫局”，1995 年中华人民共和国卫生检疫总所更名为“中华人民共和国卫生检疫局”。

任务二　出入境检验检疫法律地位和作用

案例导入

2009 年 7 月，某进出口公司向国外出口 7 个集装箱，装运的是钢丝绳。在货物出运前，公司新进上岗的装卸工人因考虑到此批货物重量较大，为了方便客户利用铲车卸货，在夹板盘上加钉了未进行除害处理、未加施 IPPC 标识的实木条。该公司也未就该木质包装向当地检验检疫机构报检。货物到达目的国后，该国海关在查验过程中发现，包装物中混有实木包装且未加施 IPPC 标识，强制将全部货物做退运处理。请分析出入境检验检疫工作的作用。

一、中国检验检疫的法律地位

检验检疫工作很重要，世界各国的法律法规和国际通行做法、有关规则、协定等，都赋予检验检疫机构以公认的法律地位；国际贸易合同中对检验检疫一般也有明确的条款规定，使检验检疫工作受到法律保护，所签发的证件具有法律效力。

（一）国家以法律形式从根本上确定了中国出入境检验检疫的法律地位

由于出入境检验检疫在国家涉外经济贸易中的地位十分重要，全国人大常委会先后制定了《中华人民共和国进出口商品检验法》《中华人民共和国进出境动植物检疫法》《中华人民共和国国境卫生检疫法》以及《中华人民共和国食品安全法》等法律，分别规定了出入境检验检疫的目的和任务、责任范围、授权执法机关和管辖权限、检验检疫的执行程序、执法监督和法律责任等重要内容，从根本上确定了出入境检验检疫工作的法律地位。

（二）中国出入境检验检疫机构作为四部法律的行政执法机构，确立了它在法律上的执法主体地位

根据检验检疫的四部法律规定，国务院成立的检验检疫部门，作为授权执行有关法律和

主管各方面工作的主管机关，确立了它们在法律上的行政执法主体地位。1998 年国家出入境检验检疫体制改革，实行商检、动植检和卫检机构体制合一后，合并成立的国家检验检疫机构，继承了原来商检、动植检和卫检机构的执法授权，成为四部法律共同的授权执法部门。

（三）中国出入境检验检疫法规已形成相对完整的法律体系，奠定了依法施检的执法基础

我国的检验检疫法律和国务院的实施条例公布后，各种配套法规，规范性程序文件，检验检测技术标准，检疫对象的消毒、灭菌、除虫等无害化处理规范等，经过具体化和修改补充已基本完整齐备；检验检疫机构经过调整精简、健全内部管理的各项责任制度，也已基本适应了执法需要，对于保证检验检疫的正常开展和有序进行具有极其重要的意义。

此外，中国出入境检验检疫的法律体系，还要适应有关国际条约。迄今为止，中国已加入联合国食品法典委员会（CODEX）和亚太地区植保委员会（APPPC）等，并与世界上 20 多个国家签订了双边检验检疫协定，为使中国的检验检疫与国际法规标准相一致创造了条件。

（四）中国检验检疫法律具有完备的监管程序，保证了法律的有效实施

中国的出入境检验检疫法规的实施，在将近百年发展的历史中，借鉴历史传统和国际经验，已形成了一个配套体系完整，监管要素齐备的执法监督体系，保证了法律的有效实施。

（1）四部检验检疫法规都有一个具有强制性的闭环性的监管措施，其中最主要的是货物的进出口都要通过海关最后一道监管，未经检验检疫取得有效证书和放行单据则无法通关过境，人员的出入境则由边防机构的监管把关来保证检疫程序的有效实施。

（2）在海关、边防把住最后一道关口的前提下，检验检疫部门的强制性报检签证程序，强制性安全卫生检测技术标准，强制性的抽样检查程序也随之发挥监督机制作用，使有关法律法规能够有效实施。

（3）进口国对进口货物安全、卫生、环保等方面强制规定，要求出口国的检验检疫部门行使检验检疫职责，履行义务。

（4）合同规定，凭检验检疫部门检验证书交货结算和对外索赔的，没有证书无法装船结汇和对外索赔，起到了有关法律法规的监督与制约作用。

二、中国出入境检验检疫的作用

中国出入境检验检疫随着中国改革开放和国家经济的不断发展、对外贸易的不断扩大，出入境检验检疫对保证国民经济的顺利发展，保证农、林、牧、渔业的生产安全和人民健康，维护对外贸易有关各方的合法权益和正常的国际经济贸易秩序，促进对外贸易的发展都起到了积极的作用。它的作用主要体现在以下几个方面：

（一）出入境检验检疫是国家主权的体现

出入境检验检疫机构作为涉外经济执法机构，根据法律授权，代表国家行使检验检疫职能，对一切进入中国国境和开放口岸的人员、货物、运输工具、旅客行李物品和邮寄包裹等实施强制性检验检疫；对涉及安全卫生及检疫产品的国外生产企业的安全卫生和检疫条件进行注册登记；对发现检疫对象或不符合安全卫生条件的商品、物品、包装和运输工具，有权

禁止进口，或视情况在进行消毒、灭菌、杀虫或其他排除安全隐患的措施等无害化处理并重验合格后，方准进口；对于应经检验检疫机构实施注册登记的向中国输出有关产品的外国生产加工企业，必须取得注册登记证书，其产品方准进口。这些强制性制度，是国家主权的具体体现。

（二）出入境检验检疫是国家管理职能的体现

出入境检验检疫机构作为执法机构，根据法律授权，对列入应实施出口检验检疫对象和范围的人员、货物、危险品包装和装运易腐易变的食品、冷冻品的船舱、集装箱等，按照中国的、进口国的，或与中国签有双边检疫议定书的外国的或国际性的法规、标准的规定，实施必要的检验检疫；对涉及安全、卫生、检疫和环保条件的出口产品的生产加工企业，实施生产加工安全或卫生保证体系的注册登记，或必要时帮助企业取得进口国有关主管机关的注册登记；经检验检疫发现检疫对象或产品质量与安全卫生条件不合格的商品，有权阻止出境；不符合安全条件的危险品包装容器，不准装运危险货物；不符合卫生条件或冷冻要求的船舱和集装箱，不准装载易腐易变的粮油食品或冷冻品；对未取得安全、卫生、检疫注册登记的涉及安全卫生的产品生产厂，危险品包装加工厂和肉类食品加工厂，不得生产加工上述产品。对涉及人类健康和安全，动植物生命和健康，以及环境保护和公共安全的入境产品实行强制性认证制度；对成套设备和废旧物品进行装船前检验。

（三）出入境检验检疫是中国对外贸易顺利进行和持续发展的保障

1. 对进出口商品的检验检疫和监督认证是为了满足进口国的各种规定要求

世界各主权国家为保护人民身体健康，保障工农业生产、基本建设、交通运输和消费者的安全，相继制定有关食品、药品、化妆品和医疗器械的卫生法规，各种机电与电子设备、交通运输工具和涉及安全的消费品的安全法规，动植物及其产品的检疫法规，检疫传染病的卫生检疫法规。规定有关产品进口或携带、邮寄入境，都必须持有出口国官方检验检疫机构证明符合相关安全、卫生与检疫法规标准的证书，甚至规定生产加工企业的质量与安全卫生保证体系，必须经过出口国或进口国官方注册批准，并使用法规要求的产品标签和合格标志，其产品才能取得市场准入资格。许多法规标准已形成国际法规标准。出入境检验检疫是合理利用国际通行的非关税技术壁垒手段，保证中国对外贸易顺利进行和持续发展的需要。

2. 对进出口商品的检验检疫监管是突破国外贸易技术壁垒和建立国家技术保护屏障的重要手段

中国检验检疫机构加强对进口产品的检验检疫和对相关的国外生产企业的注册登记与监督管理，是采用符合国外通行的技术贸易壁垒的做法，以合理的技术规范和措施保护国内产业和国家经济的顺利发展，保护消费者的安全健康与合法权益，建立起维护国家根本利益的可靠屏障。

3. 加强对重要出口商品质量的强制性检验是为了促进提高中国产品质量及其在国际市场上的竞争能力，以利于扩大出口

在世界贸易竞争日益激烈的情况下，出口商品如果质量差，必然会影响对外成交，卖不出去或卖不出好价，即使勉强推销出去，也会造成不良影响，招致退货或索赔，甚至丢失国外市场，使国家遭受经济损失和不良政治反映。特别在当前世界各国大多促出限进，对进口商品加强限制，消费者对商品质量要求也越来越高。为维护国家经济利益和对外信誉，有必要对重要的出口商品实施强制性检验，保证质量、规格、包装、数量和重量符合外贸合同和有关标准要求。

4. 加强对进口商品的检验是为了保障国内生产安全与人民身体健康，维护国家对外贸易的合法权益

随着对外贸易的发展，进口商品逐渐增多，总的来说，进口商品的质量还是比较好的，但也存在不少问题。进口商品中以次充好、以旧顶新、以少冒多、掺杂使假等情况屡有发现，如果不认真检验，不仅会遭受经济损失，还会严重影响生产建设和人民身体健康。所以有必要对进口商品的质量、规格、包装、数量、重量按照合同和有关标准规定严格检验，把好进口商品质量关。

5. 对进出口商品的检验检疫监管为对外贸易提供了公正权威凭证

在国际贸易中，对外贸易、运输、保险双方往往要求由官方或权威的非当事人，对进出口商品的质量、重量、包装、装运技术条件提供检验合格证明，作为出口商品交货、结算、计费、计税和进口商品处理质量与残损短少索赔问题的有效凭证。中国检验检疫机构对进出口商品实施检验，提供的各种检验鉴定证明，就是为对外贸易履行相关贸易、运输、保险契约和处理索赔争议提供公正权威的必要证件。

（四）出入境动植物检疫对保护农、林、牧、渔业生产安全，促进农畜产品的对外贸易和保护人体健康具有十分重要的意义

保护农、林、牧、渔业生产安全，使其免受国际上重大疫情灾害影响，是中国出入境检验检疫机构担负的重要使命。对动植物及其产品和其他检疫物品，以及装载动植物及其产品和其他检疫物品的容器、包装物和来自动植物疫区的运输工具（含集装箱）实施强制性检疫。这对防止动物传染病、寄生虫和植物危险性病、虫、杂草及其他有害生物等检疫对象和其他危险疫情传入传出，保护国家农、林、牧、渔业生产安全和人民身体健康，履行我国与外国签订的检疫协定书的义务，突破进口国在动植物检疫中设置的贸易技术壁垒，从而使中国农、林、牧、渔产品在进口国顺利通关入境，促进农畜产品对外贸易的发展具有重大意义。

（五）国境卫生检疫对防止检疫传染病的传播，保护人体健康是一个十分重要的屏障

中国边境线长、口岸多，对外开放的海、陆、空口岸有100多个，是世界各国开放口岸最多的国家之一。近年来，各种检疫传染病和监测传染病仍在一些国家和地区发生、流行，还出现了一批新的传染病，特别是鼠疫、霍乱、黄热病、艾滋病等烈性传染病及其传播媒介。随着国际贸易、旅游和交通运输的发展，出入境人员迅速增加，随时都有传入的危险，给各国人民的身体健康造成威胁。因此，对出入境人员、交通工具、运输设备以及可能传播传染病的行李、货物、邮包等物品实施强制性检疫，对防止检疫传染病的传入或传出，保护人体健康具有重大意义。

综上所述，出入境检验检疫对保证国民经济的发展，消除国际贸易中的技术壁垒，保护消费者的利益和贯彻中国的对外交往政策，有着非常重要的意义。随着改革开放的不断深入和对外贸易的不断发展，特别是中国加入世界贸易组织以来，出入中国国境的人流、物流、货流其范围之广、规模之大、数量之多将会是前所未有的，中国出入境检验检疫作为“国门卫士”，将会继续发挥其不可替代的、越发重要的作用。

任务三　我国出入境检验检疫管理机构

党的十一届三中全会以来，中国出入境检验检疫得到了长足、全面和迅速的发展。进出口商品检验、动植物检疫、卫生检疫在机构建设、队伍建设、法规建设、设施装备等各个方面不断发展壮大。

为了更好地适应中国对外开放和发展外向型经济的需要，适应日益扩大的国际经济合作和对外贸易的需要，适应加入世界贸易组织及消除国际贸易技术壁垒的需要，1998 年 3 月，全国人大九届一次会议批准通过的国务院机构改革方案确定，国家进出口商品检验局、国家动植物检疫局和国家卫生检疫局合并组建国家出入境检验检疫局。这就是统称的“三检合一”。各地 35 个直属检验检疫局于 1999 年 8 月 10 日同时挂牌成立，1999 年 12 月，全国 278 个分支检验检疫机构陆续挂牌成立。这标志着中国的出入境检验检疫事业已全面进入新的时期，开辟了中国出入境检验检疫事业发展的新纪元。

2001 年 4 月，原国家出入境检验检疫局和国家质量技术监督局合并，组建国家质量监督检验检疫总局，同时成立国家认证认可监督管理委员会和国家标准化管理委员会，分别统一管理全国质量认证、认可和标准化工作。国家质检总局成立后，原国家出入境检验检疫局设在各地的出入境检验检疫机构、管理体制及业务保持不变。

一、出入境检验检疫机构及管理体制

出入境检验检疫机构是主管出入境卫生检疫、动植物检疫、商品检验、鉴定认证和监督管理的行政执法机构。

国家成立质检总局主管出入境检验检疫工作；下设各地出入境检验检疫机构，分为直属局和分支局，负责所管辖区域进出口商品检验和出入境卫生检疫、动植物检疫。出入境检验检疫机构实行垂直管理的体系，即直属局由国家质检总局直接领导，分支局隶属于所在区域的直属局。

二、出入境检验检疫工作的主要任务

（1）对进出口商品进行检验、鉴定和监督管理，维护社会公共利益和进出口贸易有关各方的合法权益，促进对外经济贸易的顺利发展。

（2）对出入境动植物及其产品，包括其运输工具、包装材料实施检疫和监督管理，防止危害动植物的病菌、害虫、杂草种子及其他有害生物由国外传入或由国内传出，保护本国农、林、渔、牧业生产和国际生态环境以及人类健康。

（3）对出入境人员、交通工具、运输设备以及可能传播检疫传染病的行李、货物、邮包等物品实施国境卫生检疫和口岸卫生监督，防止传染病由国外传入或者由国内传出，保护人类健康。

（4）出入境检验检疫机构按照 SPS/TBT 协议（实施动植物卫生检疫措施协议/贸易技术壁垒协议）建立相关制度，采取有效措施，打破国外技术壁垒。

三、出入境检验检疫机构与海关之间的关系

出入境检验检疫机构和海关是两个不同的机构，出入境检验检疫机构隶属于国家质检总

局，海关隶属于海关总署。海关主要是对所有进出口的货物进行征税和合法性监督，而出入境检验检疫机构只接受法定检验检疫对象申报和检验检疫。

在法定检验检疫货物进出口环节，实行先报检后报关的通关机制，即法定出口货物在向海关申报出境时都必须有出入境检验检疫机构的检验检疫证书，才能被接受出境申报，这是为了保证出境的货物必须符合我国和进口国的相关标准及规定，同时还需要对其进行动植物寄生虫、病原体等相关检疫。

进口的法定检验检疫货物也要经过出入境检验检疫机构的检验和检疫，确定进口货物的质量是否符合我国的标准，动植物制品还需进行消毒处理、留置处理等检疫措施，然后才能向海关申报进口。

四、出入境检验检疫机构与质量技术监督部门的关系

出入境检验检疫机构与质量技术监督都隶属于国家质检总局管理。出入境检验检疫机构是主管出入境卫生检疫、动植物检疫和进出口商品检验的行政执法机构，属于涉外检验机构。而质量技术监督局主要负责国内产品质量、标准计量和特种设备等的监督管理。

任务四　我国出入境检验检疫工作的内容

案例导入

2006 年 7 月，苏州市吴中区某公司进口了价值 94 900 美元的超音波熔接机、塑料旋熔机等旧设备，均属法定检验商品，但没有向检验检疫局申请检验就擅自将这些设备在车间开箱安装。后被苏州检验检疫局在工作稽查中发现并立案。请分析，该公司违反了国家哪项检验检疫的法律法规？应受到什么行政处罚？

一、法定检验检疫

“法定检验检疫”，又称强制性检验检疫。是指出入境检验检疫机构依照国家法律、行政法规和规定依法对出入境人员、货物、运输工具、集装箱及其他法定检验检疫物（统称法定检验检疫对象）实施检验、检疫、鉴定等检验检疫业务。

除国家法律、行政法规规定必须由出入境检验检疫机构检验检疫的货物以外，输入国规定必须凭检验检疫机构出具的证书方准入境的和有关国际条约规定须经检验检疫机构检验检疫的货物，货主或其代理人也应在规定的时间和地点向检验检疫机构报检。

知识拓展

《法检商品目录》是根据《商检法》的规定，由国家商检部门制定、调整并公布实施的必须实施检验的进出口商品目录。

每条目录由“商品编码”“商品名称及备注”“计量单位”“海关监管条件”“检验检疫类别”五部分组成，如表 1－1 所示。其中商品编码、商品名称及备注、计量单位以 HS 编码为基础，并依照海关《商品综合分类表》的商品编码、商品名称及备注、计量单位编制而成。

《法检商品目录》中“海关监管条件”有A、B、D三种类别，

A：表示须实施进境检验检疫；

B：表示须实施出境检验检疫；

D：表示海关与检验检疫联合监管。

《法检商品目录》中“检验检疫类别”项下的代码分别表示：

M：实施进口商品检验；

N：实施出口商品检验；

P：实施进境动植物、动植物产品检疫；

Q：实施出境动植物、动植物产品检疫；

R：实施进口食品卫生监督检验；

S：实施出口食品卫生监督检验；

L：实施民用商品入境验证。

表1-1 法检商品目录

商品编码	商品名称及备注	计量单位	海关监管条件	检验检疫类别
10011000.10	硬粒小麦	千克	A/B	M.P.R/Q.S

海关监管条件A/B表示该商品在进境和出境时均须实施出境检验检疫；检验检疫类别M.P.R/Q.S表示该商品进口时应实施商品检验、植物产品检疫和食品卫生监督检验，出口时应实施植物产品检疫和食品卫生监督检验。

2011年《法检目录》中实施进出境检验检疫和监管的HS编码4 902个，其中实施进境检验检疫和监管的HS编码3 955个，实施出境检验检疫和监管的HS编码4 233个，海关与检验检疫联合监管的HS编码3个。

二、进出口商品检验

（1）凡列入《出入境检验检疫机构实施检验检疫的进出境商品目录》的进出口商品和其他法律、法规规定须经检验的进出口商品，必须经过出入境检验检疫部门或其指定的检验机构检验，判定其是否符合国家技术规范的强制性要求。判定的方式采取合格评定活动。合格评定程序包括：

① 抽样、检验和检查。

② 评估、验证和合格保证。

③ 注册、认可和批准以及各项的组合。

（2）对必须经检验检疫机构检验检疫的进出口商品以外的进出口商品，检验检疫机构根据有关规定可实施抽查检验。检验检疫机构可以公布抽查检验结果或者向有关部门通报抽查检验情况。

（3）检验检疫机构根据需要，对检验合格的进出口商品可以加施检验检疫标志或封识。

三、进出境动植物检疫

检验检疫机构依法实施动植物检疫的范围：

（1）检验检疫机构对进境、出境、过境的动植物、动植物产品或其他检疫物实施检疫

监管。对进境动物、动物产品、植物种子、种苗及其他繁殖材料、新鲜水果、烟草类、粮谷类及饲料、豆类、薯类和植物栽培介质等实行进境检疫许可制度，输入单位在签订合同或协议之前，应事先办理检疫审批手续；对出境动植物、动植物产品或其他检疫物，检验检疫机构对其生产、加工、存放过程实施检疫监管。

（2）检验检疫机构对装载动植物、动植物产品或其他检疫物装载容器、包装物、铺垫材料实施检疫监管。

（3）口岸检验检疫机构对来自疫区的运输工具实施现场检疫和有关消毒处理。

（4）检验检疫机构对进境拆解的废旧船舶实施检疫监管。

（5）检验检疫机构对携带、邮寄动植物、动植物产品和其他检疫物的进境实行检疫监管。

（6）有关法律、行政法规、国际条约规定或者贸易合同约定应当实施进出境动植物检疫的其他货物、物品。

（7）对于国家列明的禁止进境物作退回或销毁处理。

四、卫生检疫与处理

（1）检验检疫机构对出入境的人员、交通工具、集装箱、行李、货物、邮包等实施医学检查和卫生检疫。对未染有检疫传染病或者已实施卫生处理的交通工具，签发入境或者出境检疫证。

（2）检验检疫机构对入境、出境人员实施传染病监测，有权要求出入境人员填写健康申明卡、出示预防接种证书、健康证书或其他有关证件。对患有鼠疫、霍乱、黄热病的出入境人员，应实施隔离留验；对患有艾滋病、性病、麻风病、精神病、开放性肺结核的外国人应阻止其入境；对患有监测传染病的出入境人员，视情况分别采取留验、发就诊方便卡等措施。

（3）检验检疫机构对国境口岸和停留在国境口岸的出入境交通工具的卫生状况实施卫生监督。该项卫生监督包括：

① 监督和指导对啮齿动物、病媒昆虫的防除。

② 检查和检验食品、饮用水及其储存、供应、运输设施。

③ 监督从事食品、饮用水供应的从业人员的健康状况。

④ 监督和检查垃圾、废物、污水、粪便、压舱水的处理。

⑤ 可对卫生状况不良和可能引起传染病传播的因素采取必要措施。

（4）检验检疫机构对发现的患有检疫传染病、监测传染病、疑似检疫传染病的入境人员实施隔离、留验和就地诊验等医学措施。对来自疫区、被传染病污染、发现传染病媒介的出入境交通工具、集装箱、行李、货物、邮包等物品进行消毒、除鼠、除虫等卫生处理。

五、进口废物原料、旧机电产品装运前检验

（一）“进口废物原料装运前检验”的主要内容和规定

（1）对国家允许作为原料进口的废物，实施装运前检验制度，进口单位应先取得国家环保部门签发的《废物进口许可证》。

（2）收货人与发货人签订的废物原料进口贸易合同中，必须证明所进口的废物原料须符合中国环境保护控制标准的要求，并约定由出入境检验检疫机构或国家质检部门认可的检验机构实施装运前检验，检验合格后方可装运。

（二）旧机电产品装运前检验

进口旧机电产品的收货人或其代理人应在合同签署前向国家质检总局或收货人所在地直属检验检疫局办理备案手续。

对按规定应当实施装运前预检验的，由检验检疫机构或国家质检总局认可的装运前预检验机构实施装运前预检验，检验合格后方可装运。运抵口岸后，检验检疫机构仍将按规定实施到货检验。

六、进口商品认证管理

（1）国家对涉及人类健康、动植物生命和健康，以及环境保护和公共安全的产品实行强制性认证制度。

（2）凡列入《中华人民共和国实施强制性产品认证的产品目录》的商品，必须经过指定的认证机构认证合格、取得指定认证机构颁发的认证证书、并加施认证标志后，方可进口。

（3）此目录内的商品进口时，检验检疫机构按规定实施验证、查验单证、核对货证是否相符。

七、出口商品质量许可

（1）国家对重要出口商品实行质量许可制度，出入境检验检疫部门单独或会同有关主管部门共同负责发放出口商品质量许可证的工作，未获得质量许可证书的商品不准出口。

（2）检验检疫部门已对机械、电子、轻工、机电、玩具、医疗器械、煤炭等商品实施出口产品质量许可制度。国内生产企业或其代理人可向当地出入境检验检疫机构申请出口质量许可证书。

（3）对于实施质量许可制度的出口商品实行验证管理。

八、出口危险货物运输包装鉴定

（1）生产危险货物出口包装容器的企业，必须向检验检疫机构申请包装容器的性能鉴定。包装容器经检验检疫机构鉴定合格后，方可用于包装危险货物。

（2）生产危险货物的企业，必须向检验检疫机构申请危险货物包装容器的使用鉴定。危险货物包装容器经检验检疫机构鉴定合格后，方可包装危险货物出口。

九、外商投资财产价值鉴定

各地检验检疫机构凭财产关系人或代理人及经济利益有关各方的申请或司法、仲裁、验资等机构的指定或委托，办理外商投资财产的鉴定工作。外商投资财产鉴定包括外商投资财产品种、质量、数量、价值、损失鉴定等。检验检疫机构进行价值鉴定后出具《价值鉴定证书》，供企业到所在地会计事务所办理验资证明。

十、货物装载和残损鉴定

（1）对装运出口易腐烂变质的食品、冷冻的船舶和集装箱等运输工具，承运人、集装箱单位或其代理人必须在装运前向口岸检验检疫机构申请清洁、卫生、冷藏、密固等适载检验。经检验检疫机构检验合格后方可装运。

（2）对外贸易关系人及仲裁、司法等机构，对海运进口商品可向检验检疫机构申请办理监视、残损鉴定、监视卸载、海损鉴定等鉴定工作。

十一、进出口商品质量认证

检验检疫机构可以根据国家质检总局同外国有关机构签订的协议或者接受外国有关机构的委托进行进出口商品质量认证工作。准许有关单位在认证合格的进出口商品上使用质量认证标志。

十二、涉外检验检疫、鉴定、认证机构审核认可和监督

对于拟设定的中外合资、合作进出口商品检验、鉴定、认证公司，由国家出入境检验检疫局负责对其资格信誉、技术力量、装备设施及业务范围进行审查。合格后出具《外商投资检验公司资格审定意见书》，然后交由外经贸部批准。在工商行政管理部门办理登记手续领取营业执照后，再到国家出入境检验检疫局办理《外商投资检验公司资格证书》，方可开展经营活动。

对于从事进出口商品检验、鉴定、认证业务的中外合资、合作机构、公司及中资企业，对其经营活动实行统一监督管理。对于境内外检验鉴定认证公司设在各地的办事处，实行备案管理。

十三、与外国和国际组织开展合作

检验检疫部门承担 WTO/TBT（世界贸易组织/贸易技术壁垒协议）协议和 SPS（实施动植物卫生检疫措施协议）协议咨询点业务；承担联合国（UN）、亚太经合组织（APEC）等国际组织在标准与一致化和检验检疫领域的联络点工作；负责对外签订政府部门间的检验检疫合作协议、认证认可合作协议、检验检疫协议执行议定书等，并组织实施。同世界各国有关政府机构和非政府组织进行广泛合作。

复习思考题

一、单选题

1. 某种商品在《出入境检验检疫机构实施检验检疫的进出境商品目录》中的“检验检疫类别”为“M. P. R/Q. S”，该商品入境时应实施（　　）。
   A. 商品检验；动植物、动植物产品检疫；食品卫生监督检验
   B. 食品卫生监督检验；动植物、动植物产品检疫；民用商品入境验证
   C. 商品检验；民用商品入境验证；食品卫生监督检验
   D. 实施动植物、动植物产品检疫；食品卫生监督检验
2. 某种商品在《出入境检验检疫机构实施检验检疫的进出境商品目录》中的“检验检

疫类别”为“M. P. R/Q. S”，该商品出境时应实施（　　）。

A. 商品检验；动植物、动植物产品检疫；食品卫生监督检验

B. 动植物、动植物产品检疫；民用商品入境验证

C. 商品检验；民用商品入境验证；食品卫生监督检验

D. 动植物、动植物产品检疫；食品卫生监督检验

3. 某种商品在《出入境检验检疫机构实施检验检疫的进出境商品目录》中的“检验检疫类别”为“M. P/N. Q”，该商品入境时应实施（　　）。

A. 商品检验和动植物、动植物产品检疫

B. 食品卫生监督检验和动植物、动植物产品检疫

C. 商品检验和民用商品入境验证

D. 食品卫生监督检验和民用商品入境验证

4. 某商品其海关监管条件为A/B，表示该商品（　　）。

A. 只有在入境的时候须实施检验检疫

B. 只有在出境的时候须实施检验检疫

C. 入境和出境时均须实施检验检疫

D. 入境和出境时都不用实施检验检疫

5. 可用作原料的废物的进口单位应事先取得（　　）签发的《进口废物许可证》。

A. 国家质检总局　　B. 国家环保部门

C. 海关总署　　D. 商务部

6. 对装运出口（　　）的船舱和集装箱，其承运人或装箱单位必须在装货前申请适载检验。

A. 易燃烧爆炸物品　　B. 易破碎损坏物品

C. 易腐烂变质食品　　D. 易受潮物品

7. 中华人民共和国成立以来颁布的第一部卫生检疫法规是（　　）。

A.《中华人民共和国国境卫生检疫条例》

B.《中华人民共和国国境卫生检疫条例实施细则》

C.《国境口岸传染病检测试行办法》

D.《中华人民共和国国境卫生检疫法》

8. 新《中华人民共和国进出口商品检验法》于（　　）颁布实施。

A. 1986年1月　　B. 1991年10月

C. 1998年4月　　D. 2002年10月

9. 中国最早的《商品检验法》于（　　）颁布实施。

A. 1929年　　B. 1932年　　C. 1903年　　D. 1989年

10. 进出口商品检验合格评定程序不包括（　　）。

A. 抽样、检验和检查

B. 评估、验证和合格保证

C. 注册、认可和批准以及各项的组合

D. 装运前检验

11.（　　）出口食品，检验检疫机构不予受理报检。

A. 未经卫生注册或者登记企业生产的

B. 未经包装的

C. 未经签订出口合同的

D. 未经强制性认证的

二、多选题

1. 中国出入境检验检疫的主要作用包括（　　）。

A. 是国家主权的体现

B. 是国家管理职能的体现

C. 是保证我国对外贸易顺利进行和持续发展的需要

D. 是保护农、林、牧、渔业生产安全和人体健康的需要

2. 中国出入境检验检疫的作用主要体现在（　　）。

A. 出入境检验检疫是国家主权和管理职能的体现

B. 出入境检验检疫是我国对外贸易顺利进行和持续发展的保障

C. 出入境检验检疫对保护农、林、牧、渔业生产安全具有重要意义

D. 出入境检验检疫是保护我国人民健康的重要屏障

3. 我国出入境检验检疫工作的主要目的和任务包括（　　）。

A. 对进出口商品进行检验、鉴定和监督管理，促进对外经济贸易的顺利发展

B. 对出入境动植物及其产品的检疫和监督管理，防止有害生物由国外传入或由国内传出

C. 对出入境人员、交通工具、运输设备以及可能传播检疫传染病的行李、货物、邮包等物品实施国境卫生检疫和口岸卫生监督

D. 根据 WTO 的 SPS/TBT 相关协定制定有关制度，采取措施，打破国外技术壁垒；SPS 的中文意思是：实施动植物卫生检疫措施协议；TBT 的中文意思是：贸易技术壁垒协议

4. 某种商品的检验检疫类别为 P. R/Q. S，出口时，检验检疫机构对其实施的检验检疫内容有（　　）。

A. 商品检验　　B. 动植物检疫

C. 食品卫生监督检验　　D. 民用商品入境验证

5. 根据《中华人民共和国进出口商品检验法》的规定，进出口商品检验是指确定法定检验的进出口商品是否符合国家技术规范的强制性要求的合格评定活动。合格评定程序包括（　　）及其各项的组合。

A. 抽样、检验和检查　　B. 评估、验证和合格保证

C. 注册、认可和批准　　D. 申请、审批和鉴定

6. 动植物检疫的对象包括（　　）。

A. 进境、出境、过境的动植物、动植物产品

B. 装载动植物、动植物产品和其他检疫物的装载容器、包装物、铺垫材料

C. 来自动植物疫区的运输工具及进境拆解的废旧船舶

D. 有关法律、法规、国际条约或合同约定应实施检疫的货物、物品

7. 关于检验检疫部门对动植物检疫的处理，下面说法正确的是（　　）。

A. 对于国家列明的禁止进境物，实施现场检疫和消毒处理

B. 对进境动物、动物产品、植物种子及其他繁殖材料实行进境检疫许可制度，在签订合同之前，先办理检疫审批

C. 对过境运输的动植物、动植物产品实行检疫监管

D. 对来自疫区的运输工具，做退回或销毁处理

8. 按国家规定，下列进口货物中，哪些货物报检时必须实施装运前检验（或者说提供装船前检验证书）（　　）。

A. 旧机电产品　　B. 大米

C. 允许作为原料进口的废物　　D. 活动物

9. 按国家规定，下列出口货物报检时须提供出口质量许可证书的有（　　）。

A. 机械、电子　　B. 大米

C. 轻工、玩具、医疗器械　　D. 煤炭

10. 外商投资财产鉴定包括哪几种形式（　　）。

A. 价值鉴定　　B. 损失鉴定

C. 残损鉴定　　D. 品种、质量、数量鉴定

11. 检验检疫的作用体现在（　　）。

A. 是国家主权和国家管理职能的体现

B. 是维护国家权益和安全的措施

C. 保护生产安全、促进对外贸易、保护人民身体健康

D. 防止传染病的传播，保护生命安全

12. 出入境检验检疫具有（　　）的特点。

A. 行政性　　B. 涉外性　　C. 技术性强　　D. 必要性

13. 出入境检验检疫是国家管理职能的体现主要是指对（　　）等实行强制性制度。

A. 出口产品　　B. 运输工具

C. 国内企业注册　　D. 国外企业注册

14. 强制性认证产品进口的要件包括（　　）。

A. 认证合格　　B. 取得证书

C. 加施标志　　D. 质量许可

15. 我国检验检疫部门已经对（　　）等商品实施出口产品质量许可制度。

A. 进口食品（包括饮料、酒类、糖类）

B. 机械、电子

C. 轻工、玩具、医疗器械

D. 煤炭

三、判断题

1. 生羊皮的检验检疫监管类别是 M. P/N. Q，说明该种货物进境时需实施品质检验和动植物检疫。（　　）

2. 某公司进口成套设备，其零配件的 HS 编码不在《出入境检验检疫机构实施检验检疫的进出境商品目录》内，该公司不须向检验检疫机构报检。（　　）

3. 检验检疫机构对必须经检验检疫机构检验检疫的进出口商品以外的进出口商品，根

据有关规定，不能够实施检验。（　）

4. 对进境动物、动物产品、植物种子、种苗及其他繁殖材料实行进境检疫许可制度，签订合同之后，向当地的检验检疫机构先办理检疫审批手续。（　）

5. 进口废物前，进口单位应先取得国家质检总局签发的《废物进口许可证》。（　）

6. 进口废物后，进口单位应向国家环保总局申请签发《废物进口许可证》。（　）

7. 国家对涉及人类健康、动植物生命和健康，以及环境保护和公共安全的产品实行卫生注册登记制度。（　）

8. 某商品其海关监管条件为D，表示该商品须由海关与检验检疫局联合监管。（　）

项目二

报检单位、报检员

学习目标

了解出入境检验检疫有关规定中对自理报检单位、代理报检单位以及报检员的相关规定；掌握他们的权利义务，资格要求以及备案登记的程序。

技能目标

通过学习本章，学生能够在实践中独立完成报检员的注册程序，初步具备处理代理与自理报检单位在备案登记中的相应问题的能力。

任务一　报检企业管理

案例导入

某进出口公司从事家电进出口业务，准备向检验检疫部门办理本企业报检业务，请问该公司如何获得报检资格？公司首次报检之前应向检验检疫部门办理哪些手续？

为加强对出入境检验检疫报检企业的监督管理，规范报检行为，维护正常的检验检疫工作秩序，促进对外贸易健康发展，根据《中华人民共和国进出口商品检验法》及其实施条例、《中华人民共和国进出境动植物检疫法》及其实施条例、《中华人民共和国国境卫生检疫法》及其实施细则、《中华人民共和国食品安全法》及其实施条例等法律法规的规定，由国家质量监督检验检疫总局（以下简称国家质检总局）主管全国报检企业的管理工作。国家质检总局设在各地的出入境检验检疫部门（以下简称检验检疫部门）负责所辖区域内报检企业的日常监督管理工作。

一、报检企业的分类

报检企业，包括自理报检企业和代理报检企业。

二、两类报检企业的含义

自理报检企业，是指向检验检疫部门办理本企业报检业务的进出口货物收发货人。出口货物的生产、加工单位办理报检业务的，按照自理报检企业的有关规定进行管理。

代理报检企业，是指接受进出口货物收发货人（以下简称委托人）委托，为委托人向检验检疫部门办理报检业务的境内企业。

三、报检企业备案登记办理流程

（一）企业范围

1. 自理报检企业

向检验检疫部门办理本企业报检业务的进出口货物收发货人和出口货物的生产、加工单位。

2. 代理报检企业

接受进出口货物收发货人委托，为委托人向检验检疫部门办理报检业务的境内企业。

（二）网上申请

（1）登录 www. eciq. cn 中国电子检验检疫业务网；

（2）选择“报检企业备案登记”，进入“报检企业管理系统”，办理网上备案申请（操作要求详见中国电子检验检疫业务网上的“报检企业报检员管理系统”用户手册，报检企业备案选择“属地检验检疫机构”时，须统一选择“属地检验检疫局”）；

（3）打印《报检企业备案表》。

（三）现场备案

1. 申请材料

①《报检企业备案表》；

②营业执照复印件；

③组织机构代码证书复印件；

④《报检人员备案表》及报检人员的身份证复印件（如不涉及报检人员备案，可不提供）；

⑤企业的公章印模；

⑥使用报检专用章的，应当提交报检专用章印模；

⑦出入境快件运营企业应当提交国际快递业务经营许可证复印件。

以上材料应当加盖企业公章，提交复印件的，应当同时交验原件。

2. 受理程序

材料齐全、符合要求的，备案受理机构在 5 个工作日内为企业办理备案手续，核发报检企业及报检人员备案号。

（四）变更与注销

1. 变更手续

《报检企业备案表》中载明的备案事项发生变更的，企业应自变更之日起 30 日内，在网上办理变更手续，并持变更证明文件等相关材料向备案受理机构办理变更手续。

2. 注销手续

企业需注销报检企业备案信息的，应在网上办理注销手续，并持注销申请材料及《报检企业备案表》向备案受理机构办理注销手续。

报检企业备案登记业务流程，如图2-1所示。

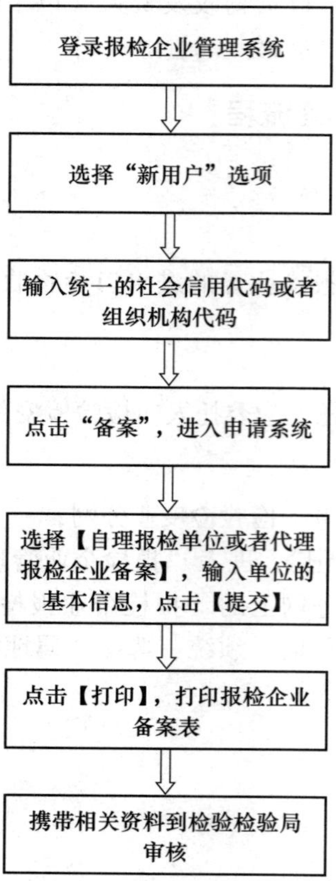

图2-1 报检企业备案登记业务流程

四、报检业务规范

（一）报检企业可以向检验检疫部门办理报检业务的范围

（1）办理报检手续；

（2）缴纳出入境检验检疫费；

（3）联系和配合检验检疫部门实施检验检疫；

（4）领取检验检疫证单。

（二）报检业务规范

1. 报检企业报检地点范围

报检企业应当在中华人民共和国境内口岸或者检验检疫监管业务集中的地点向检验检疫部门办理本企业的报检业务。

2. 自理报检企业业务规范

自理报检企业可以委托代理报检企业，代为办理报检业务。机关单位、事业单位、社会团体等非企业单位按照国家有关规定需要从事非贸易性进出口活动的，凭有效证明文件可以直接办理报检手续。

3. 代理报检企业业务规范

（1）代理报检企业办理报检业务时，应当向检验检疫部门提交委托人授权的代理报检委托书，委托书应当列明货物信息、具体委托事项、委托期限等内容，并加盖委托人的公章。出入境快件运营企业代理委托人办理出入境快件报检业务的，免予提交报检委托书。检验检疫部门参照代理报检企业进行管理。

（2）代理报检企业应当在委托人授权范围内从事报检业务，并对委托人所提供材料的真实性进行合理审查。

（3）代理报检企业代缴出入境检验检疫费的，应当将出入境检验检疫收费情况如实告知委托人，不得假借检验检疫部门名义向委托人收取费用。

五、检验检疫部门的监督管理

（一）报检企业责任与任务

（1）报检企业办理报检业务应当遵守国家有关法律、行政法规和检验检疫规章的规定，承担相应的法律责任。

（2）报检企业办理备案手续时，应当对所提交的材料以及所填报信息内容的真实性负责且承担法律责任。

（3）检验检疫部门对报检企业的报检业务进行监督检查，报检企业应当积极配合，如实提供有关情况和材料。代理报检企业应当在每年3月底前提交上一年度的《代理报检业务报告》，主要内容包括企业基本信息、遵守检验检疫法律法规情况、报检业务管理制度建设情况、报检人员管理情况、报检档案管理情况、报检业务情况及分析、报检差错及原因分析、自我评估等。

（二）信用管理和分类管理

检验检疫部门对报检企业实施信用管理和分类管理，对报检人员实施报检差错记分管理。报检人员的差错记分情况列入报检企业的信用记录。检验检疫部门可以公布报检企业的信用等级、分类管理类别和报检差错记录情况。

知识拓展

信用等级评定是指检验检疫机构对记录的企业信用信息进行汇总审核并赋予企业相应信用等级的过程。

企业信用等级分为 AA、A、B、C、D 五级。

AA 级企业：信用风险极小。严格遵守法律法规，高度重视企业信用，严格履行承诺，具有健全的质量管理体系，产品或服务质量长期稳定，具有较强的社会责任感和信用示范引领作用。

A 级企业：信用风险很小。遵守法律法规，重视企业信用管理工作，严格履行承诺，具有较健全的质量管理体系，产品或服务质量稳定。

B级企业：信用风险较小。遵守法律法规，较好履行承诺，具有较健全的质量管理体系，产品或服务质量基本稳定。

C级企业：信用风险较大。有一定的产品或服务质量保证能力，履行承诺能力一般，产品或服务质量不稳定或者有违法违规行为，但尚未造成重大危害或损失。

D级企业：信用风险很大。存在严重违法违规行为，或者因企业产品质量给社会、消费者及进出口贸易造成重大危害和损失。

（三）变更与注销

《报检企业备案表》《报检人员备案表》中载明的备案事项发生变更的，企业应当自变更之日起30日内持变更证明文件等相关材料向备案的检验检疫部门办理变更手续。

报检企业可以向备案的检验检疫部门申请注销报检企业或者报检人员备案信息。报检企业注销备案信息的，报检企业的报检人员备案信息一并注销。

因未及时办理备案变更、注销而产生的法律责任由报检企业承担。

（四）其他监管措施

鼓励报检协会等行业组织实施报检企业行业自律管理，开展报检人员能力水平认定和报检业务培训等，促进报检行业的规范化、专业化，防止恶性竞争。

检验检疫部门应当加强对报检协会等行业组织的指导，充分发挥行业组织的预警、组织、协调作用，推动其建立和完善行业自律制度。

六、法律责任

代理报检企业违反规定扰乱报检秩序，有下列行为之一的，由检验检疫部门按照《中华人民共和国进出口商品检验法实施条例》的规定进行处罚：

（1）假借检验检疫部门名义向委托人收取费用的；

（2）拒绝配合检验检疫部门实施检验检疫，拒不接受检验检疫部门监督管理，或者威胁、贿赂检验检疫工作人员的；

（3）其他扰乱报检秩序的行为。

报检企业有其他违反出入境检验检疫法律法规规定行为的，检验检疫部门按照相关法律法规规定追究其法律责任。

任务二　报检人员资格认定与职责

案例导入

2016年8月，李娟拟应聘专门从事家电出口的青岛进出口公司，从事报检工作。此时，王娟应如何取得报检资格？

报检员是指在国家质检总局设在各地的出入境检验检疫机构备案，办理出入境检验检疫报检业务的人员。报检员在办理报检业务时，应当遵守出入境检验检疫法律法规和有关规定，并承担相应的法律责任。

一、报检员资格的获取

报检员资格全国统一考试是测试应试者从事出入境检验检疫报检工作必备业务知识水平和能力的执业资格考试，自2003年起开始实行。考试合格的人员，取得《报检员资格证》。

参加报检员资格考试的人员应当符合下列条件：

（1）年满18周岁，具有完全民事行为能力；

（2）具有良好的品行；

（3）具有高中或者中等专业学校以上学历；

（4）国家质检总局规定的其他条件。

二、报检员备案管理

（一）备案范围

负责向检验检疫部门办理所在企业报检业务的人员。

（二）网上申请

（1）登录 www. eciq. cn 中国电子检验检疫业务网；

（2）选择“报检企业备案登记”，进入“报检企业管理系统”，办理网上备案申请（操作要求详见中国电子检验检疫业务网上的“报检企业报检员管理系统”用户手册）；

（3）打印《报检人员备案表》。

（三）现场备案

提交如下申请材料：

（1）《报检人员备案表》；

（2）《报检企业备案表》复印件；

（3）报检人员的身份证复印件；

（4）网上申请填写报检员资格信息的，应提交《报检员资格证》复印件；

（5）大两寸免冠彩照两张。

以上材料应当加盖企业公章，提交复印件的，应当同时交验原件。

（四）变更与注销

1. 备案变更手续

《报检人员备案表》中载明的备案事项发生变更的，企业应自变更之日起30日内，在网上办理变更手续，并持变更证明文件等相关材料向备案受理机构办理变更手续。

2. 备案终止手续

报检人员不再从事报检业务或与报检企业解除劳动关系的，报检企业或报检人员应在网上下载并填写备案终止相关申请表，并持备案终止证明文件及《报检人员备案表》向备案受理机构办理备案终止手续。

报检人员注销需要提交的资料：

（1）书面的“《报检员证》注销申请表”（可在原备案系统中打印空白表格）；

（2）报检人员的《报检员证》、报检员专用章；

（3）如果该报检人员从属于代理企业的，还应提交企业的更改信息申请表。

（五）报检员延期

（1）报检员资格证2年有效的规定已经取消了，可以在需要办理报检业务的任何时候向检验检疫机构提出备案；

（2）目前已备案的报检员可以在证书载明的有效期内，到中国电子检验检疫业务网上（www. eciq. cn），从“报检员注册申请”进入企业备案信息页面，提出延期申请；

（3）错过延期申请的报检人员，可向办理报检业务的窗口提出逾期申请。

报检员备案登记业务流程，如图2－2所示。

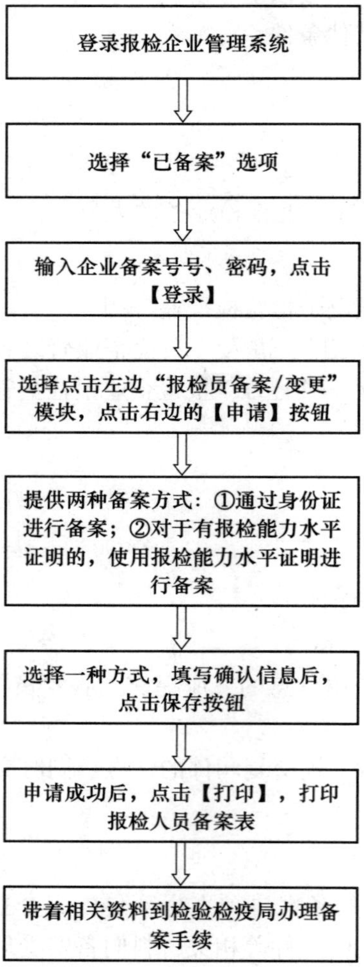

2－2　报检员备案登记业务流程

三、报检员管理

备案成为报检员并取得《报检员证》后，即可从事出入境检验检疫报检业务，并接受检验检疫机构的监督和管理。

（1）《报检员证》是报检员办理报检业务的身份凭证，不得转借、涂改。

（2）报检员不得同时兼任两个或者两个以上报检单位的报检工作。

（3）报检员遗失《报检员证》的，应当在7日内向发证检验检疫机构递交情况说明，并登报声明作废。对在有效期内的，检验检疫机构予以补发。未补发报检员证前，报检员不得办理报检业务。

（4）有下列情况之一的，报检员所属企业应当收回其《报检员证》，交当地检验检疫机构，并以书面形式申请办理《报检员证》注销手续：

①报检员不再从事报检业务的；

②企业因故停止报检业务的；

③企业解聘报检员的。

因未办理《报检员证》注销手续而产生的法律责任由报检员所属企业承担。

四、报检员的权利、义务和责任

（一）报检员的权利

报检员依法代表所属企业办理报检业务。报检员应当并有权拒绝办理所属企业交办的单证不真实、手续不齐全的报检业务。

（1）对于进境货物，报检员在出入境检验检疫机构规定的时间和地点内办理报检，并提供抽样、检验的各种条件后，有权要求检验检疫机构在对外贸易合同约定的索赔期限内检验完毕，并出具证明。如果由于检验检疫工作人员玩忽职守造成货物超过索赔期而丧失索赔权的，报检员有权追究有关当事人的责任；

（2）对于出境货物，报检员在出入境检验检疫机构规定的地点和时间，向检验检疫机构办理报检，并提供必要工作条件，交纳检验检疫费后，有权要求在不延误装运的期限内检验完毕，并出具证明。如因检验检疫工作人员玩忽职守而耽误装船结汇，报检员有权追究当事人的责任；

（3）报检员对出入境检验检疫机构的检验检疫结果有异议时，有权根据有关法律规定向原机构或其上级机构申请复验；

（4）报检员如有正当理由需撤消报检时，有权按有关规定办理撤检手续；

（5）报检员在保密情况下提供有关商业单据和运输单据时，有权要求检验检疫机构及其工作人员给予保密；

（6）对出入境检验检疫机构的检验检疫工作人员滥用职权、徇私舞弊、伪造检验检疫结果的，报检员有权对检验检疫工作人员的违法、违纪行为进行投诉及检举。

（二）报检员的义务和责任

（1）报检员应遵守有关法律法规和检验检疫的规定；

（2）报检员有义务向本企业宣传出入境检验检疫有关法律、法规、通告及管理办法；

（3）报检员在办理报检业务时严格按照规定提供真实的数据和完整、有效的单证，准确、清晰地填制报检单，协助所属企业完整保存各种报检单证、票据、函电等资料；

（4）报检员有义务向出入境检验检疫机构提供进行抽样和检验、检疫、鉴定等必要的工作条件，如必要的工作场所、辅助劳动力以及交通工具等。配合检验检疫机构为实施检验检疫机构而进行的现场验（查）货、抽（采）样及检验检疫处理等事宜；并负责传达和落实检验检疫机构提出的检验检疫监管措施和其他有关要求；

（5）报检员有义务对经检验检疫机构检验检疫合格放行的出口货物加强批次管理，不得错发、漏发，致使货证不符。对入境的法检货物，未经检验检疫或未经检验检疫机构的许可，不得销售、使用或拆卸、运递；

（6）报检员申请检验、检疫、鉴定工作时，应按规定缴纳检验检疫费；

（7）报检员必须严格遵守有关法律、法规和有关行政法规的规定，不得擅自涂改、伪造或变造检验检疫证（单）；

（8）对进境检疫物报检必须做到：按需办理检疫审批，配合检疫进程，提供隔离场所，了解检疫结果，适时做好除害处理，对不合格货物按检疫要求配合检验检疫机构做好退运、销毁等处理；

（9）对出境检疫物报检必须做到：配合检验检疫机构，掌握输入国家（地区）必要的检疫规定等有关情况，进行必要的自检，提供有关产地检验资料，帮助检验检疫机构掌握产地疫情，了解检疫结果，领取证书；

（10）对于入境不合格货物，应及时向出入境检验检疫机构通报情况，以便整理材料、证据对外索赔。对于出境货物，要搜集对方对货物的反映（尤其是有异议的货物），以便总结经验或及时采取对策，解决纠纷；

（11）报检员办理报检业务须出示《报检员证》，出入境检验检疫机构不受理无证报检业务。

复习思考题

一、单选题

1. 进出口单位首次办理报检业务前，须向检验检疫机构申请办理报检单位备案登记手续，申请时无须提供的资料是（　　）。
   A. 报检单位备案登记申请表
   B. 企业法人营业执照
   C. 组织机构代码证
   D. 拟任报检员的《报检员资格证》
2. 报检单位有权要求检验检疫机构在（　　）完成检验检疫工作并出具证明文件。
   A. 国家质检总局统一规定的检验检疫期限内
   B. 合理的时间内
   C. 索赔期限内
   D. 以上答案都不对
3. 根据有关规定，报检单位的报检人员凭（　　）办理报检手续。
   A. 报检员资格证书　　B. 出境货物换证凭条
   C. 自理报检单位备案登记证明书　　D. 报检员证
4. 以下关于《报检员证》的表述正确的是（　　）。
   A.《报检员证》可转借他人使用
   B.《报检员证》的有效期为3年
   C. 报检员应在《报检员证》有效期届满30日前提出延期申请
   D. 已备案的报检员可以在证书载明的有效期满后申请延长《报检员证》有效期
5. 报检单位应在（　　）检验检疫机构办理备案登记手续。

A. 报检地　　B. 报关地
C. 工商注册地　　D. A、B、C 都可以

6. 报检员遗失《报检员证》的，应在（　　）日内向发证检验检疫机构递交情况说明，并登报声明作废。
A. 5　　B. 7　　C. 10　　D. 14

7. 代理报检单位在办理代理报检业务时，应交验委托人的《报检委托书》并（　　）。
A. 加盖委托人的公章　　B. 加盖代理报检单位的公章
C. 加盖双方公章　　D. 无须加盖公章

二、多选题

1. 根据有关规定，以下所列可申请自理报检单位备案登记的有（　　）。
A. 出口货物的生产企业　　B. 进口货物的收货人
C. 出口货物运输包装生产企业　　D. 外资企业

2. 自理报检单位的（　　）发生变化时，应向检验检疫机构申请重新颁发《自理报检单位备案登记证明书》。
A. 企业性质　　B. 单位名称
C. 法定代表人　　D. 报检人员

3. 以下所列情况，报检员所属企业应收回其《报检员证》交当地检验检疫机构，并以书面形式办理《报检员证》注销手续的有（　　）。
A. 报检员提供虚假合同的　　B. 报检员不再从事报检业务的
C. 企业解聘报检员的　　D. 企业因故停止报检业务的

4. 对于某报检员以下行为，检验检疫机构可取消其报检资格，吊销《报检员证》的有（　　）。
A. 未如实申报入境法检货物的最终目的地，致使货物无法落实检验检疫
B. 报检时提供虚假的“无木质包装声明”
C. 买卖《入境货物通关单》
D. 转借报检员证的
E. 涂改《入境货物检验检疫证明》

5. 报检员从事报检工作应接受检验检疫机构的监督和管理，以下表述正确的有（　　）。
A. 自理报检单位报检员可在注册地以外的检验检疫机构办理本单位的报检业务
B. 检验检疫机构对报检员的管理实施差错登记制度
C. 报检员应在《报检员证》有效期届满 7 日前向发证检验检疫机构提出延期申请
D. 报检员遗失《报检员证》的，在补办期间不得办理报检业务

6. 报检员应履行的义务有（　　）。
A. 遵守有关法律法规和检验检疫的规定
B. 在办理报检业务时严格按照规定提供真实的数据和完整、有效的单证，准确、清晰地填制报检单，并在规定的时间内缴纳有关费用
C. 参加检验检疫机构举办的有关报检业务的培训
D. 协助所属企业完整保存各种报检单证、票据、函电等资料

三、判断题

1. 对检验检疫机构的检验检疫结果有异议的，有权在规定的期限内向人民法院起诉。（　　）

2. 报检员在从事报检业务中有违反报检规定的，代理报检单位应对报检员的报检行为承担法律责任，自理报检单位应由报检员自行承担法律责任。（　　）

3. 国家质检总局对报检单位实行备案登记制度。（　　）

4. 代理报检单位在办理代理报检业务等事项时，对所报检货物的品名、规格、价格、数重量以及有关文件的真实性、合法性等无须承担相应的法律责任。（　　）

5. 一个报检员可以同时兼任两个报检单位的报检工作。（　　）

6.《报检资格证》有效期为两年，并可申请延期两年。（　　）

7. 报检员如丢失《报检员证》，未补发前，报检员可以办理报检业务。（　　）

8. 报检员不再从事报检业务工作时，无须办理相应手续。（　　）

9. 自理报检单位去异地检验机构报检时，无须重新办理备案登记。（　　）

10.《报检员证》若有遗失，应办理登报声明作废手续，并向原发证的出入境检验检疫机构申请补办。（　　）

四、案例题

请根据以下描述完成判断题第1~10题。

张某取得《报检员资格证》后，应聘至南京一新成立的生产企业任报检员。该企业的第一笔进出口业务是从美国进口一批生产原料（检验检疫类别为M/N，纸箱包装），进境口岸为宁波。企业拟指派张某办理该批货物的报检手续。

1. 该企业可根据需要选择在南京或宁波检验检疫机构提出备案登记申请。（　　）

2. 该企业应向南京检验检疫机构提出备案登记申请。（　　）

3. 该企业应向宁波检验检疫机构提出备案登记申请。（　　）

4. 该企业应分别向南京和宁波检验检疫机构提出备案登记申请。（　　）

5. 张某在企业办理自理报检单位备案登记手续后方可注册为报检员。（　　）

6. 张某应分别在南京和宁波检验检疫机构进行报检员注册。（　　）

7. 张某须在宁波检验检疫机构进行报检员注册。（　　）

8. 张某在取得《入境货物通关单》并办理货物通关手续后，可立即将货物运至企业投入生产。（　　）

9. 检验检疫机构实施检验后，对该批货物签发了《检验检疫处理通知书》，单位凭着此证书提取货物，投入生产。（　　）

10. 该批货物在使用前应取得《入境货物检验检疫证明》。（　　）

项目三

检务基础知识

学习目标

掌握出入境检验检疫工作流程；熟悉出入境检验检疫收费的管理规定；了解、掌握签证与放行的规定要求；了解电子检验检疫等。

技能目标

通过本项目学习，在掌握出入境检验检疫工作流程的基础上，能够实际办理报检的业务。

任务一　出入境检验检疫工作流程

案例导入

2010 年 8 月，苏州局在执法稽查中发现，苏州某外贸公司在 2009 年 2 月至 2010 年 2 月期间先后出口了 5 批女式服装，这 5 批服装均属法定检验商品，是该外贸公司在苏州市内服装企业采购的，但却均未办理商检手续。经进一步核实，该外贸公司是委托外地服装企业报检并取得检验换证凭单，在上海报关出口。这 5 批服装货值总额为 417 347 元。请分析，苏州外贸公司构成了什么违法行为？

一、出入境货物检验检疫工作程序

（一）入境货物检验检疫工作程序

1. 入境货物法定检验检疫的工作程序

先报检，后放行通关，再进行检验检疫。

法定检验检疫的入境货物，在报关时必须提供报关地检验检疫机构签发的《入境货物通关单》（以下简称《通关单》），海关凭报关地检验检疫机构签发的《入境货物通关单》验放。

入境货物的检验检疫工作程序是：

申请报检——受理报检——办理通关——实施检验检疫——放行

（1）申请报检。

① 法定检验检疫入境货物的货主或其代理人首先向卸货口岸或到达站的出入境检验检疫机构申请报检。申请转关或直通式转关运输的货物，由指运地检验检疫机构受理报检工作。

② 报检人应按检验检疫有关规定和要求提供有关单证资料。

（2）受理报检。

检验检疫机构审核有关资料，符合要求的，受理报检并计收费。

（3）办理通关。

对来自疫区的、可能传播传染病、动植物疫情的入境货物交通工具或运输包装实施必要的检疫、消毒、卫生除害处理后，签发《入境货物通关单》（入境废物、活动物等除外）供报检人办理海关的通关手续。

（4）实施检验检疫。

货物通关后，入境货物的货主或其代理人须在检验检疫机构规定的时间和地点到指定的检验检疫机构联系对货物实施检验检疫。未经检验检疫的，不准销售、使用。

（5）放行。

经检验检疫合格的入境货物，检验检疫机构签发《入境货物检验检疫证明》放行，准予销售、使用。经检验检疫不合格的货物，检验检疫机构签发《检验检疫处理通知书》，货主或其代理人应在检验检疫机构的监督下进行处理。无法进行处理或处理后仍不合格的，做退运或销毁处理。需要对外索赔的，检验检疫机构签发检验检疫证书。

2. 特殊入境货物检验检疫工作程序

（1）对于入境的废物和活动物等特殊货物，按有关规定，检验检疫机构在受理报检后先进行部分或全部项目的检验检疫，检验检疫合格方可签发《入境货物通关单》。

（2）对于最终使用地不在进境口岸检验检疫机构辖区内的货物，可以在通关后调往目的地检验检疫机构进行检验检疫（按规定应在进境口岸检验检疫机构进行检验检疫的货物除外），即在口岸只办理报检和通关手续，货物的检验检疫和出证等工作均在目的地检验检疫机构完成。报检人在口岸办理报检手续时，应在报检单上注明货物最终使用人的名称、地址、联系人、联系电话等内容。货物到达目的地后，货主或其代理人应及时与目的地检验检疫机构联系检验检疫事宜。未经检验检疫擅自销售、使用的，检验检疫机构将依照有关法律、法规进行处罚。

（二）出境货物检验检疫

法定检验检疫的出境货物，在报关时必须提供报关地检验检疫机构签发的《出境货物通关单》，海关凭报关地检验检疫机构签发的《出境货物通关单》验放。

出境货物的检验检疫工作程序是：

申请报检 —— 受理报检 —— 实施检验检疫 —— 合格评定 —— 通关放行

1. 申请报检

法定检验检疫的出境货物的报检人应在规定的时限内持相关单证向检验检疫机构报检。

2. 受理报检

检验检疫机构审核有关单证，符合要求的受理报检并计收费，然后转施检部门实施检验检疫。

3. 实施检验检疫

检验检疫部门对货物实施检验检疫。

4. 合格评定及通关

检验检疫机构进行合格评定及通关。

（1）对产地和报关地相一致的货物，经检验检疫合格，检验检疫机构出具《出境货物通关单》供报检人在海关办理通关手续。

（2）对产地和报关地不一致的货物，报检人应向产地检验检疫机构报检，产地检验检疫机构对货物检验检疫合格后，出具《出境货物换证凭单》（如表 3 – 1 所示）或将电子信息发送至口岸检验检疫机构并出具《出境货物换证凭条》（如表 3 – 2 所示），报检人凭产地检验检疫机构签发的《出境货物换证凭单》或《出境货物换证凭条》向口岸检验检疫机构报检。口岸检验检疫机构验证或核查货证合格后，出具《出境货物通关单》；对于经检验检疫不合格的货物，检验检疫机构签发《出境货物不合格通知单》，不准出口。

表 3 – 1　出境货物换证凭单

类别：一般报检　　　　　　　　　　　　编号：

<table>
<tr><td>发货人
收货人
品名
HS 编码
报检数/重量
包装种类及数量
申报总值</td><td colspan="5"></td><td colspan="3" rowspan="2">标记及号码</td></tr>
<tr><td>产地
生产日期
包装性能检验结果</td><td colspan="2"></td><td colspan="3">生产单位（注册号）
生产批号
合同/信用证号</td></tr>
<tr><td>单号
输往国家或地区
发货日期</td><td colspan="2"></td><td colspan="3">运输工具名称及号码
集装箱规格及数量
检验依据</td><td colspan="3"></td></tr>
<tr><td>检验
检疫
结果
本单有效期
备注</td><td colspan="8">签字：　　　　　　日期：
截止于</td></tr>
<tr><td rowspan="2">分批出境核销栏</td><td>日期</td><td>出境数/重量</td><td>结存数/重量</td><td>核销人</td><td>日期</td><td>出境数/重量</td><td>结存数/重量</td><td>核销人</td></tr>
<tr><td></td><td></td><td></td><td></td><td></td><td></td><td></td><td></td></tr>
</table>

说明：1. 货物出境时，经口岸检验检疫机关查验货证相符，且符合检验检疫要求的予以签发《通关单》或换发检验检疫证书；2. 本单不作为国内贸易的凭证或其他证明；3. 涂改无效。

表3-2 出境货物换证凭条

转单号	140400202000425T 6465			报检号	140400200000657
报检单位	××贸易有限公司				
合同号	2001NY013			HS 编码	07198090. 90
数（重）量	42 000 千克	包装件数	4 200 纸箱	金额	63 420 美元
评定意见： 贵单位报检的该批货物，经我局检验检疫，已合格。请执此单至青岛局本部办理出境验证业务。本单有效期截至2002年05月30日。 侯马局　本部2002年5月10日					

二、出入境集装箱、交通工具、人员、快件等的检验检疫工作程序

（一）出入境集装箱的报检

1. 入境集装箱的报检

（1）与运输工具一起报检的，由运输工具负责人或其代理人填写《出/入境集装箱报检单》，并递交“载货清单”向检验检疫机构申报。

（2）与货物一起报检的，由货主或其代理人填写《入境货物报检单》，向入境口岸检验检疫机构申报，并递交检验检疫机构需要的其他单证。

（3）集装箱单独报检的，由集装箱所有人、租用人或其代理人填写《出/入境集装箱报检单》，向入境口岸检验检疫机构申报。

2. 出境集装箱的报检

（1）所有出境集装箱应在出境前由承运人、货主或其代理人填写《出/入境集装箱报检单》向检验检疫机构申报。

（2）装运出口易腐烂变质食品、冷冻品的集装箱；装载动植物、动植物产品和其他检验检疫物或其他必须实施出境检验检疫的集装箱，必须在货物装箱前由货主或其代理人填写《出/入境集装箱报检单》向检验检疫机构申报。

（二）出入境交通工具和人员的报检

交通工具和人员必须在口岸检验检疫机构指定的地点接受检疫。除引航员外，未经检验检疫许可，任何人不准上下交通工具，不准装卸行李、货物、邮包等物品。

出境的交通工具和人员必须在最后离开的国境口岸接受检疫。

（三）出入境快件检验检疫工作程序

1. 快件运营人应按有关规定向检验检疫机构办理报检手续，凭检验检疫机构签发的通关单向海关办理报关

入境快件到达海关监管区时，快件运营人应及时向所在地检验检疫机构办理报检手续。出境快件在其运输工具离境4小时前，快件运营人应向离境口岸检验检疫机构办理报检手续。

2. 入境检验不合格，则销毁或退运；出境商检不合格，则不准出境

（四）出入境邮寄物检验检疫工作程序

出入境法定检验检疫范围邮寄物的寄件人或代理人在办理邮寄手续时，应向检验检疫部

门申报，经检验检疫有关人员审核单证并实施检验检疫后，方可邮寄。

进境邮寄物经检验检疫或检疫处理合格的，在邮寄物上加盖检验检疫印章，予以放行。不合格的，作退回或销毁处理。

出境邮寄物经检疫处理合格的，根据检疫要求，出具相关检疫证书；不合格的，出具《检疫处理通知书》，不准邮寄出境。

三、出入境检验检疫工作流程

报检/申报、计/收费、抽样/采样、检验检疫、卫生除害处理、签证放行。

（一）报检/申报

报检/申报是指申请人按照法律法规或规章的规定向检验检疫机构申报检验检疫工作的手续。检验检疫机构工作人员审核报检人提交的报检单内容填写是否完整、规范，应附的单据资料是否齐全、符合规定，索赔或出证是否超过有效期等，审核无误的，方可受理报检。对报检人提交的材料不齐全或不符合有关规定的，检验检疫机构不予受理报检。因此，报检人应及时了解掌握检验检疫有关政策，在报检时按检验检疫机构有关规定和要求提交有关资料。

（二）计/收费

对已受理报检的，检验检检疫机构工作人员按照《出入境检验检疫收费办法》的规定计费并收费。

（三）抽样/采样

对须检验检疫并出具结果的出入境货物，检验检疫人员需到场抽取（采取）样品。所抽取（采取）的样品有的并不能直接进行检验，因此，需要对这些样品进行一定的加工，这称为抽样。样品及制备的小样经检验检疫后重新封识，超过样品保存期后销毁。

（四）检验检疫

检验检疫机构对已报检的出入境货物，通过感官、物理、化学、微生物等方法进行检验检疫，以判定所检对象的各项指标是否符合有关强制性标准或合同及买方所在国官方机构的有关规定。目前，检验检疫的方式包括全数检验、抽样检验、型式试验、过程检验、登记备案、符合性验证、符合性评估、合格保证和免予检验等。

（五）卫生除害处理

按照《卫生检疫法》及其实施细则、《动植物检疫法》及其实施条例的有关规定，检验检疫机构对来自传染病疫区或动植物疫区的有关出入境货物、动植物、运输工具以及废旧物品等实施卫生除害处理。

（六）签证与放行

出境货物，经检验检疫合格的，检验检疫机构签发《出境货物通关单》及相关检验检疫证书，作为货物通关的依据；经检验检疫不合格的，签发《出境货物不合格通知单》。

出境货物检验检疫工作流程如图 3－1 所示。

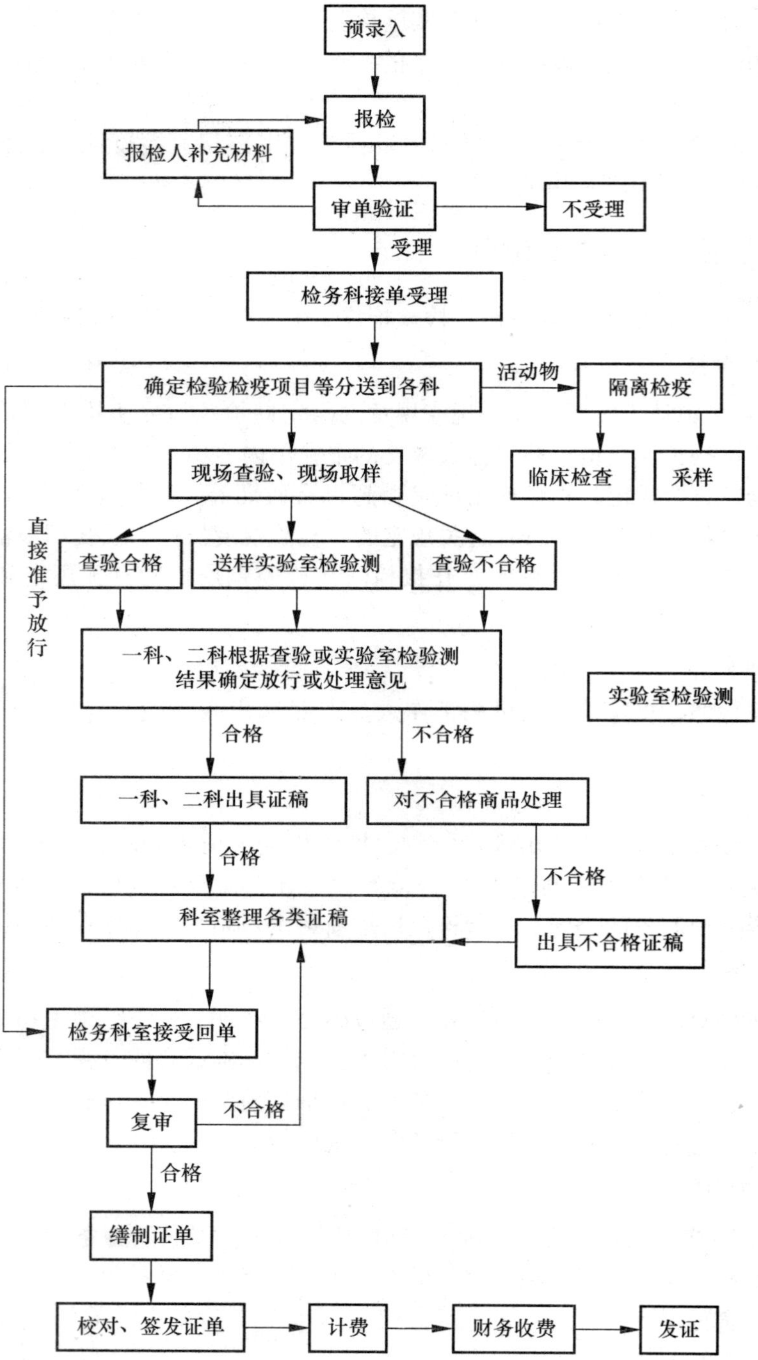

图3-1　出境货物检验检疫流程图

入境货物，检验检疫机构受理报检并进行必要的卫生除害处理后或检验检疫后签发《入境货物通关单》，海关据以验放货物后，经检验检疫机构检验检疫合格的，签发《入境货物检验检疫证明》；不合格的，签发检验检疫证书，供有关方面办理对外索赔及相关手续。

入境货物检验检疫流程如图3-2所示。

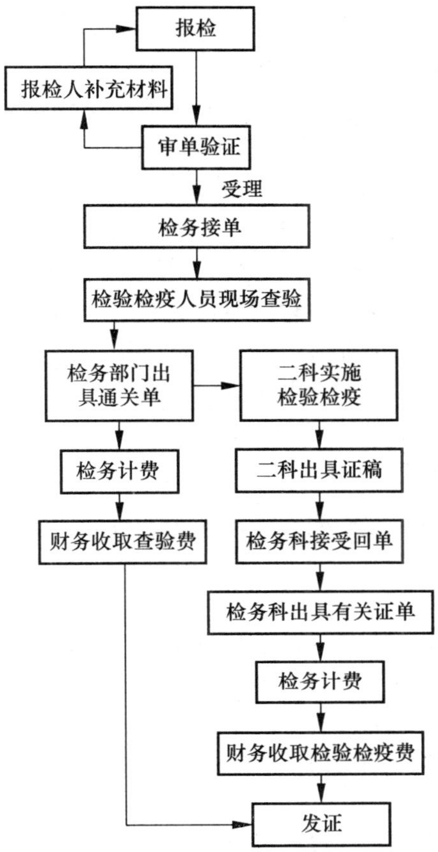

图 3－2　入境货物检验检疫流程图

任务二　出入境检验检疫收费

案例导入

我国 A 公司和美国 G 公司签订了一份进口 8 000 吨茶叶的合同。由于当时运输市场紧张，在合同中规定允许分批装运，G 公司遂于同一时间把该批货物分为两部分分别装载于 C、D 两个运输工具上运出。A 公司在接到到货通知后，提取货物向有关部门进行报检。问我方能否以该货物为一批进行报检，报检时的费用应该怎么计收？

为加强出入境检验检疫收费管理，保障出入境检验检疫机构（简称检验检疫机构）和缴费者的合法权益，国家发展和改革委员会会同财政部共同制定了《出入境检验检疫收费办法》，该办法于 2004 年 4 月 1 日起正式实施。

一、出入境检验检疫收费范围

（一）收费办法适用范围

1. 各级检验检疫机构及其所属事业单位

这是指国家质检总局及其所属事业单位，各直属检验检疫局、分支检验检疫局、检验检疫办事处及其所属事业单位，包括事业单位下属从事检验检疫相关业务的企业。

2. 出入境关系人

这是指与出入境相关的货主及其代理人和其他相关单位、个人。

（1）货主及其代理人是指出入境货物的生产经营企业、收发货人、承运人，以及代理生产经营企业、承运人报检的单位、个人（含具备代理报检资格的代理报检公司、货代公司、船代公司）。

（2）与出入境检验检疫相关的单位、个人包括：出入境交通工具负责人，出入境人员及组织办理出入境人员检验检疫手续单位（如旅行社），申请检验检疫机构考（审）核注册的机构，委托检验检疫机构及其事业单位实施检验鉴定业务的单位、个人，经检验检疫机构资质认可从事与检验检疫相关特定业务的单位、个人，检验检疫机构授权承担检验检疫相关业务的单位、个人。

（二）检验检疫业务收费范围

检验检疫机构依法对以下法定检验检疫对象实施检验、检疫、鉴定等检验检疫业务，按有关规定收费。

1. 出入境人员

这是指所有的出入境人员，含按规定实施传染病监测体检和预防接种的出入境人员。

2. 出入境货物

这是指列入《出入境检验检疫机构实施检验检疫的进出境商品目录》的出入境货物，以及未列入该目录的，但国家有关法律法规规定必须实施检验检疫的出入境货物。

3. 出入境运输工具

这是指所有的出入境运输工具，包括船舶、航空器、列车、汽车和其他车辆。

4. 出入境集装箱

这是指所有的出入境集装箱。

5. 及其他法定检验检疫物

这是指除上述以外，检验检疫相关法律法规规定必须实施检验检疫的对象。

二、出入境检验检疫收费规定

（一）检验检疫业务收费规定

1. 按货值计算的收费规定

收费标准中以货值为基础计费的，以出入境货物的贸易信用证、发票、合同所列货物总值或海关估价为基础计收。出入境检验检疫费以人民币计算到元，元以下四舍五入。

2. 按批次计算的收费规定

检验检疫机构对出入境货物的计费以“一批”为一个计算单位。“一批”是指同一品名在同一时间，以同一个运输工具，来自或运往同一地点，同一收货、发货人的货物。列车多车厢运输，满足以上条件的，按一批计；单一集装箱多种品名货物拼装，满足以上条件的，按一批计。

3. 关于同批货物涉及多项检验检疫业务计算方式的规定

同批货物涉及以下多项检验检疫业务的，应分别计算，累计收费。

（1）检验检疫。

（2）数量、重量。

（3）包装鉴定。

（4）实验室检验。

（5）财产鉴定。

（6）安全监测。

（7）检疫处理。

其中货物检验检疫费项按品质检验费、动物临床检疫、植物现场检疫、动植物产品检疫、食品及食品加工设备卫生检验、卫生检疫分别计算，累计收费。同批货物检验检疫费项超过 5 000 元的，超过部分按 80% 计收。

4. 关于抽样检验的收费规定

检验检疫机构对法定检验检疫的出入境货物按照有关检验检疫操作规程或检验检疫条款规定抽样检验代表全批的，均按全批收费。

5. 关于品质检验和重量鉴定不同实施方式的收费规定

（1）货物品质检验费按不同品质检验方式计算。由检验检疫机构进行检验的，收取 100% 品质检验费；由检验检疫机构会同有关单位共同进行检验的（包括组织检验），按收费额的 50% 收取品质检验费。进料加工或来料加工的出境货物品质检验费按收费标准的 70% 计收。

（2）货物重量鉴定费按不同鉴定方式计算。由检验检疫机构鉴重的，按全额计收；由检验检疫机构监督鉴重的（包括检验检疫机构不具备鉴重设备的重量鉴定业务），按收费额的 50% 计收。

6. 货物品质的其他收费规定

（1）检验检疫机构依据有关规定对出口货物做型式试验的，按收费办法及其收费标准收取型式试验费；完成型式试验的出口货物品质检验费，按收费标准的 70% 计收。

（2）对危险品、有毒有害货物的品质检验、重量鉴定、包装使用鉴定以及装载上述货物的运输工具装运条件的鉴定按其收费标准加一倍收费。

（3）出入境贵稀金属，单价每公斤超过 20 000 元的，超过部分免收品质检验费。

（4）出入境货物每批总值不足 2 000 元的，免收品质检验费，只收证书（单）工本费；涉及其他检验检疫业务的，按规定收取相应费用。

7. 关于另收实验室检验项目费、鉴定项目费的收费规定

有以下情况之一的，检验检疫机构另收实验室检验项目费、鉴定项目费。

（1）本办法及其收费标准中规定另行收取实验室检验项目费、鉴定项目费的。

（2）外国政府或双（多）边协议或出入境关系人要求增加检验检疫操作规程以外的检验项目、鉴定项目的。

（3）法律、法规或国家质量监督检验检疫总局规章规定增加检验检疫操作规程以外检验项目、鉴定项目，且明确要求另行收费的。

8. 关于重新检验检疫的收费规定

已经实施检验检疫的出入境法定检验检疫对象，有下列情况之一的，经重新报检并检验检疫后，检验检疫机构应按本办法及其收费标准另行收取相关费用。

（1）输入或前往国家（地区）更改检验检疫要求的。

（2）更换货物包装或拼装的。

（3）超过检验检疫有效期或证书（单）报运出口期限的。

（4）在口岸查验过程中，发现货证不符、批次混乱，需重新整理的。

9. 关于检验检疫不合格及重新加工整理的收费规定

对经检验检疫机构检验检疫不合格，并已签发不合格通知单的出口货物，按全额收取检验检疫费。经检验检疫机构同意，出入境关系人对不合格的货物重新加工整理后，检验检疫机构再检验检疫一次的收费减半。

10. 关于检验检疫机构委托其他检验单位的收费规定

检验检疫机构委托经质检总局资质认可的检验机构或其他检测单位对法定检验检疫对象实施检验的，检验费由检验检疫机构支付。检验检疫机构再按收费标准向出入境关系人收费。

11. 关于过境动植物、动植物产品的收费规定

过境植物、动植物产品，入境口岸检验检疫机构只检疫运输工具和包装物，按规定收取运输工具和包装物检验检疫费。根据有关法律、行政法规规定，需对植物、动植物产品抽样检疫的，按收费标准收费。过境动物，根据实际检验检疫要求，按照动物检疫收费项目标准收取检疫费。

12. 关于食品及食品加工设备卫生检验的收费规定

检验检疫机构对进口食品，食品添加剂，食品容器，包装材料，食品用工具、设备，用于食品和食品用工具设备的洗涤剂、消毒剂等（含来料加工、出口返销、在免税商店出售的上述货物）实施卫生监督检验的，按收费标准收取食品及食品加工设备卫生检验费用。进口食品单一品种在100吨以下和非单一品种在500吨以下的，按小批量食品收费标准计收。

13. 关于小额边境贸易检验检疫的收费规定

边境口岸每批次价值在人民币10万元以下（含10万元）的小额边境贸易检验检疫收费，按本办法规定收费标准的70%计收；每批次价值在人民币5万元以下（含5万元）的小额边境贸易检验检疫收费，按收费标准的50%计收。

14. 检验检疫机构不收取费用的情形

（1）法律、行政法规规定出入境货物由有关检验单位实施检验，检验检疫机构凭检验结果出证的，检验检疫机构只收取签发证（单）工本费，不得收取检验费等其他任何费用。

（2）口岸检验检疫机构凭产地检验检疫机构签发的换证凭单查验换证的，只收取签发证（单）工本费，不得收取查验费等其他任何费用。

（3）出入境关系人因故撤销检验检疫时，检验检疫机构未实施检验检疫的，不得收费；已实施检验检疫的，按收费标准的100%计收。因检验检疫机构责任撤销检验检疫的，不得收费。

（二）检验检疫费用缴纳期限规定

出入境关系人应按照有关法律、法规和收费标准，按时足额缴纳检验检疫费用。自检验检疫机构开具收费通知单之日起20日内，出入境关系人应交清全部费用，逾期未交的，自第21日起，每日加收未交纳部分5‰的滞纳金。

（三）各检验检疫机构收费要公开

（1）检验检疫机构应严格按照本办法及其收费标准收费，到指定的价格主管部门办理收费许可证，出具财政部规定使用的票据。

（2）各检验检疫机构应公开收费项目和收费标准，接受价格、财政部门的检查监督，不得擅自增加或减少收费项目，不得擅自提高或降低收费标准，不得重复收费。

（四）出入境检验检疫收费标准

出入境检验检疫收费标准由以下三部分内容构成。

出入境检验检疫收费标准；出入境检验检疫有关实验室检验项目、鉴定项目收费标准；出入境检验检疫有关检疫处理等业务收费标准。

1. 出入境检验检疫收费标准（如表 3－3 所示）

表 3－3　出入境检验检疫收费标准部分内容

编　号	名　称	计费单位	收费标准	最低费额/元	备　注
（一）	货物检验检疫费			60	
1	品质检验	货物总值	1.50‰		含出口危险货物小型气体容器包装检验等
2	动物临床检疫、植物现场检疫、动植物产品检疫其中：介质土、植物油	货物总值	1.2‰ 0.67‰		对无法确定货物总值的动植物，其动物临床检疫、植物现场检疫按以下收费标准收取：牛、马、驼、猪、羊、犬、虎、豹等大中动物（含胚胎），20 元/头（只）等
3	食品及食品加工设备卫生检验	货物总值			小批量食品按货物总值的 4‰ 收费
4	卫生检疫				不收费
（二）	运输工具检验检疫费				
1	船舶（包括废旧船舶和修理船舶）				客轮加收 50%
a	10 001 总吨以上	艘次	330		
2	飞机				
a	起飞重量 100 吨以上	架次	50		
b	起飞重量 100 吨以下	架次	30		
3	火车	厢次	4		
4	汽车及其他车辆	车次	2		

2. 出入境检验检疫有关实验室检验项目、鉴定项目收费标准（如表3－4所示）

表3－4 出入境检验检疫有关实验室检验项目、鉴定项目收费标准部分内容

编号	名　称	计费单位	收费标准	备　注
一	动植物实验室检验项目收费			
(一)	动物试验			其他动物试验按实耗收费
1	玻片凝集反应	每头份	4	
2	试管凝集反应	每头份	6	
3	琼脂扩散试验	每头份	6	
4	补体结合试验	每头份	13	
5	间接血凝（抑制）实验	每头份	6	
6	细胞中和实验	每头份	20	
7	免疫电泳试验	每头份	10	
8	荧光抗体试验	每头份	16	
9	变态反应	每头份	6	
10	酶标试验	每头份	23	

3. 出入境检验检疫有关检疫处理等业务收费标准（如表3－5所示）

表3－5 出入境检验检疫有关检疫处理等业务收费标准部分内容

名　称	计费单位	收费标准	最低费额/元	备　注
检疫处理费				
船舶				客轮加收50%
一般检疫处理				
一般船舶	每总吨	0.05	200	
专运动物船舶	艘次	12 000		
熏蒸检疫处理	每总吨	0.6		
专运动物飞机	架次	10 000		
火车	车厢次	80		
汽车消毒	辆次	20		
汽车轮胎消毒	辆次	2		
集装箱	标箱次	20		箱体熏蒸按每标箱40元收费

任务三　签证与放行

案例导入

2007 年 8 月 15 日，苏州某电子企业委托某代理报检企业向苏州检验检疫局申报一批进口锂电池产品，规格型号为 DAK520130 - 02B8112，共计 50 个，货值 480 美元。申报时代理报检企业提供了相应的《进出口电池备案书》复印件，编号为 BA320220（07）0005I。检务人员对所提供的备案书有所疑问，随即向该《进出口电池备案书》签发单位核查其真伪，经查该证书与实际不符，确认为伪造，苏州检验检疫局随即立案调查。请分析，该企业的违规行为是什么？应受到什么行政处罚？

为加强出入境检验检疫签证管理，保证检验检疫签证工作质量，国家质量监督检验检疫总局根据《中华人民共和国进出口商品检验法》及其实施条例、《中华人民共和国进出境动植物检疫法》及其实施条例、《中华人民共和国国境卫生检疫法》及其实施细则、《中华人民共和国食品安全法》等法律法规的有关规定，制定了《出入境检验检疫签证管理办法》。本办法规定国家质量监督检验检疫总局（简称国家质检总局）统一管理全国出入境检验检疫签证工作。国家质检总局设在各地的出入境检验检疫机构（简称检验检疫机构）负责签证工作的实施。

一、检验检疫证单的种类与法律效用

（一）检验检疫证单的种类与适用

1. 证书类

（1）出境货物检验检疫类，如表 3 - 6 所示。

表 3 - 6　出境货物检验检疫类

证单名称	适用范围	规定签发人
检验证书	适用于出境货物的品质、规格、数量、重量、包装等检验项目。证书具体名称根据需要打印	授权签字人
生丝品级及公量证书	适用于证明生丝的品级及公量	授权签字人
捻线丝品级及公量证书	适用于证明捻线丝品级及公量	授权签字人
绢丝品质证书	适用于证明绢丝的品质	授权签字人
双宫丝品级及公量证书	适用于证明双宫丝的品级及公量	授权签字人
初级加工丝品质及重量证书	适用于证明初级加工丝的品质及重量	授权签字人
柞蚕丝品级及公量证书	适用于证明柞蚕丝的品级及公量	授权签字人

（2）出境货物卫生类，如表3－7所示。

表3－7 出境货物卫生类

证单名称	适用范围	规定签发人
卫生证书	适用于经检验符合卫生要求的出境食品以及其他需要实施卫生检验的货物	授权签字人
健康证书	适用于用于食品加工的化工产品、纺织品、轻工品等与人、畜健康有关的出境货物	授权签字人

（3）出境兽医类，如表3－8所示。

表3－8 出境兽医类

证单名称	适用范围	规定签发人
兽医（卫生）证书	适用于符合输入国家或者地区和中国有关检疫规定、双边检疫协定以及贸易合同要求的出境动物产品	官方兽医
兽医卫生证书	适用于输往俄罗斯的牛肉	官方兽医
兽医卫生证书	适用于输往俄罗斯的猪肉	官方兽医
兽医卫生证书	适用于输往俄罗斯的动物性原料。包括皮革、角蹄类、肠衣、毛皮、羊皮和羔羊皮、羊毛、鬃、马尾、鸡鸭鹅及其他禽类的羽毛和羽绒	官方兽医

（4）出境动物检疫类，如表3－9所示。

表3－9 出境动物检疫类

证单名称	适用范围	规定签发人
动物卫生证书	适用于符合输入国家或者地区和中国有关检疫规定、双边检疫协定以及贸易合同要求的出境动物；也适用于符合检疫要求的出境旅客携带的伴侣动物，以及用于供港澳动物检疫	官方兽医

（5）出境植物检疫类，如表3－10所示。

表3－10 出境植物检疫类

证单名称	适用范围	规定签发人
植物检疫证书	适用于符合检疫要求的出境植物、植物产品以及其他检疫物	授权签字人
植物转口检疫证书	适用于从输出方经中国转口到第三方的符合检疫要求的植物、植物产品以及其他检疫物	授权签字人

（6）运输工具检验检疫类，如表 3－11 所示。

表 3－11　运输工具检验检疫类

证单名称	适用范围	规定签发人
船舶入境卫生检疫证	用于没有染疫的或不需要实施卫生处理的入境船舶	检疫医师
船舶入境检疫证	适用于入境卫生检疫时，需实施某种卫生处理或离开本港后应继续接受某种卫生处理的船舶	检疫医师
交通工具卫生证书	适用于申请电讯卫生检疫的交通工具，包括船舶、飞机、火车等	检疫医师
交通工具出境卫生检疫证书	适用于出境运输工具卫生检疫	检疫医师
除鼠证书/免予除鼠证书	前者用于船舶实施鼠患检查后发现鼠患并进行除鼠；后者用于船舶实施鼠患检查后，未发现鼠患亦未采取任何除鼠措施	授权签字人
运输工具检疫证书	适用于经动植物检疫合格的运输工具	授权签字人

（7）检疫处理类，如表 3－12 所示。

表 3－12　检疫处理类

证单名称	适用范围	规定签发人
熏蒸/消毒证书	适用于经检验检疫处理的出入境货物、动植物及其产品、包装材料、废旧物品等	授权签字人
运输工具检疫处理证书	适用于对出入境运输工具熏蒸、消毒、灭蚊，包括对交通工具员工及旅客用食品、饮用水以及运输工具的压舱水、垃圾、污水等项目实施检疫处理	授权签字人

（8）国际旅行健康类，如表 3－13 所示。

表 3－13　国际旅行健康类

证单名称	适用范围	规定签发人
国际旅行健康证书	适用于对出入境旅客的健康证明	医师
国际预防接种证书	适用于对国际旅行人员的预防接种	施种人

（9）进口货物检验检疫类，如表 3－14 所示。

表 3－14　进口货物检验检疫类

证单名称	适用范围	规定签发人
检验证书	用于检验不合格须索赔的入境货物；货主有要求或交接、结汇、结算要求的。证书具体名称根据需要打印	授权签字人
卫生证书	适用于经卫生检验合格的入境食品、食品添加剂、食品容器等；卫生检验不合格须索赔的入境食品、食品添加剂、食品容器等	授权签字人

续表

证单名称	适用范围	规定签发人
兽医卫生证书	适用于经检疫不符合要求的入境动物产品	官方兽医
动物检疫证书	适用于经检疫不符合要求的入境动物	官方兽医
植物检疫证书	适用于经检疫不符合要求的入境植物、植物产品以及其他检疫物	授权签字人
空白证书	适用于规定格式以外的情况。如品质检验、鉴定等证书	授权签字人
空白证书	适用于规定格式以外的情况。用于涉及卫生检疫、食品卫生检验、动植物检疫等的证书	授权签字人
空白证书	适用于需要正反面打印的证书。如输欧盟水产品和肠衣的《卫生证书》等	授权签字人

2. 凭单类

（1）申请类，如表3－15所示。

表3－15　申请类

证单名称	适用范围	规定签发人
入境货物报检单	适用于进境货物（包括废旧物品）包装铺垫材料、集装箱等以及外商投资财产鉴定的申报	报检签字人
出境货物报检单	适用于出境货物（包括废旧物品）、包装铺垫材料、集装箱等的申报	报检签字人
出境货物运输包装检验申请单	适用于申请法检出境货物运输包装性能检验和危险货物包装的使用鉴定	报检签字人
航海健康申报书	适用于出入境船舶船方向口岸检验检疫机关提供的书面报告	报检签字人
船舶鼠患检查申请书	适用于出入境船舶申请实地鼠患检查申请	报检签字人
入境检疫申明卡	用于入境旅客健康申明和携带物申报	报检签字人
预防接种申请书	用于预防接种的申请	报检签字人
更改申请单	适用于报检人申请更改、补充或重发证书以及撤销报检等	报检签字人
出入境集装箱报检单	用于出入境空箱和装载非法检货物的集装箱检验检疫的申报	报检签字人

（2）通关类，如表 3－16 所示。

表 3－16　通关类

证单名称	适用范围	规定签发人
入境货物通关单（2 联）（第一联为货物通关，第二联为本局留存）	用于在本地报关并实施检验检疫的入境货物的通关，包括调离海关监管区	检务签字人
入境货物通关单（4 联）（第一联为货物通关，第二联为货物流向，第三联为异地检验检疫及报检，第四联为本局留存）	用于在本地报关，但异地检验检疫的入境货物的通关，包括调离海关监管区	检务签字人
出境货物通关单（2 联）	适用于国家法律、行政法规规定必须经检验检疫合格的出境货物的通关	检务签字人

（3）结果类，如表 3－17 所示。

表 3－17　结果类

证单名称	适用范围	规定签发人
进口机动车辆随车检验单	用于进口机动车辆检验	检验经办人
出境货物运输包装性能检验结果单	适用于检验合格的出境货物包装性能检验	授权签字人
出境危险货物包装容器使用鉴定结果单	用于证明包装容器适合装载出境危险货物	授权签字人
集装箱检验检疫结果单	适用于装运出口易腐烂变质食品、冷冻品集装箱的适载检验以及装载其他法检商品集装箱的检验；出入境集装箱的卫生检疫和动植物检疫	检验检疫经办人
放射监测/处理报告单	用于对放射性物质实施监测或处理	检疫医师

（4）通知类，如表 3－18 所示。

表 3－18　通知类

证单名称	适用范围	规定签发人
入境货物检验检疫情况通知单	适用于入境货物分港卸货或集中卸货分拨数地的检验检疫。此单仅限于检验检疫系统内部使用	检验检疫经办人
检验检疫处理通知书	适用于对运输工具、集装箱、货物、废旧物品、食品的检疫处理以及放射性检测	授权签字人
出境货物不合格通知单	适用于经检验检疫不合格的出境货物、包装等	授权签字人

（5）凭证类，如表3－19所示。

表3－19 凭证类

证单名称	适用范围	规定签发人
入境货物检验检疫证明	适用于经检验检疫合格的法检入境货物（不含食品，食品暂用格式9－2《卫生证书》，作为进口检验检疫合格后的凭证	检验检疫经办人
进口机动车辆检验证明	适用于进口机动车辆换领行车牌证	检验经办人
出境货物换证凭单	用于对未正式成交的经预验符合要求的货物；产地检验检疫合格的并在口岸查验换证的货物；经检验检疫合格，在异地报关的货物	授权签字人
抽/采样凭证	适用于检验检疫机关抽取/采集样品	授权签字人
出入境人员携带物留验/处理凭证	适用于出入境旅客携带动植物及其产品的留验或没收处理	检疫官
出入境人员留验/隔离证明	适用于对染疫人签发隔离证书；对染疫嫌疑人签发留验证书。本证书在留验隔离期满后签发	医师
境外人员体格检查记录验证证明	适用于对外籍人士、港澳台人员、华侨和非居住在中国境内的中国公民在境外经全面体格检查后所出具的体检记录的验证，合格者签发此证书	医师
预防接种禁忌证明	适用于入出境人员中需实施预防接种而其本人又患有不适于预防接种之禁忌症者	医师

3. 监管类

（1）动植物检疫审批类，如表3－20所示。

表3－20 动植物检疫审批类

证单名称	适用范围	规定签发人
进境动植物检疫许可证	适用于动物、动物产品及动物遗传物质；水果、土壤、栽培介质、烟叶、谷物、豆类及其饲料；因科学研究等特殊需要引进的植物微生物、昆虫、螨类、软体动物及其转基因生物材料、禁止入境的植物繁殖材料的审批	检验检疫经办人

（2）口岸卫生监督类，如表3－21所示。

表3－21 口岸卫生监督类

证单名称	适用范围	规定签发人
国境口岸储存场地卫生许可证	用于储存国境口岸出入境货物场所的卫生许可	检验经办人
国境口岸服务行业卫生许可证	用于签发给国境口岸宾馆、餐厅、小卖部、公共场所等服务行业经营单位，作为准予营业的凭证	授权签字人
健康证明书	用于国境口岸和交通工具从事饮食、饮用水工作人员以及国境口岸公共场所服务人员的健康证明	检疫官

（3）出入境卫生检疫类，如表 3－22 所示。

表 3－22　出入境卫生检疫类

证单名称	适用范围	规定签发人
入/出境特殊物品卫生检疫审批单	用于对微生物、人体组织、生物制品、血液及其制品等特殊物品审批后出具的许可证明	检验经办人
艾滋病检验报告单	用于经采血样做艾滋病检验后签发的报告单	检验师
国际旅行人员健康检查记录	用于出入境人员传染病监测体检的结果记录	检验师
国境口岸及入/出境交通工具食品饮用水从业人员体检表	用于国境口岸公共场所和出入境交通工具食品饮用水从业人员实施体格检查的结果记录	检验师
出入境人员传染病报告卡	用于出入境人员传染病监测中发现疫情时进行上报	检验师

（二）检验检疫证单的法律效用

1. 检验检疫证单是检验检疫机构代表国家履行国际义务的手段

当今国际社会在检验检疫方面已形成许多法则、公约与惯例，这些法则、公约与惯例已被世界各国广泛接受和遵守。检验检疫机构签发的检验检疫证单，正是检验检疫机构履行职责，代表国家履行国际义务的手段。

2. 检验检疫证单是出入境货物通关的重要凭证

（1）凡列入《法检商品目录》内的进出口货物（包括转关运输货物），海关一律凭检验检疫机构签发的《入境货物通关单》或《出境货物通关单》验放。

（2）对未列入《法检商品目录》范围的进出口货物，国家法律、法规另有规定须实施检验检疫的，海关亦凭检验检疫机构签发的《入境货物通关单》或《出境货物通关单》验放。

（3）有些出境货物，尤其是涉及社会公益、安全、卫生、检疫、环保等方面的货物，入境国家的海关依据该国家法律或政府规定，凭检验检疫机构签发的证单作为通关验放的重要凭证。

3. 检验检疫证单是海关征收和减免关税的有效凭证

（1）有些国家海关在征收进出境货物关税时，经常依据检验检疫证单上的检验检疫结果作为海关据以征税的凭证。以检验检疫证单作为把关或计收关税的凭证。

（2）对到货后因发货人责任造成的残损、短缺或品质等问题的入境货物，发生换货、退货或赔偿等现象时往往涉及免征关税或退税。检验检疫机构签发的证书可作为通关免税或者退税的重要凭证。

（3）检验检疫机构签发的产地证书是进口国海关征收或减免关税的有效凭证。一般产地证是享受最惠国税率的有效凭证，普惠制产地证是在给惠国享受普惠制税率待遇的有效凭证，区域性优惠原产地证是在多边或双边贸易国家享受协定关税的有效凭证。

4. 检验检疫证单是履行交接、结算及进口国准入的有效证件

（1）在国际贸易中，大多凭证单进行交易，为确保所交易的货物符合合约规定，需要一个证明文件作为交接的凭证，检验检疫机构所签发的各种检验检疫证书就是这种凭证。

（2）凡对外贸易合同、协议中规定以检验检疫证书作为结算货款依据的进出口货物，检验检疫证书中所列的货物品质、规格、成分等检验检疫结果都是买卖双方计算货款的依据，检验检疫证书是双方结算货款的凭证。

有的国家法令或政府规定要求，某些入境货物需凭检验检疫机构签发的证书方可进境。

5. 检验检疫证单是议付货款的有效证件

在国际贸易中，签约中的买方往往在合同和信用证中规定，以检验检疫证书作为交货付款的依据之一。议付银行受开户行的委托，审核信用证规定需要的证单及其内容，符合条件的方予结汇。

6. 检验检疫证单是证明履约、明确责任的有效证件

在发生商务纠纷或争议时，检验检疫机构签发的证书是证明事实状态、履约情况及明确责任归属的重要凭证。

7. 检验检疫证单是办理索赔、仲裁及诉讼的有效证件

对入境货物，经检验检疫机构检验检疫发现残损、短少或与合同、标准不符的，检验检疫机构签发检验证书。

买方在合同规定的索赔有效期限内，凭检验检疫机构签发的检验证书，向卖方提出索赔或换货、退货。

属保险人、承运人责任的，也可以凭检验检疫机构签发的检验证书提出索赔。

有关方面也可以依据检验检疫机构签发的证书进行仲裁。检验检疫证书在诉讼时是举证的有效证明文件。

8. 检验检疫证单是办理验资的有效证明文件

价值鉴定证书是证明投资各方投入财产价值量的有效依据。各地会计事务所凭检验检疫机构签发的价值鉴定证书办理外商投资财产的验资工作。

二、出入境检验检疫证单的签发与管理

（一）出入境检验检疫证单的签发程序

出入境检验检疫签证流程一般包括受理报检（或申报）、审单、计费、收费、拟制与审签证稿、缮制与审校证单、签发证单、归档。

签证流程由检务部门统一管理。受理报检（或申报）、审单、计费、缮制与审校证单、签发证单、归档一般由检务部门负责和集中办理，收费由财务部门负责，拟制与审签证稿则由施检部门负责。

1. 受理报检

报检人应按有关法律法规向检验检疫机构报检，受理报检人员应当按照《出入境检验检疫报检规定》的要求核查报检人的报检资格。受理入境流向货物检验申请时，须凭电子转单信息受理报检；因特殊原因无法正常调用电子转单信息的，可按一般报检流程受理，但需在报检的“特殊要求”栏内注明入境口岸检验检疫机构签发的通关单号。

2. 审单

受理报检人员应对报检人提交的申报材料予以审查。审核报检单及随附单证是否齐全且符合要求。

（1）受理出境货物报检时，如发现信用证与合同不一致，应要求报检人对合同或信用

证进行修改，不能修改的以信用证为准。

（2）受理口岸查验换证申请时，应要求报检人提供出境货物换证凭条或注明“一般报检”的《出境货物换证凭单》正本。对由检验检疫机构造成证单信息错漏的，口岸检验检疫机构应及时与产地检验检疫机构联系解决。

（3）对信用等级高且具备电子方式传输随附单证条件的报检人，经检验检疫机构批准，可凭电子形式的随附单证受理报检。

（4）采用电子审单的，应结合电子审单指令对报检单及随附单证进行审核。

3. 计费/收费

计费人员应严格按照《出入境检验检疫收费办法》等关于检验检疫收费的有关规定进行计费。并核实业务系统的计费结果，如与应收费用不符的，应人工更正。收费人员应按计费结果收取检验检疫费，并出具规定使用的票据。有条件的检验检疫机构可采用电子缴费方式收费。

4. 拟制与审签证稿

施检部门应根据检验检疫结果和合格评定标准，及时、准确地按照规定的证单种类、证单格式和证稿拟制规范拟制检验检疫证稿。出入境货物经检验检疫合格的，其证稿由施检人员拟制并签字，部门审核人员审签。检验检疫不合格或对外签发索赔证书的，其证稿应由施检部门负责人审签。特殊情况的，应由施检部门报分管局领导核定。并批出境的货物，由施检部门核准并根据需要拟制证稿。涉及品质检验的证稿应包括抽（采）样情况、检验依据、检验结果和评定意见四项基本内容。一份证书涉及多个施检部门的，由主施检部门拟制证稿并组织会签。现场签证的，经施检、检务部门负责人和分管局领导同意，施检人员可直接签发证单，但应及时补办核签手续。证稿应符合有关法律法规、进口国（或地区）对证书内容的要求以及国际贸易通行的做法。

5. 缮制与审校证单

检务部门应按规定的证单种类、用途、格式和证稿内容及时缮制与审校证单。缮制证单人员不得同时承担签发证单工作。检验检疫证单编号必须与报检单编号一致。同一批货物分批出具同一种证书的，在原编号后加 -1、 -2、 -3……以示区别。

6. 签发证单、归档

检验检疫证单实行手签制度，分别由兽医官、授权检疫官、检疫医师、医师和授权签字人等签发。对外签发的证单（含副本）应加盖中英文签证印章。两页或两页以上的证单，应在前页证书编号处与后页的左上角之间加盖骑缝章，进口国有特殊要求的从其规定。检验检疫证书正本对外签发，向报检人提供两份副本，检验检疫机构留存一份副本。国外官方机构对签字人有备案要求的，由备案签字人签发相应的证书。国外对检验检疫证书有备案要求的，由国家质检总局统一办理。

发证人员办理发证等相关手续后，须将证书副本、证稿、报检单及所附资料整理归档。

（二）出入境检验检疫证单的管理

1. 证书文字和文本

（1）证书文字检验检疫证书必须严格按照国家质检总局制定或批准的格式，分别使用英文、中文、中英文合璧签发。进口国（或地区）政府要求证书文字使用本国官方语言的，或有特定内容要求的，应视情况予以办理。索赔证书一般使用中英文合璧签发，根据报检人需要也可使用中文签发。

（2）证书文本证书一般只签发一份正本。报检人要求两份或两份以上正本的，须经检务部门负责人审批同意，并在证书备注栏内声明“本证书是 × × ×号证书正本的重本”。

（3）进口国（或地区）有要求或用于索赔、结算等的证书，可根据需要在备注栏内加注检验检疫费金额。

2. 证单日期和有效期

检验检疫证单一般应以检讫日期作为签发日期。

检验检疫证单的有效期不得超过检验检疫有效期。检验检疫有效期由施检部门根据国家有关规定，结合对货物的检验检疫监管情况确定。下列证单的有效期分别为：

《入境货物通关单》的有效期为 60 天。

一般报检的《出境货物换证凭单》（含电子转单方式）和《出境货物通关单》的有效期为：一般货物 60 天；植物和植物产品 21 天，北方冬季可适当延长至 35 天；鲜活类货物 14 天。

用于电讯卫生检疫的《交通工具卫生证书》的有效期为：用于船舶的 12 个月，用于飞机、列车的 6 个月。

《船舶免予卫生控制措施证书》和《船舶卫生控制措施证书》的有效期为 6 个月。

《国际旅行健康检查证明书》的有效期为 12 个月；《疫苗接种或预防措施国际证书》的有效时限根据疫苗的有效保护期确定。

国家质检总局对检验检疫证单有效期另有规定的从其规定。

3. 代签和汇总签证

（1）代签：对产地检验检疫口岸查验换证的出境货物，应报检人申请，需要在口岸更改或补充原证单内容的，口岸检验检疫机构可凭产地检验检疫机构书面委托予以办理。

（2）汇总签证：入境货物一批到货分拨数地的，由口岸检验检疫机构出证。特殊情况不能在口岸进行整批检验检疫的，可办理异地检验检疫手续，并由口岸检验检疫机构汇总有关检验检疫机构出具的检验检疫结果出证；口岸无到货的，由到货最多地的检验检疫机构汇总出证。如需口岸检验检疫机构出证的，应由该口岸检验检疫机构负责组织落实检验检疫和出证工作。

入境货物出现品质、重量或残损等问题，应根据致损原因、责任对象的不同分别出证。因多种原因造成综合损失的变质、短重或残损，可以汇总出证，但应具体列明不同的致损原因。

4. 更改、补充或重发证单

在检验检疫机构签发检验检疫证单后，报检人要求更改或补充内容的，应填写更改申请单，向原签发证单的检验检疫机构提出申请，经检验检疫机构审核批准后予以办理。超过检验检疫证单有效期的，不予更改、补充或重发。

任何单位或个人不得擅自更改检验检疫证书内容，伪造或变更检验检疫证书属于违法行为。

（1）更改。报检人申请更改证单时，应将原证书退回，填写《更改申请单》，书面说明更改原因及要求，并附有关函电等证明单据。

品名、数（重）量、检验检疫结果、包装、发货人、收货人等重要项目更改后与合同、信用证不符的，或者更改后与输出、输入国家法律法规规定不符的，均不能更改。

（2）补充。报检人需要补充证书内容时，应办理申请手续，填写《更改申请单》，并出具书面证明材料，说明要求补充的理由，经检验检疫机构核准后据实签发补充证书。补充证书与原证书同时使用时有效。

（3）重发。申请人在领取检验检疫证单后，因故遗失或损坏，应提供经法人代表签字、加盖公章的书面说明，并在检验检疫机构指定的报纸上声明作废。经原发证的检验检疫机构审核批准后，方能重新补发证书。

三、通关与放行

通关与放行是检验检疫机构对符合要求的法定检验检疫出入境货物、符合卫生检疫要求的出入境运输工具、集装箱等出具规定的证明文件，表示准予其出入境并由海关监管验放的一种行政执法行为。

列入实施检验检疫的进出境商品目录的进出口货物，检验检疫机构应签发《入境货物通关单》或《出境货物通关单》交由货主办理通关手续，并按有关规定实施通关单联网核查。

（一）入境货物的通关与放行

入境货物由报关地检验检疫机构签发《入境货物通关单》。

（1）由报关地检验检疫机构施检的，签发《入境货物通关单》（三联）。

（2）需由目的地检验检疫机构施检的，签发《入境货物通关单》（四联），并及时将相关电子信息及《入境货物调离通知单》（流向联）传递给目的地检验检疫机构。通关单备注栏应注明目的地收（用）货单位的联系信息。

（3）需实施通关前查验的入境货物，经查验合格，或经查验不合格、但可进行有效处理的，签发《入境货物通关单》；经查验不合格又无有效处理方法、需作退货或销毁处理的，签发《检验检疫处理通知书》，并书面告知海关和当事人。

（4）入境货物通关后经检验检疫合格，或经检验检疫不合格、但已进行有效处理后合格的，签发《入境货物检验检疫证明》，进口食品还需签发卫生证书；不合格需作退货或销毁处理的，签发《检验检疫处理通知书》，并书面告知海关和当事人。

（二）出境货物的放行

1. “一般报检”的出境货物

“一般报检”的出境货物，分两种情况。

（1）产地检验合格，在产地报关的，由产地检验检疫机构签发《出境货物通关单》及有关证书。放行要求：“证证相符”“货证相符”。

（2）产地检验检疫合格、在异地口岸报关的，由产地检验检疫机构签发有关证书，并出具注明“一般报检”的《出境货物换证凭单》；实施电子转单的，不再出具纸质的换证凭单，提供《出境货物转单凭条》（报检单号、转单号及密码）。报关地检验检疫机构凭《出境货物换证凭单》正本或电子转单信息受理换证申请。

2. 换证报检的出境货物

（1）报关地检验检疫机构凭产地检验检疫机构出具的《出境货物换证凭单》正本或电子转单信息受理换证申请，并按规定的抽查比例对出口货物进行口岸查验，查验合格的出具

《出境货物通关单》；查验不合格的，签发《出境货物不合格通知单》。

（2）预检的货物经检验检疫合格的，出具标明“预检”字样的《出境货物换证凭单》，该单须在原签发机构或其直属检验检疫局范围内授权的机构办理一般报检手续后方可实施电子转单，换发通关单。

对实施绿色通道、直通放行等通关便利措施的货物，按有关规定办理放行手续。

（三）未列入《法检商品目录》出入境货物的放行

未列入《法检商品目录》出入境货物的放行规定如下：

（1）进口可再利用的废物原料。海关凭检验检疫机构签发的《入境货物通关单》验放，检验检疫机构签发《入境货物通关单》时，在备注栏注明“上述货物经初步查验，未发现不符合环境保护要求的物质”。

（2）进口旧机电产品。海关凭检验检疫机构签发的《入境货物通关单》验放，检验检疫机构签发《入境货物通关单》时，在备注栏注明“旧机电产品进口备案”。

（3）进口发生短少、残损或其他质量问题，需要对外索赔的赔付货物。海关凭检验检疫机构签发用于索赔的检验证书副本验放。

（4）尸体、棺柩、骸骨入出境，由报关地检验检疫机构签发尸体/棺柩/骸骨入出境放行证明。

（5）除上述情况外，其他未列入《法检商品目录》，但国家有关法律、法规明确规定由检验检疫机构负责检验检疫的特殊物品，海关一律凭检验检疫机构签发的《入境货物通关单》或《出境货物通关单》验放。

四、出入境检验检疫直通放行与绿色通道

（一）通关单联网核查

国家质检总局和海关总署开发了电子通关单联网核查系统，于2008年1月1日在全国检验检疫机构和海关正式实施。

1. 概念和基本流程

通关单联网核查是依据“先报检、后报关”的原则，检验检疫机构和海关对法定检验检疫进出口商品，实行出/入境货物通关单电子数据与进/出口货物报关单电子数据的联网核查。

“通关单联网核查”的基本流程是：出入境检验检疫机构根据相关法律法规的规定对法检商品签发通关单，实时将通关单电子数据传输至海关，海关凭此验放法检商品，办结海关手续后将通关单使用情况反馈质检总局。

出入境检验检疫机构签发的通关单纸质单证信息与通关单电子数据必须一致。

2. 联网核查的要求

进出口企业在报检、报关时，必须按照有关规定如实申报，并保证通关单信息与报关单申报内容一致，如果数据不一致的，海关将做退单处理。

联网核查时比对的内容和要求包括：

（1）报关单的经营单位与通关单的收/发货人一致。

（2）报关单的起运国与通关单的输出国家或地区一致；报关单的运抵国与通关单的输往国家或地区一致。

(3) 报关单上法检商品的项数和次序与通关单上货物的项数和次序一致。

(4) 报关单上法检商品与通关单上对应商品的 HS 编码一致。

(5) 报关单上每项法检商品的法定第一数量不允许超过通关单上对应商品的数量/重量。

(6) 报关单上法检商品的第一计量单位与通关单上的货物数量/重量计量单位相一致。

(7) 出口货物报关单上的“申报日期”必须在出境货物通关单的有效期内。

3. 通关单信息状态

企业取得通关单后，进出口货物的经营单位或报检企业可通过中国电子检验检疫业务网(www. eciq. cn) 查询通关单状态信息，状态信息分为“已发送电子口岸”“电子口岸已收到”“海关已入库”“海关已核注”“海关已核销”“海关未能正常核销”“通关单已过期”，状态信息注释如下：

(1) 状态信息为“已发送电子口岸”，是指质检总局已将通关单电子数据发送给电子口岸。

(2) 状态信息为“电子口岸已收到”，是指电子口岸已收到质检总局发送的通关单电子数据。

(3) 状态信息为“海关已入库”，是指海关已成功接收通关单电子数据，企业可根据通关单电子数据办理报关手续。

(4) 状态信息为“海关已核注”，是指该份通关单对应的报关单已申报成功。

(5) 状态信息为“海关已核销”，是指该份通关单对应的报关单已结关。

(6) 状态信息为“海关未能正常核销”，是指海关核销通关单电子数据不成功。

(7) 状态信息为“通关单已过期”，是指该份通关单已超过有效期，无法使用。

(二) 进出口货物检验检疫直通放行制度

2008 年 7 月 18 日，国家质量监督检验检疫总局发布公告，正式实施进出口货物检验检疫直通放行制度。国家质检总局负责全国进出口货物检验检疫直通放行工作的管理；各地检验检疫机构负责本辖区进出口货物检验检疫直通放行工作的实施和监督管理。

1. 直通放行的定义

“直通放行”是指检验检疫机构对符合规定条件的进出口货物实施便捷高效的检验检疫放行方式，包括进口直通放行和出口直通放行。

进口直通放行是指对符合条件的进口货物，口岸检验检疫机构不实施检验检疫，货物直运至目的地，由目的地检验检疫机构实施检验检疫的放行方式。

出口直通放行是指对符合条件的出口货物，经产地检验检疫机构检验检疫合格后，企业可凭产地检验检疫机构签发的通关单在报关地海关直接办理通关手续的放行方式。

2. 申请实施直通放行的企业应符合的条件

(1) 严格遵守国家出入境检验检疫法律法规，2 年内无行政处罚记录。

(2) 检验检疫诚信管理（分类管理）中的 A 类企业（一类企业）。

(3) 企业年进出口额在 150 万美元以上。

(4) 企业已实施 HACCP 或 ISO9000 质量管理体系，并获得相关机构颁发的质量体系评审合格证书。

(5) 出口企业同时应具备对产品质量安全进行有效控制的能力，产品质量稳定，检验检疫机构实施检验检疫的年批次检验检疫合格率不低于99%，1年内未发生由于产品质量问题引起的退货、理赔或其他事故。

符合以上条件的进出口企业可申请直通放行，填写《直通放行申请书》，并向所在地检验检疫机构提交相关证明性材料，检验检疫机构对企业提交的材料进行审核批准后，报国家质检总局备案，并统一公布。

符合直通放行条件的，企业报检时可自愿选择检验检疫直通放行方式或原放行方式。

3. 进口直通放行

国家质检总局按照风险分析、科学管理的原则，制定了《不实施进口直通放行货物目录》，并实行动态调整。

申请实施进口直通放行的货物应符合以下所有条件：

（1）未列入《不实施进口直通放行货物目录》。

（2）来自非疫区（含动植物疫区和传染病疫区）。

（3）用原集装箱（含罐、货柜车）直接运输至目的地。

（4）不属于国家质检总局规定须在口岸进行查验或处理的范围。

对在口岸报关的进口货物，报检人选择直通放行的，在口岸检验检疫机构申领《入境货物通关单》（四联单），货物通关后直运至目的地，由目的地检验检疫机构实施检验检疫。口岸检验检疫机构经总局电子通关单数据交换平台向海关发送通关单电子数据，同时通过“入境货物口岸内地联合执法系统”将通关单电子数据以及报检及放行等信息发送至目的地检验检疫机构。通关单备注栏应加注“直通放行货物”字样并注明集装箱号。

对在目的地报关的进口货物，报检人选择直通放行的，直接向目的地检验检疫机构报检。目的地检验检疫机构在受理报检后，签发《入境货物通关单》（三联单）。目的地检验检疫机构经总局电子通关单数据交换平台向海关发送通关单电子数据的同时，通过“入境货物口岸内地联合执法系统”将通关单电子数据、报检及放行等信息发送至入境口岸检验检疫机构。通关单备注栏应加注“直通放行货物”字样并注明集装箱号。

对于进口直通放行的货物，口岸与目的地检验检疫机构应密切配合，采取有效监管措施，加强监管。对需要实施检疫且无原封识的进口货物，口岸检验检疫机构应对集装箱加施检验检疫封识（包括电子锁等），要逐步实现GPS监控系统对进口直通放行货物运输过程的监控。集装箱加施封识的，应将加施封识的信息通过“入境货物口岸内地联合执法系统”发送至目的地检验检疫机构。

进口直通放行的货物，报检人应在目的地检验检疫机构指定的地点接受检验检疫。对已加施检验检疫封识的，应当向目的地检验检疫机构申请启封，未经检验检疫机构同意不得擅自开箱、卸货。

货物经检验检疫不合格且无有效检疫处理或技术处理方法的，由目的地检验检疫机构监督实施销毁或做退货处理。

目的地检验检疫机构在完成检验检疫后，应通过“入境货物口岸内地联合执法系统”将检验检疫信息反馈至入境口岸检验检疫机构。

进口直通放行货物的检验检疫费由实施检验检疫的目的地检验检疫机构收取。

4. 出口直通放行

国家质检总局按照风险分析、科学管理的原则，制定《实施出口直通放行货物目录》，并实行动态调整。

申请实施出口直通放行的货物应在《实施出口直通放行货物目录》内，但下列情况不实施出口直通放行：

（1）散装货物。

（2）出口援外物资和市场采购货物。

（3）在口岸需更换包装、分批出运或重新拼装的。

（4）双边协定、进口国或地区等要求须在口岸出具检验检疫证书的。

（5）国家质检总局规定的其他不适宜实施直通放行的情况。

企业选择出口直通放行方式的，办理报检手续时，应直接向产地检验检疫机构申请出境货物通关单，并在报检单上注明“直通放行”字样。

产地检验检疫机构检验检疫合格并对货物集装箱加施封识后，直接签发通关单，在通关单备注栏注明出境口岸、集装箱号、封识号，经总局电子通关单数据交换平台向海关发送通关单电子数据。产地检验检疫机构要逐步实现 GPS 监控系统对直通放行出口货物运输过程的监控。

口岸检验检疫机构对到达口岸的直通放行货物实施随机查验。以核查集装箱封识为主，封识完好即视为符合要求。对封识丢失、损坏、封识号有误或箱体破损等异常情况，要进一步核查，并将情况及时通过“通关单联网核查系统”反馈产地检验检疫机构。

对出口直通放行后的退运货物，口岸检验检疫机构应当及时将信息反馈产地检验检疫机构。

实施出口直通放行的货物需更改通关单的，由产地检验检疫机构办理更改手续并出具新的通关单，同时收回原通关单。因特殊情况无法在产地领取更改后的通关单的，发货人或其代理人可向口岸检验检疫机构提出书面申请，口岸检验检疫机构根据产地检验检疫机构更改后的电子放行信息，通过“通关单联网核查系统”打印通关单，同时收回原通关单。

5. 淘汰机制

各地检验检疫机构应加强对直通放行企业的监督管理。有下列情况之一的，由所在地检验检疫机构填写《停止直通放行通知单》，报直属检验检疫局审核同意后，停止其进出口直通放行，并报总局备案。

（1）企业资质发生变化，不再具备直通放行有关规定条件的。

（2）出口直通放行的货物因质量问题发生退货、理赔，造成恶劣影响的。

（3）直通放行后擅自损毁封识、调换货物、更改批次或改换包装的。

（4）非直通放行货物经口岸查验发现有货证不符的。

（5）企业有其他违法违规行为，受到违规处理或行政处罚的。

停止直通放行的企业 1 年内不得重新申请直通放行。

（三）绿色通道制度

检验检疫绿色通道制度是指对于诚信度高，产品质量保障体系健全，质量稳定，具有较大出口规模的生产、经营企业（含高新技术企业、加工贸易企业），经国家质检总局审查核准，对其符合条件的出口货物实施产地检验检疫合格的，口岸免于查验的放行管理模式。

1. 实施绿色通道制度的申请

（1）申请实施绿色通道制度的企业应当具备以下条件：

① 具有良好信誉，诚信度高，年出口额500万美元以上。

② 已实施ISO9000质量管理体系，获得相关机构颁发的生产企业质量体系评审合格证书。

③ 出口货物质量长期稳定，2年内未发生过进口国质量索赔和争议。

④ 1年内无违规报检行为，2年内未受过检验检疫机构行政处罚。

⑤ 根据国家质检总局有关规定实施生产企业分类管理的，应当属于一类或者二类企业。

⑥ 法律法规及双边协议规定必须使用原产地标记的，应当获得原产地标记注册。

⑦ 国家质检总局规定的其他条件。

（2）申请企业需做出以下承诺：

① 遵守《检验检疫法律法规》和《出入境检验检疫报检规定》。

② 采用电子方式进行申报。

③ 出口货物货证相符、批次清楚、标记齐全，可以实施封识的必须封识完整。

④ 产地检验检疫机构检验检疫合格的出口货物在运往口岸过程中，不发生换货、调包等不法行为。

⑤ 自觉接受检验检疫机构的监督管理。

（3）绿色通道制度实行企业自愿申请原则。企业应当到所在地检验检疫机构填写《实施绿色通道制度申请书》，同时提交申请企业的ISO9000质量管理体系认证证书（复印件）及其他有关文件。

2. 实施绿色通道制度出口货物的放行流程

（1）报检信息审核。

实施绿色通道制度的自营出口企业，报检单位、发货人、生产企业必须一致；实施绿色通道制度的经营性企业，报检单位、发货人必须一致，其经营的出口货物必须由获准实施绿色通道制度生产的企业生产。

（2）产地检验检疫机构对符合实施绿色通道制度条件的出口货物，检验检疫合格的以电子转单方式向口岸检验检疫机构发送通关数据。

（3）对于实施绿色通道制度的企业，口岸检验检疫机构审查电子转单数据中的相关信息，审查无误的，不须查验，直接签发《出境货物通关单》。

（4）实施绿色通关制度的企业在口岸对有关申报内容进行更改的，口岸检验检疫机构不再按绿色通道制度的规定予以放行。

散装货物、品质波动大、易变质和需在口岸换发检验检疫证书的货物，不实施绿色通道制度。

任务四 电子检验检疫

案例导入

港口城市太仓，享有锦绣江南“金太仓”、上海浦东“后花园”之誉，是江苏省经济最为发达的地区之一。太仓港是上海国际航运中心的干线港和组合港、国家一类口岸，江苏省还把太仓港视为“江苏第一港”。为促进太仓外向型经济的发展，加快外贸通关放行速度，太仓检验检疫局开展了深入广泛的信息化建设。“三电工程”建设也在有条不紊地进行，目前太仓检验检疫局电子申报量已占总申报量的97%以上。配合江苏检验检疫局“三电工程”新的发展措施——中小型进出口企业扶持计划，太仓检验检疫局携手九城公司，结合太仓实际情况，推出符合企业发展要求的优惠政策，并于2006年5月21日召开了“太仓地区中小型企业‘三电工程’扶持推广会议”。会上许多参会企业称赞太仓检验检疫局送来了“及时雨”，给中小型企业发展提供了良好的发展环境。此次会议不仅适应了“三电工程”和“大通关”工程当前的发展形势，更进一步地让广大企业得到信息化快捷便利的实惠，优化了太仓地区的投资软环境，深受企业欢迎。以上案例对我们有哪些启示呢？

国家质检总局按照“提速、增效、减负、严密监管”的原则，以信息化为手段，开发建设了中国电子检验检疫的系统工程。电子申报、电子监管和电子放行是国家质检总局推出的“三电工程”。

一、电子申报

电子申报包括进出境货物、运输包装、食品包装、木质包装、集装箱、运输工具、伴侣动物、特殊物品等法定检验检疫对象的电子报检和出口货物原产地证的电子申报。本节重点介绍电子报检。

电子报检是指报检人使用电子报检软件，通过检验检疫电子业务服务平台将报检数据以电子方式传输给检验检疫机构，经检验检疫业务管理系统和检验检疫工作人员处理后，将受理报检信息反馈报检人，实现远程办理出入境检验检疫报检业务的过程。目前能够进行电子报检的业务包括进出境货物的报检，出境运输包装和进出境包装食品的报检，进出境木质包装、集装箱的报检等。

（一）电子报检的申请

1. 申请电子报检的报检企业应具备的条件

申请电子报检的报检企业应具备下面一些条件。

（1）遵守报检的有关管理规定。

（2）已在检验检疫机构办理报检企业备案或注册登记手续。

（3）具有经检验检疫机构注册的报检员。

（4）具备开展电子报检的软硬件条件。

（5）在国家质检总局指定的机构办理电子业务开户手续。

2. 报检企业申请电子报检时应提供的资料

（1）报检单位备案或注册登记证明复印件。

（2）《电子报检登记申请表》。

（3）《电子业务开户登记表》。

3. 检验检疫机构对申请开展电子报检业务的报检企业进行审查，经审查合格的同意其开通电子报检业务

（二）电子报检的开通

电子报检人应使用经国家质检总局评测合格并认可的电子报检软件进行电子报检，不得使用未经国家质检总局测试认可的软件进行电子报检。国家质检总局评测认可的电子报检软件有企业端安装版和浏览器版两种。使用企业端安装版软件时，只要将软件安装在报检企业的工作电脑上即可；而使用浏览器版软件时，需要登录到专门的电子平台，通过网页方式进行电子报检。企业可自主作出选择。

（三）电子报检的工作流程

1. 报检环节

（1）对报检数据的审核采取“先机审，后人审”的程序进行。企业发送电子报检数据，电子审单中心按计算机系统数据规范和有关要求对数据进行自动审核，对不符合要求的，反馈错误信息；符合要求的，将报检信息传输给检验检疫工作人员。检验检疫工作人员再进行人工审核，对于不符合规定的，在电子回执中注明原因，连同电子报检信息退回报检企业；对于符合规定的，将成功受理报检的回执反馈报检企业，提示报检企业与检验检疫机构联系检验检疫事宜。

（2）受理出境货物电子报检后，报检人应按受理报检信息的要求，在检验检疫机构施检时，提交报检单和随附单据。

（3）受理入境货物电子报检后，报检人应按受理报检信息的要求，在领取《入境货物通关单》时，提交报检单和随附单据。

（4）电子报检人对已发送的报检申请需更改或撤销报检时应发送更改或撤销报检申请。检验检疫机构按有关规定办理。

2. 施检环节

报检企业接到报检成功的电子回执后，与检验检疫机构联系检验检疫事宜。在现场检验检疫时，持报检软件打印的报检单和全套随附单据交施检人员审核，不符合要求的，施检人员通知报检企业立即更改。并将不符合的情况反馈受理报检部门。

3. 计收费

报检单位应持报检单办理计费手续并及时缴纳检验检疫费。

4. 签证放行

对电子报检的货物，检验检疫机构在实施检验检疫后，按规定办理签证放行手续。

（四）报检应注意的问题

（1）电子报检人应确保电子报检信息真实、准确，不得发送无效报检信息。报检人发送的电子报检信息应与提供的报检单及随附单据有关内容保持一致。

（2）电子报检人在规定的报检时限内将相关出入境货物的报检数据发送至报检地检验检疫机构。

（3）对于合同或信用证中涉及检验检疫特殊条款和特殊要求的，电子报检人须在电子报检申请中同时提出。

（4）实行电子报检的报检单位的名称、法定代表人、经营范围、经营地址等变更时，应及时向当地检验检疫机构办理变更登记手续。

二、电子监管

电子监管是中国电子检验检疫的重要组成部分，也是质检系统在新的形势下更好地履行把关服务职责，以促进我国对外贸易发展的重要举措。近年来随着进出口量的不断增加，检验检疫的工作量不断增加，检验检疫系统必须向科学技术要生产力，向管理要效益，建立电子监管，实现执法能力质的飞跃。同时，电子监管系统还可以把检验检疫系统有限的人力资源从繁重的批批检验模式中解放出来，大大提高监管和服务水平。

检验检疫工作面临着严峻的挑战。检验检疫必须采取更加科学有效的手段，不断提高应对复杂和突发事件的能力。电子监管系统的推广应用，进一步增强了检验检疫系统快速反应和预警能力，提高了我们对国内外传染病和动植物疫病暴发等突发事件的应对能力，有利于我们及时研究和应对国外对我国出口产品采取的不合理的技术壁垒，协助企业突破技术壁垒，扩大出口。

电子监管系统的建成和应用，将有效规范检验检疫监督管理业务，实现检验检疫工作的前推后移，全面解决检验检疫环节的电子化管理问题，使检验检疫的业务管理和执法水平更上一个新台阶。加强电子监管工作，就是要在新的形势下，充分运用现代网络和信息技术，强化检验检疫的把关和服务的职能。

（一）电子监管的内容

1. 建立检验检疫法律、法规、标准和风险预警管理信息系统

为检验检疫工作提供支持，为企业提供帮助和指导。

2. 建立企业及产品管理系统

实现企业及产品（进口货物）的审批、许可、注册、备案、登记管理电子化，为检验检疫工作提供支持。

3. 帮助企业建立质量管理系统

结合企业分类等管理活动，对影响出口产品质量的生产企业管理体系进行评估，帮助企业提高自身管理水平，从根本上改善出口产品质量。

4. 完善检验检疫监督管理系统

对出口货物，把检验检疫监督管理工作深入到控制出口产品质量的关键环节中去，从源头抓产品的质量，实现出口产品监管工作的前推；对进口货物，把检验检疫监督管理工作前推到装运前检验和检疫的关键监控环节中去，后移到后续的监督管理中。

5. 建立企业出口产品过程监控系统

合理选择过程监控项目和参数，规范企业端数据采集，通过数据监控和关键控制点的视频监控对在线数据、实验室数据和视频数据等影响出口产品质量的关键数据进行采集，通过数据关联实现对不合格产品的可追溯，并实时调用所采集的信息，完成企业生产批合格评定。

6. 建立进出口货物合格评定系统

在货物风险分析的基础上，综合各方面信息，完成货物合格评定工作。对于实施产品过程监控的出口货物，实现报检批与生产批的综合批次管理，将企业出口报检信息与企业生产监控信息有机关联；对于实施装运前检验和检疫的进口货物，将企业进口报检信息与装运前监控信息有机关联。

7. 建立进出口货物质量分析系统

实现对货物质量的全面分析和快速反应机制，解决质量分析问题，为决策部门提供决策支持。

8. 完善口岸检验检疫机构与产地检验检疫机构的信息交流

强化对出口货物运输过程的监管、对货物核放情况的监控和对进口货物的后续管理。

9. 实现电子监管系统与出入境检验检疫其他系统的充分整合

以推进出入境检验检疫全过程电子化进程，形成完整的检验检疫电子网络。

（二）进口快速查验

1. 海港电子验放系统

自 2000 年以来，我国检验检疫系统已经形成了以 CIQ2000 系统为主环，以电子报检、电子转单、电子收费为辅环的业务运行机制，极大地方便了报检企业，提高了通关效率。但是，由于港区运作管理复杂、港区内作业单位众多、信息系统各自独立、物流信息分散，而且在船舶检疫和集装箱检验检疫管理方面，也没有建立起统一规范的业务管理信息化系统。在这种情况下，检验检疫部门难以全面掌握港区内检验检疫信息并对其进行主动监管。因此，不同程度的瞒报、漏报以及逃避检验检疫的现象时有发生，检验检疫机构与海关、码头等部门有效协同配套的运作机制亟须得到进一步健全。

为服务外贸发展、全面提高通关效率、实现有效监管、促进“大通关”建设，检验检疫机构认为，有必要在 CIQ2000 的基础上，建立一个适应港区作业特点和需求的检验检疫信息化监管系统，作为 CIQ2000 系统的补充和延伸，从而充分利用港区船舶、集装箱、货物信息流，主动监控检验检疫对象，实现电子申报核查、快速查验、电子闸口管理三大目标。根据检验检疫的要求，对来自非疫区、无木质包装的、非法检的货物，系统实现申报核查、快速放行；对来自疫区和须查验的集装箱，系统向港区作业部门发送查验/卫生处理指令，实现信息共享，检企协同查验/处理；对无须港区内查验的或须查验并已检验检疫完毕的，系统向港区作业部门发送电子放行指令，实现电子闸口管理。

“海港版快速验放系统”是国家质检总局研发的信息化系统，该系统通过应用现代信息化网络技术，借鉴国际通行做法，创新管理理念、管理制度和管理手段，构建了新型通关管理模式，实现了有效监管和高效运作的“双效”目标。由纸面放行改为电子放行，由被动受理改为主动监管，使外贸单位以“最短的时间、最少的移动、最低的成本”完成通关。从理论上讲，对于非法检、来自非疫区的货物卸船后，可直接将其运至最终用户，将不再产生港口堆存等费用，真正实现国务院提出的“通关环境明显改善、通关效率明显提高、通关成本明显降低、通关速度明显加快”的目标。

2. 陆运口岸电子申报快速查验系统

在实施检验检疫电子通关后，在没有设置通道检验检疫闸口的情况下，适用于陆运口岸电子申报快速查验系统利用海关通道自动核放系统闸口来为检验检疫执法把关，实现快速验放和有效监管。该系统提前受理企业报关审单，通道无需人员值守，车辆经过海关通道时，通过采集车辆 IC 卡（运载货物的货车可以通过 IC 卡的数据与其运载的货物信息挂钩）和司机 IC 卡的数据，系统自动控制闸口的开启。对于已提前报关且审单通过的货物，当车辆通过通道时，闸口自动开启，车辆自行通过；当属于布控车辆到达时，闸口不能开启，系统报警，由海关关员手工打开闸口，将车辆指引到指定地点待查。

3. 空港普通货物和快件电子验放系统

适用于空港普通货物和快件的电子验放系统利用空港数据平台提供的货物空运总运单、分运单以及申报人在网上确认补充的相关检验检疫数据等信息资源，对已在检验检疫机构电子申报的有关数据或申报人网上确认的信息进行核查，对未申报或申报不实的进行锁定，达到防止逃漏检的目的；通过电子审核实现有关货物的检疫预处理，避免货物的多次移动，加快通关速度，提高物流效率；同时，实现对空运进口货物的分类、统计；通过电子查验，实现施检货物电子信息在检验检疫内部的传递；通过快件子系统将施检信息反馈给相关企业；

通过空港数据平台共享须由检验检疫机构和海关共同查验的信息，实现关检协同查验，最终实现电子放行。

三、电子放行

电子放行包括电子转单和电子通关。电子通关在本章不作介绍，内容放到项目三。

（一）电子转单

“电子转单”指通过系统网络，将产地检验检疫机构和口岸检验检疫机构的相关信息相互连通，出境货物经产地检验检疫机构将检验检疫合格后的相关电子信息传输到出境口岸检验检疫机构；入境货物经入境口岸检验检疫机构签发《入境货物通关单》后的相关电子信息传输到目的地检验检疫机构，实施检验检疫的监管模式。

1. 出境电子转单

（1）产地检验检疫机构检验检疫合格后，通过网络将相关信息传输到电子转单中心。出境货物电子转单传输内容包括报检信息、签证信息及其他相关信息。

（2）产地检验检疫机构以书面方式向出境货物的货主或其代理人提供报检单号、转单号及密码等。

（3）出境货物的货主或其代理人凭报检单号、转单号及密码等到出境口岸检验检疫机构申请《出境货物通关单》。

（4）出境口岸检验检疫机构应出境货物的货主或其代理人的申请，提取电子转单信息，签发《出境货物通关单》。

（5）按《口岸查验管理规定》需核查货证的，出境货物的货主或其代理人应配合出境口岸检验检疫机构完成检验检疫工作。

2. 入境电子转单

（1）对经入境口岸办理通关手续，需到目的地实施检验检疫的货物，口岸检验检疫机构通过网络，将报检及相关其他信息传输到目的地检验检疫机构。

（2）入境货物的货主或其代理人持口岸检验检疫机构签发的《入境货物通关单》（第二联，即：货物运递和异地检验检疫联）向目的地检验检疫机构申请检验检疫并缴纳相应的检验检疫费。

（3）目的地检验检疫机构根据电子转单信息，对入境货物的货主或其代理人未在规定期限内办理报检的，将有关信息反馈给入境口岸检验检疫机构。入境口岸检验检疫机构接收电子转单中心转发的上述信息，采取相关处理措施。

3. 暂不实施电子转单的情况

（1）出境货物在产地预检的。

（2）出境货物出境口岸不明确的。

（3）出境货物需到口岸并批的。

（4）出境货物按规定需在口岸检验检疫并出证的（例如活动物）。

（5）其他按有关规定不适用电子转单的。

4. 实施电子转单后的查验和更改

（1）查验：按照有关规定，口岸查验分为验证和核查货证。需核查货证的，报检企业应配合出境口岸检验检疫机构完成检验检疫工作。

（2）更改：产地检验检疫机构签发完“换证凭条”后需进行更改的，按《出入境检验检疫报检规定》的有关规定办理。应报检人和产地检验检疫机构要求，在不违反有关法律法规及规章制度的情况下，出境口岸检验检疫机构可以根据下列情况对电子转单有关信息予以更改：

① 对运输造成包装破损或短装等原因需要减少数重量的。

② 需要在出境口岸更改运输工具名称、发货日期、集装箱规格及数量等有关内容的。

③ 申报总值按有关比重换算或变更申报总值幅度不超过10%的。

④ 经口岸检验检疫机构和产地检验检疫机构协商同意更改有关内容的。

案例问题

我国某公司出口一批货物，按照有关规定办理了电子转单，但是突然接到消息，接运货物的船舶于海上触礁，不能按时到达，买方因急需这批货物遂与卖方协商将这批货物由其他船只承载。请问在这种情况下我方能否将电子转单的相关信息进行更改？

（二）电子通关

电子通关包括进出口货物检验检疫直通放行制度、绿色通道制度、通关单联网核查等工作。

复习思考题

一、单选题

1. 出入境检验检疫收费办法由（　　）制定。

A. 国家质检总局　　B. 国家发改委

C. 国家质检总局、财政部　　D. 国家发改委、财政部

2. 对商品进行归类时，品目条文所列的商品，应包括该项商品的非完整品或未制成品。在进口或出口时这些非完整品或未制成品要具有完整品或制成品的（　　）。

A. 基本功能　B. 相同用途　C. 本质特征　D. 核心组成部件

3. 出境货物受理电子报检后，报检人应按受理报检信息的要求，在（　）随附单据。

A. 实施检验检疫前　　B. 实施检验检疫时

C. 通关放行时　　D. 通关放行后

4. 检验检疫机构对出境货物的工作程序一般是（　　）。

A. 受理报检—签证放行—检验检疫—合格评定

B. 受理报检—检验检疫—合格评定—签证放行

C. 检验检疫—合格评定—受理报检—签证放行

D. 检验检疫—受理报检—签证放行—合格评定

5. 自检验检疫机构开具收费通知单之日起20日内，出入境关系人未交清全部费用，自第21日起，每日加收未交纳部分（　　）的滞纳金。

A. 1‰　B. 3‰　C. 4‰　D. 5‰

6. 入境货物检验检疫的一般工作程序是（　　）。

A. 报检后先放行通关，再进行检验检疫

B. 报检后先检验检疫，再放行通关

C. 首先向卸货口岸检验检疫机构报检

D. 在到达站先进行卫生除害处理

二、多选题

1. 实施电子转单后，对报检工作的变化叙述正确的是（　　）。

A. 报检人不再领取《出境货物换证凭单》，而是《转单凭条》

B. 报检人不再领取《转单凭条》，而是《出境货物换证凭单》

C. 报检人凭报检单号和密码即可在出境口岸检验检疫机构申请《出境货物通关单》

D. 报检人凭报检单号、转单号和密码即可在出境口岸检验检疫机构申请《出境货物通关单》

2. 实施电子转单后，依据《口岸查验管理规定》相关规定，检验检疫机构（　　）。

A. 不再实行查验　　B. 实行批批查验

C. 对活动物实行批批查验　　D. 对一般货物实行抽查

3. 下列属于申请电子报检的报检企业应具备的条件的有（　　）。

A. 遵守报检的有关管理规定

B. 已在检验检疫机构办理报检人登记备案或注册登记手续

C. 具备开展电子报检的软硬件条件和经检验检疫机构培训考核合格的报检员

D. 在国家质检总局指定的机构办理电子业务开户手续

三、判断题

1. 电子报检是指报检人使用电子报检软件通过检验检疫电子业务服务平台将报检数据以电子方式传输给检验检疫机构，经检验检疫业务管理系统和检务人员处理后，将受理报检信息反馈报检人，实现远程办理出入境检验检疫报检的行为。（　　）

2. 电子报检，对报检数据的审核采取“先人审，后机审”的程序进行。（　　）

3. 入境电子转单，入境检验检疫关系人应凭报检单号、转单号及密码等，向入境地检验检疫机构申请实施检验检疫。（　　）

4. 出境货物在产地预检的；出境货物出境口岸不明确的；出境货物需到口岸并批的；出境货物按规定需在口岸检验检疫并出证的和其他按有关规定不适用电子转单的暂不实施电子转单。（　　）

5. 电子通关方式不仅加快了通关速度，还有效控制了报检数据与报关数据不符问题的产生，同时能有效遏制不法分子伪造、变造通关证单的不法行为。（　　）

6. 采用网络信息技术，将检验检疫机构签发的出入境通关单的电子数据传输到海关计算机业务系统，海关将报检报关数据进行比对确认，相符合的，予以放行，这种通关形式叫电子通关。（　　）

7. 检验证书适用于出境货物（含食品）的品质、规格、数量、重量、包装等检验项目。（　　）

8. 检验检疫机构依法对出入境人员、货物、运输工具、集装箱及其他应检物实施检验、检疫、鉴定、认证、监督管理等，按出入境检验检疫计收费管理办法及标准收费，其他单位、部门和个人不得收取出入境检验检疫费。（　　）

9. 所有出入境人员的交通工具、运输设备、货物、行李、邮包等一律都要接受卫生检疫。（　　）

项目四

报检业务基础知识

学习目标

了解、掌握报检的基本规定，入境货物报检的规定，出境货物报检的规定以及报检的其他管理规定。

技能目标

学会处理报检业务的工作流程及要求。

任务一　报检的基本规定

案例导入

2007 年 3 月，苏州某医疗公司从美国进口了一批塑料软管，属法定检验商品，当苏州局机电处检验人员从流向系统中获取这一信息，与该医疗公司联系商检事宜时，发现该公司已将这批塑料软管全部售出，苏州局遂立案调查。经调查，该公司进口的这批塑料软管为牙科治疗机上的配件，货值金额为 9 405 美元，该公司销售后获利 5 585 元。请分析该行为违反了哪些法律规定？

一、报检的含义

报检是指有关当事人根据法律、行政法规的规定，对外贸易合同的约定或证明履约的需要，向检验检疫机构申请检验、检疫、鉴定，以获准出入境或取得销售使用的合法凭证及某种公证证明所必须履行的法定程序和手续。

报检是检验检疫工作的一个重要环节，也是有关当事人必须学习和掌握的一项重要内容。报检是《中华人民共和国进出口商品检验法》《中华人民共和国进出境动植物检疫法》《中华人民共和国国境卫生检疫法》中规定的法律程序，凡法定检验检疫的出入境货物、出入境动植物、动植物产品及其他检疫物和来自疫情传染国家和地区的运输工具、货物人员等，必须及时向口岸检验检疫机构办理报检手续，以便及时通关验放。

我国自2000年1月1日起，实行“先报检，后报关”的检验检疫货物通关制度，对列入《法检商品目录》范围内的出入境货物（包括转关运输货物），海关一律凭报关地检验检疫机构签发的《入境货物通关单》或《出境货物通关单》验放。2008年7月18日，为了适应我国经济和外贸发展的新要求，进一步推动出入境检验检疫“大通关”建设，提高出入境货物通关效率，国家质检总局对符合直通放行条件的出入境货物实行检验检疫直通放行制度。对实施直通放行的入境货物，口岸检验检疫机构不实施检验检疫，货物直运至目的地，由目的地检验检疫机构实施检验检疫，货物的报关地可以在入境口岸，也可以在目的地。对实施直通放行的出境货物，经产地检验检疫机构检验检疫合格后，企业可凭产地检验检疫机构签发的通关单在报关地海关直接办理通关手续。

二、报检范围

根据国家法律、行政法规的规定和目前我国对外贸易的实际情况，出入境检验检疫的报检范围主要包括四个方面：一是法律、行政法规规定必须由出入境检验检疫机构实施检验检疫的；二是输入国家或地区规定必须凭检验检疫机构出具的证书方准入境的；三是有关国际条约或与我国有协议/协定，规定必须经检验检疫的；四是对外贸易合同约定须凭检验检疫机构签发的证书进行交接、结算的。

（一）法律、行政法规规定必须由出入境检验检疫机构实施检验检疫的报检范围

根据《中华人民共和国进出口商品检验法》及其实施条例、《中华人民共和国进出境动植物检疫法》及其实施条例、《中华人民共和国国境卫生检疫法》及其实施细则、《中华人民共和国食品安全法》等有关法律、行政法规的规定，以下对象在出入境时必须向检验检疫机构报检，由检验检疫机构实施检验检疫或鉴定工作。具体包括：

（1）列入《出入境检验检疫机构实施检验检疫的进出境商品目录》内的货物。

（2）入境废物、进口旧机电产品。

（3）出口危险货物包装容器的性能检验和使用鉴定。

（4）进出境集装箱。

（5）进境、出境、过境的动植物、动植物产品及其他检疫物。

（6）装载动植物、动植物产品和其他检疫物的装载容器、包装物、铺垫材料；进境动植物性包装物、铺垫材料。

（7）来自动植物疫区的运输工具；装载进境、出境、过境的动植物、动植物产品及其他检疫物的运输工具。

（8）进境拆解的废旧船舶。

（9）出入境人员、交通工具、运输设备以及可能传播检疫传染病的行李、货物和邮包等物品。

（10）旅客携带物（包括微生物、人体组织、生物制品、血液及其制品、骸骨、骨灰、废旧物品和可能传播传染病的物品以及动植物、动植物产品和其他检疫物）和携带伴侣动物。

（11）国际邮寄物（包括动植物、动植物产品和其他检疫物、微生物、人体组织、生物制品、血液及其制品以及其他需要实施检疫的国际邮寄物）。

（12）其他法律、行政法规规定需经检验检疫机构实施检验检疫的其他应检对象。

（二）输入国家或地区规定必须凭检验检疫机构出具的证书方准入境的报检范围

有的国家发布法令或政府规定要求，对某些来自中国的入境货物须凭检验检疫机构签发的证书方可入境。如一些国家和地区规定，对来自中国的动植物、动植物产品，凭我国检验检疫机构签发的动植物检疫证书以及有关证书方可入境。又如欧盟、美国、日本等一些国家或地区规定，从中国输入货物的木质包装，装运前要进行热处理、熏蒸或防腐等除害处理，并由我国检验检检疫机构加施 IPPC 标识或出具《熏蒸/消毒证书》，货到时凭 IPPC 标识或《熏蒸/消毒证书》验放货物。因此，凡出口货物输入国家和地区有此类要求的，报检人须报检验检疫机构实施检验检疫或进行除害处理，取得相关证书或标识。

（三）有关国际条约或与我国有协议/协定，规定必须经检验检疫的报检范围

随着加入世界贸易组织和其他一些区域性经济组织，我国已成为一些国际条约、公约和协定的成员。此外，我国还与世界几十个国家缔结了有关商品检验或动植物检疫的双边协定、协议，认真履行国际条约、公约、协定或协议中的检验检疫条款是我们的义务。因此，凡国际条约、公约或协定规定须经我国检验检疫机构实施检验检疫的出入境货物，报检人须向检验检疫机构报检，由检验检疫机构实施检验检疫。

（四）对外贸易合同约定须凭检验检疫机构签发的证书进行交接、结算的报检范围

对外贸易合同是买卖双方通过协商，确定双方权利和义务的书面协议，一经签署即产生法律效力，双方都必须履行合同规定的权利和义务。然而在国际贸易中，买卖双方相距遥远，难以做到当面点交货物，也不能亲自到现场查看履约情况。为了保证对外贸易的顺利进行，保障买卖双方的合法权益，通常需要委托第三方对货物进行检验检疫或鉴定并出具检验检疫鉴定证书，以证明卖方已经履行合同，买卖双方凭证书进行交接、结算。此外，对某些以成分计价的商品，由第三方出具检验证书更是结算货款的直接依据。因此，凡对外贸易合同、协议中规定以我国检验检疫机构签发的检验检疫证书为交接、结算依据的进出境货物，报检人须向检验检疫机构报检，由检验检疫机构按照合同、协议的要求实施检验检疫或鉴定并签发检验检疫证书。

三、报检资格

报检当事人从事报检行为，办理报检业务，必须按照检验检疫机构的要求，取得报检资格，未按规定取得报检资格的，检验检疫机构不予受理报检。

（一）报检单位

（1）自理报检单位在首次报检时须办理备案登记手续，取得《自理报检单位备案登记证书》和报检单位代码后，方可办理相关检验检疫事宜。

（2）代理报检单位须经国家质检总局审核获得许可、注册登记，取得《代理报检单位注册登记证书》和报检单位代码后，方可依法代为办理检验检疫报检。

（二）报检人员

（1）报检单位是报检行为的主体，具体工作则由报检单位的报检人员负责。国家对报检人员实行注册登记管理。报检人员只有通过国家质检总局组织的全国统一考试，获得《报检员资格证》，并由报检单位向检验检疫机构提出注册申请，经审核合格获得《报检员证》后，方能从事本单位的报检工作。报检人员须凭《报检员证》办理报检事宜。

报检单位无持证报检人员的，应委托代理报检单位报检。代理报检单位报检时应提交委托人按检验检疫机构规定的格式填写的代理授权委托书。

（2）非贸易性质的报检行为，报检人员凭有效证件可直接办理报检手续。

四、报检方式

出入境货物的收发货人或其代理人向检验检疫机构报检，可以采用书面报检或电子报检两种方式。

（一）书面报检

书面报检是指报检当事人按检验检疫机构的规定，填制纸质出/入境报检单，备齐随附单证并向检验检疫机构当面递交的报检方式。

（二）电子报检

电子报检是指报检当事人使用电子报检软件，通过检验检疫电子业务服务平台，将报检数据以电子方式传输给检验检疫机构，即先网上申报，检验检疫机构工作人员处理后，将受理报检信息反馈给报检当事人，报检当事人在收到检验检疫机构已受理报检的反馈信息后打印出符合规范的纸质报检单，并在检验检疫机构规定的时间和地点提交出/入境货物报检单和随附单据的报检方式。主要通过“企业端软件”或“网上申报系统”（浏览器方式）两种方式来实现电子报检。

一般情况下，报检当事人应采用电子报检的方式向检验检疫机构报检。

五、报检程序

出入境报检程序一般包括准备报检单证、电子报检数据录入、现场递交单证、联系配合检验检疫、缴纳检验检疫费、签领检验检疫证单等几个环节。报检程序如图 4 – 1 所示。

图 4 – 1　报检程序

（一）准备报检单证

报检人员了解出入境货物基本情况后，应按照货物的性质，根据检验检疫机构有关规定和要求，准备好报检单证，并确认提供的数据和各种单证正确、齐全、真实、有效。需办理检疫审批、强制性认证、卫生注册等有关批准文件的，还应在报检前办妥相关手续。

（1）报检时，应使用国家质检总局统一印制的报检单，报检单必须加盖报检单位印章或已向检验检疫机关备案的“报检专用章”。

（2）报检单所列项目填写完整、准确，字迹清晰，不得涂改。无相应内容的栏目应填写“×××”，不得留空。

（3）报检单位必须做到三个符合：一是单证符合，即报检单与合同、批文、发票、装箱单等内容相符；二是单货相符，即报检单所报的内容与出入境货物实际情况相符，不得虚报、瞒报、伪报；三是单单相符，即纸质报检单所列内容与电子报检单载明的数据、信息相符。报检人员应在“报检人声明”栏亲自签名，并对申报内容的真实性、准确性负责。

（4）随附单证原则上要求提供原件，确实无法提供原件的，应提供有效复印件。但有关入境许可/审批文件、输出国家或地区官方检疫证书、进口废物装运前检验证书、《出境货物换证凭单》以及其他检验检疫机构特别要求的单证，须提交原件。

（二）电子报检数据录入

（1）报检人员应使用经国家质检总局评测合格并认可的电子报检软件进行电子报检。

（2）须在规定的报检时限内将相关出入境货物的报检数据发送至报检地检验检疫机构。

（3）对于合同或信用证中涉及检验检疫特殊条款和特殊要求的，应在电子报检中同时提出。

（4）对经审核不符合要求的电子报检数据，报检人员可按照检验检疫机构的有关要求对报检数据修改后，再次报检。

（5）报检人员收到受理报检的反馈信息后打印出符合规范的纸质货物报检单。

（6）需要对已发送的电子报检数据进行更改或撤销报检时，报检人员应发送更改或撤销申请。

（三）现场递交单证

（1）电子报检受理后，报检人员应在检验检疫机构规定的地点和期限内，持本人《报检员证》到现场递交纸质报检单、随附单证等有关资料。

（2）对经检验检疫机构工作人员审核认为不符合规定的报检单证，或需要报检单位作出解析、说明的，报检人员应及时修改、补充或更换报检单证，及时解析、说明情况。

（四）联系配合检验检疫

报检人员应主动联系，配合检验检疫机构对出入境货物实施检验检疫。

（1）向检验检疫机构提供进行抽样、检验、检疫和鉴定等必要的工作条件，配合检验检疫机构为实施检验检疫而进行的现场验（查）货、抽（采）样及检验检疫处理等事宜。

（2）落实检验检疫机构提出的检验检疫监管措施和其他有关要求。

（3）对检验检疫合格放行的出境货物加强批次管理，不错发、错运、漏发；对未经检验检疫合格或未经检验检疫机构许可的入境法检货物，不销售、不使用或不拆卸、不运递。

（五）缴纳检验检疫费

检验检疫机构依法对出入境人员、货物、运输工具、集装箱及其他检疫物实施检验、检疫、鉴定等检验检疫业务。按照《出入境检验检疫收费办法》及其收费标准，报检人员应在检验检疫机构开具收费通知单之日起20日内足额缴纳检验检疫费用。

（六）签领证单

对出入境货物检验检疫完毕后，检验检疫机构根据评定结果签发相应的证单，报检人在领取检验检疫机构出具的有关检验检疫证单时应如实签署姓名和领证时间，并妥善保管。各类证单应按其特定的范围使用，不得混用。

任务二 入境货物报检的规定

案例导入

2006年7月，苏州市吴中区某公司进口了价值94 900美元的超音波熔接机、塑料旋熔机等设备，均属法定检验商品，但公司没有向检验检疫局申请检验就将这些设备在车间擅自开箱安装。后被苏州检验检疫局在工作稽查中发现并立案。请分析，该公司的行为违反了什么法律规定？

根据《中华人民共和国进出口商品检验法》及其实施条例、《中华人民共和国进出境动植物检疫法》及其实施条例、《中华人民共和国国境卫生检疫法》及其实施细则、《中华人民共和国食品安全法》等有关法律、行政法规的规定，法定检验检疫的进口货物的货主或其代理人必须在检验检疫机构规定的时间和地点向出入境检验检疫机构报检，未经检验检疫的不准销售、使用。来自疫区或者可能传播传染病的货物，未经检疫不得入境。对输入的动植物、动植物产品及其他检疫物，未经检验检疫机构检疫同意，不准卸离运输工具。

一、入境货物受理报检的范围

（1）国家法律法规规定必须由出入境检验检疫机构实施检验检疫的。

（2）列入《出入境检验检疫机构实施检验检疫的进出境商品目录》的货物。

（3）入境废物、进口旧机电产品。

（4）进境、过境的动植物、动植物产品及其他检疫物。

（5）装载动植物、动植物产品和其他检疫物的装载容器、包装物、铺垫材料；进境动植物性包装物、铺垫材料。

（6）来自动植物疫区的运输工具；装载进境、过境的动植物、动植物产品及其他检疫物的运输工具。

（7）进境拆解的废旧船舶。

（8）入境人员、交通工具、运输设备以及可能传播检疫传染病的行李、货物和邮包等物品。

（9）旅客携带物（包括微生物、人体组织、生物制品、血液及其制品、骸骨、骨灰、废旧物品和可能传播传染病的物品以及动植物、动植物产品和其他检疫物）和携带伴侣动物。

（10）国际邮寄物（包括动植物、动植物产品和其他检疫物、微生物、人体组织、生物制品、血液及其制品以及其他需要实施检疫的国际邮寄物）。

（11）其他法律、行政法规规定须经检验检疫机构实施检验检疫的其他应检对象。

二、入境货物受理报检的方式

（一）进境一般报检

进境一般报检是指法定检验检疫入境货物的货主或其代理人，持有关单证向卸货口岸检验检疫机构申请取得《入境货物通关单》，并对货物进行检验检疫的报检。对进境一般报检业务而言，签发《入境货物通关单》和对货物的检验检疫都由口岸局完成。

具体工作流程为：法定检验检疫入境货物的货主或其代理人首先向卸货口岸或到达站的出入境检验检疫机构报检，检验检疫机构对符合要求的受理报检，转检疫部门签署意见、计收费，对来自疫区的、可能传播检疫传染病、动植物疫情及可能夹带有害物质的入境货物的交通工具、集装箱或运输包装以及按规定须实施必要的检疫查验、卫生处理后方可出具《入境货物通关单》的货物，实施必要的检疫、查验、卫生除害处理后，签发 2－1－1 两联

《入境货物通关单》供报检人办理通关手续。货物通关后，入境货物的货主或其代理人在检验检疫机构规定的时间和地点到检验检疫机构联系对货物实施检验检疫。经检验检疫合格的入境货物，签发《入境货物检验检疫证明》，经检验检疫不合格的货物签发检验检疫证书。

（二）进境流向报检

进境流向报检也称口岸清关转异地进行检验检疫的报检，它是指法定入境检验检疫货物的收货人或其代理人持有关单证在卸货口岸向口岸检验检疫机构报检，获取《入境货物通关单》并通关后，由进境口岸检验检疫机构进行必要的检疫处理，货物调往目的地后由目的地检验检疫机构进行检验检疫监管。申请进境流向报检货物的通关地与货物目的地属于不同辖区。

具体工作流程：法定检验检疫入境货物的货主或其代理人首先向卸货口岸或到达站的出入境检验检疫机构报检。检验检疫机构对符合要求的受理报检，并将有关单据转相关施检部门，施检部门对是否经现场检疫合格、是否对运输工具、动物产品外包装、被污染的场地等进行消毒处理、是否允许转异地施检以及指定的货物存放地点等进行确认并签署意见。对已确认并签署意见的，口岸局检务部门签发2-1-2四联入境货物通关单，通关单备注栏注明已实施检验检疫的项目；对须在口岸实施检疫、目的地检验的货物，备注栏注明是否已在口岸缴纳检验检疫费用；收、用货单位的详细名称、企业地址、联系人及联系电话。例如，“认定为非木质包装”“调封存，我局已对该批货物按规定进行包装消毒，到货后，请速与××局联系”等。同时向目的地局发送电子转单信息，并在1个工作日内将入境货物通关单第三联货物流向联转目的地局。

（三）异地施检报检

异地施检报检是指已在口岸完成进境流向报检，货物到达目的地后，该批进境货物的货主或其代理人在规定的时间内，持《入境货物调离通知单》（入境货物通关单第2联）向目的地检验检疫机构申请检验检疫的报检。

具体工作流程：法定检验检疫入境货物的货主或其代理人持有关单证和《入境货物调离通知单》向目的地检验检疫机构报检。目的地检验检疫机构接收口岸检验检疫机构的电子转单信息和流向单，受理报检、计收费，转施检部门实施检验检疫，经检验检疫合格的入境货物，签发《入境货物检验检疫证明》，经检验检疫不合格的货物签发检验检疫证书。

对已收到口岸局电子转单信息和流向单的入境货物，货主或其代理人未及时报检的，目的地检验检疫机构应及时与货主联系，落实检验检疫事宜。

对因《入境货物通关单》备注中加注的联系电话或联系人不准确，无法落实检验检疫工作的，应及时将情况反馈口岸检验检疫机构。对蓄意逃避检验检疫的单位，口岸检验检疫机构应将其列入“黑名单”管理，加大监管力度，并按有关法律法规的规定予以惩处。

三、入境货物受理报检的时间和地点

（一）受理报检的时间

（1）入境法检货物按照“先报检，后报关”的原则应在通关前报检。

（2）入境货物需对外索赔出证的，应在索赔有效期前不少于20天内向到货口岸或货物到达地的检验检疫机构报检。

（3）输入微生物、人体组织、生物制品、血液及其制品或种畜、禽及其精液、胚胎、受精卵的，应当在入境前 30 天报检。

（4）输入其他动物的，应当在入境前 15 天报检。

（5）输入植物、种子、种苗及其他繁殖材料的，应当在入境前 7 天报检。

（二）受理报检的地点

（1）审批、许可证等有关政府批文中规定检验检疫地点的，在规定的地点报检。

（2）入境活动物，大宗散装商品，易腐烂变质商品，废旧物品，在卸货时发现包装破损、重数量短缺的商品，必须在卸货口岸检验检疫机构报检。

（3）须结合安装调试进行检验的成套设备，机电仪产品，以及在口岸开件后难以恢复包装的商品，应在收货人所在地检验检疫机构报检并检验。

（4）其他入境货物，应在入境前或入境时向报关地检验检疫机构办理报检手续。

（5）运输动植物、动植物产品和其他检疫物过境的，由入境口岸检验检疫机构受理报检。

（6）申请转关或直通式转关运输的货物，由指运地检验检疫机构受理报检。

四、入境货物报检的单据

（一）报检时应提供的单据

1. 入境报检时，应填写《入境货物报检单》，并提供外贸合同、发票、提（运）单、装箱单等有关单证

2. 按照检验检疫的要求，提供其他相关特殊单证

（1）凡实施安全质量许可、卫生注册或其他需经审批审核的货物，应提供有关证明。

（2）申请品质检验的，还应提供国外品质证书或质量保证证书、产品使用说明书及有关标准和技术资料；凭样成交的，须加附成交样品；以品级或公量计价结算的，应同时申请重量鉴定。

（3）报检入境废物时，还应提供国家环保部门签发的《废物进口许可证》和经认可的检验机构签发的装运前检验合格证书等。

（4）申请残损鉴定的，还应提供理货残损单、铁路商务记录、空运事故记录或海事报告等证明货损情况的有关单证。

（5）申请数/重量鉴定的，还应提供数/重量明细单、磅码单、理货清单等。

（6）货物经收、用货部门验收或其他单位检测的，应随附验收报告或检测结果以及数/重量明细单等。

（7）入境动植物及其产品，还必须提供产地证、输出国家或地区官方检疫证书；需办理入境检疫审批的，还应提供入境动植物检疫许可证。

（8）过境动植物及其产品，应提供货运单和输出国家或地区官方出具的检疫证书；运输动物过境的，还应提交国家质检总局签发的动植物过境许可证。

（9）入境旅客、交通员工携带伴侣动物的，应提供入境动物检疫证书及预防接种证明。

（10）因科研等特殊需要，输入禁止入境物的，须提供国家质检总局签发的特许审批证明。

（11）入境特殊物品的，应提供有关的批件或规定文件。

（12）开展检验检疫工作要求提供的其他特殊证单。

（二）入境货物报检单填制要求

1. 编号

由检验检疫机构受理报检人员填写，前6位为检验检疫局机关代码，第7位为入境货物报检类代码“1”，第8位、第9位为年代码，第10～15位为流水号。实行电子报检后，该编号可在电子报检的受理回执中自动生成。

2. 报检单位

填写报检单位的全称。并加盖报检单位的公章或已向检验检疫机构备案的“报检专用章”。

3. 报检单位登记号

报检单位在检验检疫机构备案或注册登记的代码。

4. 联系人

填写报检人员姓名。

5. 电话

填写报检人员的联系电话。

6. 报检日期

检验检疫机构实际受理报检的日期。

7. 发货人

填写外贸合同中的发货人。输入的备案登记号与发货人名称必须对应准确。

8. 收货人

填写外贸合同中的收货人。没有相应翻译名称的，中文可输入“＊＊＊”。

9. 货物名称（中/外文）

填写进口货物的品名及规格，应与进口合同、发票名称一致。如为废旧货物应注明。不能笼统地输入货物的大类名称。

10. HS编码

填写进口货物的10位数商品编码。以当年海关公布的商品税则编码分类为准。

11. 原产国（地区）

填写本批货物生产/加工的国家或地区。

12. 数/重量

填写本批货物的数/重量，注明数/重量单位。应与进口合同、发票或报关单上所列一致。重量还应填写毛/净重。法定第一计量单位对应的数量或重量必须录入，并且不得改动法定第一计量单位。

13. 货物总值

入境货物的总值及币种，应与合同、发票或报关单上所列的货物总值一致。

14. 包装种类及数量

填写本批货物实际运输包装的种类及数量，注明包装的材质。有木质包装或动植物铺垫材料的，要准确录入。

15. 运输工具名称和号码

填写装运本批货物运输工具的名称和号码。

16. 合同号

对外贸易合同、订单或形式发票的号码。

17. 贸易方式

填写本批货物进口的贸易方式。根据实际情况选填一般贸易、来料加工、进料加工、易货贸易、补偿贸易、边境贸易、无偿援助、外商投资、对外承包工程进出口货物、出口加工区进出境货物、出口加工区进出区货物、退运货物、过境货物、保税区进出境仓储转口货物、保税区进出区货物、暂时进出口货物、暂时进出口留购货物、展览品、样品、其他非贸易性物品、其他贸易性货物等。

18. 贸易国别（地区）

填写本批货物的贸易国别（地区）。

19. 提单/运单号

填写本批货物海运提单号、空运单号或铁路运单号，有二程提单的应同时填写，并以“/”分隔。

20. 到货日期

填写本批货物到达口岸的日期。

21. 启运国家（地区）

填写装运本批货物的启运国家或地区，若从中国境内保税区、出口加工区入境的，填写保税区、出口加工区。

22. 许可证/审批号

需办理进境许可证或审批的货物应填写有关许可证号或审批号。

23. 卸毕日期

填写本批货物在口岸卸毕的日期。

24. 启运口岸

填写装运本批货物交通工具的启运口岸。若从中国境内保税区、出口加工区入境的，填写保税区、出口加工区。

25. 入境口岸

填写本批货物的入境口岸。

26. 索赔有效期

按对外贸易合同规定日期填写，注明截止日期。合同中未订立索赔有效期的，注明“无索赔期”。

27. 经停口岸

填写本批货物启运后，入境前中途曾经停靠的口岸名称。无经停口岸的输入“＊＊＊”。

28. 目的地

填写本批货物预定最后到达的交货地。

29. 集装箱规格、数量及号码

货物若以集装箱运输，应填写集装箱的规格、数量及号码。

30. 合同订立的特殊条款以及其他要求

填写在合同中特别订立的有关质量、卫生等条款或报检单位对本批货物检验检疫的特殊要求。

31. 货物存放地点

填写本批货物存放的地点。

32. 用途

填写本批货物的用途。根据实际情况选填以下几种：①种用或繁殖；②食用；③奶用；④观赏或演艺；⑤伴侣动物；⑥试验；⑦药用；⑧饲用；⑨其他。

33. 随附单据

按实际向检验检疫机构提供的单据，在随附单据的种类前划“√”或补填。

34. 标记及号码

货物的标记号码，应与合同、发票等有关外贸单据保持一致。若没有标记号码则填“N/M”。

35. 外商投资财产

由检验检疫机构受理报检人员填写。

36. 签名

由报检人员亲笔签名。

37. 检验检疫费

由检验检疫机构计费人员核定费用后填写。

38. 领取证单

报检人在领取检验检疫机构出具的有关检验检疫证单时填写领证日期及领证人姓名。

报检人要认真填写“入境货物报检单”，如表 4－1 所示。内容应按合同、国外发票、提单、运单上的内容填写，报检单应填写完整、无漏项，字迹清楚，不得涂改，且中英文内容一致，并加盖申请单位公章。

表 4－1　入境货物报检单样本

发货人	（中文）				
	（外文）				
收货人	（中文）				
	（外文）				
货物名称（中/外文）	HS 编码	产地	数/重量	货物总值	包装种类及数量
运输工具名称号码		贸易方式		货物存放地点	
合同号		信用证号		用途	
到货日期					
启运地					

续表

<table>
<tr><td>集装箱规格、数量及号码</td><td colspan="3"></td></tr>
<tr><td>合同、信用证订立的检验检疫条款或特殊要求</td><td>标记及号码</td><td colspan="2">随附单据
（划“√”或补填）</td></tr>
<tr><td></td><td></td><td></td><td></td></tr>
<tr><td colspan="2">需要证单名称（划“√”或补填）</td><td colspan="2">检验检疫费</td></tr>
<tr><td rowspan="3">品质证书
重量证书
兽医卫生证书
健康证书
卫生证书
动物卫生证书</td><td rowspan="3">植物检疫证书</td><td>总金额（人民币元）</td><td rowspan="3"></td></tr>
<tr><td>计费人</td></tr>
<tr><td>收费人</td></tr>
<tr><td colspan="2" rowspan="3">报检人郑重声明：
1. 本人被授权报检。
2. 上列填写内容正确属实，货物无伪造或冒用他人的厂名、标志、认证标志，并承担货物质量责任。
签名：__________</td><td colspan="2">领取证单</td></tr>
<tr><td>日期</td><td></td></tr>
<tr><td>签名</td><td></td></tr>
</table>

任务三　出境货物报检的规定

案例导入

2010年8月，苏州局在执法稽查中发现，苏州某外贸公司在2009年2月至2010年2月先后出口了5批女式服装，这5批服装均属法定检验商品，是该外贸公司在苏州市内服装企业采购的，但却均未办理商检手续。经进一步核实发现，该外贸公司是委托外地服装企业报检并取得检验换证凭单，在上海报关出口。这5批服装货值总额为417 347元。请分析，该公司构成哪两种违法行为？

一、出境货物报检的范围

（一）国家法律法规规定的实施检验检疫的出境对象

（1）列入《出入境检验检疫机构实施检验检疫的进出境商品目录》的货物。

（2）出口危险货物包装容器的性能检验和使用鉴定。

（3）出境集装箱。

（4）出境的动植物、动植物产品及其他检疫物。

（5）装载出境动植物、动植物产品和其他检疫物的装载容器、包装物、铺垫材料。

（6）来自动植物疫区的运输工具，装载出境、过境的动植物、动植物产品及其他检疫物的运输工具。

(7) 出境人员、交通工具、运输设备以及可能传播检疫传染病的行李、货物和邮包等物品。

(8) 旅客携带物（包括微生物、人体组织、生物制品、血液及其制品、骸骨、骨灰、废旧物品和可能传播传染病的物品以及动植物、动植物产品和其他检疫物）和携带伴侣动物。

(9) 国际邮寄物（包括动植物、动植物产品和其他检疫物、微生物、人体组织、生物制品、血液及其制品以及其他需要实施检疫的国际邮寄物）。

(10) 其他法律、行政法规规定需经检验检疫机构实施检验检疫的其他应检对象。

(二) 输入国家或地区规定必须凭检验检疫机构出具的证书方准入境的报检范围

有的国家发布法令或政府规定要求，对某些来自中国的入境货物须凭检验检疫机构签发的证书方可入境。因此，凡出口货物输入国家和地区有此类要求的，报检人须报经检验检疫机构实施检验检疫或进行除害处理，取得相关证书或标识。

(三) 有关国际条约或与我国有协议/协定，规定必须经检验检疫的报检范围

凡国际条约、公约或协定规定须经我国检验检疫机构实施检验检疫的出入境货物，报检人须向检验检疫机构报检，由检验检疫机构实施检验检疫。

(四) 对外贸易合同约定须凭检验检疫机构签发的证书进行交接、结算的报检范围

凡对外贸易合同、协议中规定以我国检验检疫机构签发的检验检疫证书为交接、结算依据的出境货物，报检人须向检验检疫机构报检，由检验检疫机构按照合同、协议的要求实施检验检疫或鉴定并签发检验检疫证书。

(五) 申请签发原产地证明书及普惠制原产地证明书的出境货物

原产地证明书是证明货物的生产地或制造地的证明文件。按其用途分为优惠原产地证和非优惠原产地证两种。优惠原产地证是由我国检验检疫机构出具的具有法律效力的官方凭证。凭该证明文件，我国出口产品就可在进口国享受到减免进口关税的优惠。

二、出境货物报检的分类

出境货物报检分为出境一般报检、出境换证报检和出境预检报检三种。

(一) 出境一般报检

出境一般报检是指法定检验检疫的出境货物的货主或其代理人，持有关单证向产地检验检疫机构申请检验检疫以取得出境放行证明及其他证单的报检。

对于出境一般报检货物，检验检疫合格后，在当地海关报关的，由产地检验检疫机构签发《出境货物通关单》，货主或其代理人持《出境货物通关单》向当地海关报关。

在异地报关的，由产地检验检疫机构签发《出境货物换证凭单》或“换证凭条”，货主或其代理人持《出境货物换证凭单》或“换证凭条”向报关地检验检疫机构申请换发《出境货物通关单》。

对经检验检疫合格的符合出口直通放行条件的货物，产地检验检疫机构直接签发《出境货物通关单》，货主或其代理人凭《出境货物通关单》直接向报关地海关办理通关手续，无须再凭产地检验检疫机构签发《出境货物换证凭单》或“换证凭条”，到报关地检验检疫机构换发《出境货物通关单》。

（二）出境换证报检

出境换证报检是指经产地检验检疫机构检验检疫合格的法定检验检疫出境货物的货主或其代理人，持产地检验检疫机构签发的《出境货物换证凭单》或“换证凭条”向报关地检验检疫机构申请换发《出境货物通关单》的报检。

对于出境换证报检的货物，报关地检验检疫机构按照国家质检总局规定的抽查比例进行查验。

（三）出境预检报检

出境货物预检报检是指货主或其代理人持有关单证向产地检验检疫机构对暂时还不能出口的货物预先实施检验检疫的报检。预检报检的货物经检验检疫合格的，检验检疫机构签发标明“预验”字样的《出境货物换证凭单》。正式出口时，货主或其代理人可在检验检疫有效期内持此单向检验检疫机构申请办理换证放行手续。

申请预检报检的货物须是经常出口的、非易腐烂变质的、非易燃易爆的商品。

三、出境货物报检的时限和地点

（一）报检的时限

（1）出境货物最迟应在出口报关或装运前 7 天报检，对于个别检验检疫周期较长的货物，应留有相应的检验检疫时间。

（2）需隔离检疫的出境动物在出境前 60 天预报，隔离前 7 天报检。

（3）出境观赏动物应在动物出境前 30 天到出境口岸检验检疫机构报检。

除上述列明的出境货物报检时限外，法律、行政法规及部门规章另有特别规定的从其规定。

（二）报检的地点

（1）法定检验检疫货物，除活动物需由口岸检验检疫机构检验检疫外，原则上应坚持产地检验检疫。

（2）法律法规允许在市场采购的货物应向采购地的检验检疫机构办理报检手续。

（3）异地报关的货物，在报关地检验检疫机构办理换证报检。（实行出口直通放行制度的货物除外）

四、报检时应提供的单据

（一）报检时应提供的单据

1. 出境货物报检时，应填写《出境货物报检单》，并提供外贸合同（或销售确认书或订单）；信用证、有关函电、发票、装箱单等有关单证

2. 按照检验检疫的要求，提供其他相关特殊单证

（1）凡实施安全质量许可、卫生注册或其他须经审批的货物，应提供有关证明。

（2）生产经营部门出具的厂检结果单和数/重量明细单或磅码单

（3）凭样品成交的，须提供经买卖双方确认的样品。

（4）出口危险货物，应提供《出境货物运输包装性能检验结果单》和《出境危险货物包装容器使用鉴定结果单》。

（5）有运输包装、与食品直接接触的食品包装，应提供检验检疫机构签发的《出境货物运输包装性能检验结果单》。

（6）出境特殊物品的，根据法律法规规定应提供有关审批文件。

（7）预检报检的，应提供生产企业与出口企业签订的贸易合同，预检报检货物放行时，应提供检验检疫机构签发的表明“预检”字样的《出境货物换证凭单》（正本）。

（8）一般报检出境货物在报关地检验检疫机构办理换证报检时，应提供产地检验检疫机构签发的标明“一般报检”的《出境货物换证凭单》或“换证凭条”。

（9）检验检疫工作要求提供的其他特殊证单。

（二）《出境货物报检单》的填制要求

报检单位应加盖公章，并准确填写本单位在检验检疫机构登记的代码。所列各项必须完整、准确、清晰、不得涂改。

1. 编号

15位数字形式。由检验检疫机构受理报检人员填写。前6位为检验检疫机构代码；第7位为出境货物报检类别代码“1”；第8、9位为年度代码，如2009年为“09”；第10～15位为流水号。实施电子报检后，该编号可在电子报检的受理回执中自动生成。

2. 报检单位（加盖公章）

填写报检单位的全称，并加盖报检单位公章或已向检验检疫机构备案的“报检专用章”。

3. 报检单位登记号

填写报检单位在检验检疫机构备案或注册登记的代码。

4. 联系人

填写报检人员姓名。

5. 电话

填写报检人员的联系电话。

6. 报检日期

检验检疫机构受理报检的日期，由检验检疫机构受理报检人员填写。

7. 发货人

根据不同情况填写。预检报检的，可填写生产单位。出口报检的，应填写外贸合同中的卖方或信用证的受益人。输入的备案登记号与发货人名称必须对应准确。

8. 收货人

按外贸合同、信用证中所列买方名称填写。没有相应翻译名称的，中文可输入“＊＊＊”。

9. 货物名称（中/外文）

按外贸合同、信用证上所列品名及规格填写。不能笼统地输入货物的大类名称。

10. HS编码

填写本批货物10位数商品编码，以当年海关公布的商品税则编码分类为准。

11. 产地

指本批货物的生产（加工）地，填写省、市、县名。

12. 数/重量

按申请检验检疫的数/重量填写，注明数/重量单位。重量还应填写毛/净重。法定第一计量单位对应的数量或重量必须录入，并且不得改动法定第一计量单位。

13. 货物总值

按外贸合同、发票上所列的货物总值和币种填写。

14. 包装种类及数量

填写本批货物运输包装的种类及数量，注明包装的材质。

15. 运输工具名称和号码

填写装运本批货物的运输工具的名称和号码。

16. 贸易方式

填写本批货物的贸易方式，应根据实际情况选填一般贸易、来料加工、进料加工、易货贸易、补偿贸易、边境贸易、无偿援助、外商投资、对外承包工程进出口货物、出口加工区进出境货物、出口加工区进出区货物、退运货物、过境货物、保税区进出境仓储、转口货物、保税区进出区货物、暂时进出口货物、暂时进出口留购货物、展览品、样品、其他非贸易性物品、其他贸易性货物等。

17. 货物存放地点

填写本批货物存放的具体地点、厂库。

18. 合同号

填写外贸合同、订单或形式发票的号码。

19. 信用证号

填写本批货物对应的信用证编号。

20. 用途

填写本批货物的用途。根据实际情况，选填种用或繁殖、食用、奶用、观赏或演艺、伴侣动物、实验、药用、饲用、介质土、食品包装材料、食品加工设备、食品添加剂、食品容器、食品洗涤剂、食品消毒剂、其他。

21. 发货日期

填写出口装运日期，预检报检可不填。

22. 输往国家（地区）

指外贸合同中买方（进口方）所在国家和地区，或合同注明的最终输往的国家和地区。出口到中国境内保税区、出口加工区的，填写保税区、出口加工区。

23. 许可证/审批号

对实施许可/审批制度管理的货物，填写质量许可证编号或审批单编号。

24. 启运地

填写本批货物离境的口岸/城市地区名称。

25. 到达口岸

指本批货物抵达目的地入境口岸名称。

26. 生产单位注册号

填写本批货物生产、加工单位在检验检疫机构的注册登记编号，如卫生注册登记号等。

27. 集装箱规格、数量及号码

货物若以集装箱运输，填写集装箱的规格，数量及号码。

28. 合同、信用证订立的检验检疫条款或特殊要求

填写在外贸合同、信用证中特别订立的有关质量、卫生等条款或报检单位对本批货物检验检疫的特殊要求。

29. 标记及号码

填写本批货物的标记号码，应与合同、发票等有关外贸单据保持一致。若没有标记号码则填“N/M”。

30. 随附单据

按实际向检验检疫机构提供的单据，在对应的“□”内打“√”或补填。

31. 需要证单名称

根据所需由检验检疫机构出具的证单，在对应的“□”内打“√”或补填，并注明所需证单的正副本数量。

32. 报检人郑重声明

报检人员必须亲笔签名。

33. 检验检疫费

由检验检疫机构计/收费人员填写。

34. 领取证单

由报检人员在领取证单时填写领证日期并签名。

报检人要认真填写“出境货物报检单”，出境货物报检单样本如表4－2所示。

表4－2 出境货物报检单

报检单位(加盖公章)：　　　　编　号：(系统生成)

报检单位登记号：　　联系人：　　电话：　　报检日期：

<table>
<tr><td rowspan="2">发货</td><td colspan="5">(中文)</td></tr>
<tr><td colspan="5">(外文)</td></tr>
<tr><td rowspan="2">收货</td><td colspan="5">(中文)</td></tr>
<tr><td colspan="5">(外文)</td></tr>
<tr><td>货物名称（中/外文）</td><td>HS 编码</td><td>产地</td><td>数/重量</td><td>货物总值</td><td>包装各类及数量</td></tr>
<tr><td></td><td></td><td></td><td>(净重)</td><td></td><td></td></tr>
<tr><td>运输工具名称号码</td><td></td><td>贸易方式</td><td></td><td>货物存放地点</td><td></td></tr>
<tr><td>合同号</td><td></td><td>信用证号</td><td></td><td>用途</td><td></td></tr>
<tr><td>发货日期</td><td></td><td>输往国家(地区)</td><td></td><td>许可证/审批号</td><td></td></tr>
<tr><td>启运地</td><td></td><td>到达口岸</td><td></td><td>生产单位注册号</td><td></td></tr>
<tr><td colspan="2">集装箱规格、数量及号码</td><td colspan="4"></td></tr>
<tr><td colspan="2">合同、信用证订立的检验检疫条款或特殊要求</td><td>标记及号码</td><td colspan="3">随附单据（划“√”或补填）</td></tr>
</table>

续表

<table>
<tr><td></td><td></td><td>☑合同
□信用证
☑发票
□换证凭单
☑装箱单
☑厂检单</td><td colspan="3">☑包装性能结果单
□ 许可/审批文件
□
□
□
□</td></tr>
<tr><td colspan="2">需要证单名称（划“√”或补填）</td><td colspan="4">检验检疫费</td></tr>
<tr><td rowspan="3">□ 品质证书
____正____副
□ 重量证书
____正____副
□ 数量证书
____正____副
□ 兽医卫生证书
____正____副
□ 健康证书
____正____副
□ 卫生证书
____正____副
□ 动物卫生证书
____正____副</td><td rowspan="3">□ 植物检疫证书
____正____副
□ 熏蒸/消毒证书
____正____副
□ 出境货物通关单①或
□ 出境货物换证凭单②
____正____副
□
□
□</td><td colspan="2">总金额（人民币 元）</td><td colspan="2">本局填写</td></tr>
<tr><td colspan="2">计费人</td><td colspan="2">本局填写</td></tr>
<tr><td colspan="2">收费人</td><td colspan="2">本局填写</td></tr>
<tr><td colspan="2" rowspan="3">报检人郑重证明：
1. 本人被授权报检。
2. 上列填写内容正确属实，货物无伪造或冒用他人的厂名、标志、认证标志。并承担货物质量责任。
签名：</td><td colspan="3">领取证单</td><td rowspan="3"></td></tr>
<tr><td>日期</td><td colspan="2"></td></tr>
<tr><td>签名</td><td colspan="2"></td></tr>
</table>

任务四 报检的其他管理规定

一、更改、撤销和重新报检

（一）更改

1. 更改的范围

（1）已报检的出入境货物，检验检疫机构尚未实施检验检疫或虽已实施检验检疫但尚未出具证单的，由于某种原因需要更改报检信息的，可以向受理报检的检验检疫机构提出申请，经审核批准后按规定进行更改。

（2）检验检疫机构证单发出后，报检人需要更改、补充内容或重新签发的，应向原签证检验检疫机构申请，经审核批准后按规定进行更改。

（3）品名、数（重）量、包装、发货人、收货人等重要项目更改后与合同、信用证不符的，或者更改后与输入国法律法规规定不符的，均不能更改。

超过有效期的检验检疫证单，不予更改、补充或重发。

2. 办理更改要提供的单据

（1）填写《更改申请单》，说明更改的事项和理由。

（2）提供有关函电等证明文件，交还原发检验检疫证单。

（3）变更合同或信用证的，须提供新的合同或信用证。

更改检验检疫证单的，应交还原发证单（含正副本）。确有特殊情况不能交还的，申请人应书面说明理由，经法定代表人签字、加盖公章，在指定的报纸上声明作废，并经检验检疫机构审批后，方可重新签发。

（二）撤销

1. 撤销的范围

（1）报检人向检验检疫机构报检后，因故需撤销报检的，可提出申请，并书面说明理由，经检验检疫机构批准后按规定办理撤销手续。

（2）报检后30天内未联系检验检疫事宜的，作自动撤销报检处理。

2. 撤销所需的单据

（1）办理撤销应填写《更改申请单》，说明撤销的理由。

（2）提供有关证明材料。

（三）重新报检

1. 重新报检的范围

报检人在向检验检疫机构办理报检手续并领取检验检疫证单后，凡有下列情况之一的应重新报检。

（1）超过检验检疫有效期限的。

（2）变更输入国家或地区，并有不同检验检疫要求的。

（3）改换包装或重新拼装的。

（4）已撤销报检的。

（5）其他不符合更改条件，需要重新报检的。

2. 重新报检所需单据

报检人在向检验检疫机构重新办理报检手续时，交还原发证单，不能交还的应按有关规定办理登报声明作废的手续。同时应提供下列单据。

（1）《出境货物报检单》或《入境货物报检单》。

（2）有关函电等证明单据。

二、鉴定业务的报检

（一）外商投资财产价值鉴定

1. 报检范围

价值鉴定的内容包括：品种、质量、数量、价值和损失的鉴定。

（1）品种、质量、数量鉴定的内容包括：对品名、型号、质量、数量、规格、商标、新旧程度及出厂日期、制造国别、厂家等进行的鉴定。

（2）价值鉴定的内容包括：对投资财产现时的价值进行的鉴定。

（3）损失鉴定的内容包括：对投资财产因自然灾害、意外事故引起损失的原因、程度，以及损失清理费用和残余价值的鉴定。

2. 办理“具体检验鉴定”手续的程序

提出申请——受理报检——签发《入境货物通关单》——放行——办理具体检验鉴定手续——鉴定《价值鉴定证书》。

（1）报检人应向口岸或到达站检验检疫机构提出申请，口岸或到达站检验检疫机构审核其有关单据符合要求后受理其报检申请，并予以签发《入境货物通关单》。

（2）凭此单向海关办理通关放行手续。货物通关后，货主或其代理人应及时与出入境检验检疫机构联系办理具体检验鉴定手续。检验检疫机构对鉴定完毕的外商投资财产签发《价值鉴定证书》，供企业到所在地会计事务所办理验资手续。

3. 应提供的单据

（1）报检时报检人按规定填写《入境货物报检单》并提供相关外贸单据：合同、发票、装箱单、提（运）单等。

（2）首次办理的企业应提供营业执照副本复印件、外商投资企业批准证书复印件、公司章程、进口财产明细表。

（3）若投资物涉及废、旧物品及许可证管理的物品，应取得相应证明的文件。

（二）残损鉴定

1. 鉴定范围

检验检疫机构根据需要对有残损的下列进口商品实施残损检验鉴定。

（1）法定检验的进口商品。

（2）法定检验以外的进口商品的收货人或者其他贸易关系人，发现进口商品质量不合格或残损、短缺，申请出证的。

（3）进口的危险品、废旧物品。

（4）实施验证管理、配额管理，并需由检验检疫机构检验的进口商品。

（5）涉嫌有欺诈行为的进口商品。

（6）收货人或者其他贸易关系人需要检验检疫机构出证索赔的进口商品。

（7）双边、多边协议协定，国际条约规定，或国际组织委托、指定的进口商品。

（8）相关法律、行政法规规定须经检验检疫机构检验的其他进口商品。

2. 申报及鉴定要求

（1）申报人。

进口商品的收货人或者其他贸易关系人可以自行向检验检疫机构申请残损检验鉴定，也可以委托经检验检疫机构注册登记的代理报检企业办理申请手续。

（2）受理申报机构。

① 法定检验进口商品发生残损需要实施残损检验鉴定的，收货人应当向检验检疫机构申请残损检验鉴定。

② 法定检验以外的进口商品发生残损需要实施残损检验鉴定的，收货人或者其他贸易关系人可以向检验检疫机构或者经国家质检总局许可的检验机构申请残损检验鉴定。

（3）申报时间。

① 进口商品发生残损或者可能发生残损需要进行残损检验鉴定的，进口商品的收货人

或者其他贸易关系人应当向进口商品卸货口岸所在地检验检疫机构申请残损检验鉴定。

② 进口商品在运抵进口卸货口岸前已发现残损或者其运载工具在装运期间存在、遭遇或者出现不良因素而可能使商品残损、灭失的，进口商品收货人或者其他贸易关系人应当在进口商品抵达进口卸货口岸前申请，最迟应当于船舱或者集装箱的拆封、开舱、开箱前申请。

③ 进口商品在卸货中发现或者发生残损的，应当停止卸货并立即申请。

④ 进口商品发生残损需要对外索赔出证的，进口商品的收货人或者其他贸易关系人应当在索赔有效期届满20日前申请。

（4）鉴定地点。

① 卸货口岸。进口商品有下列情形的，应当在卸货口岸实施检验鉴定。

a. 散装进口的商品有残损的。

b. 商品包装或商品外表有残损的。

c. 承载进口商品的集装箱有破损的。

② 商品到达地。进口商品有下列情形的，应当转单至商品到达地实施检验鉴定。

a. 国家规定必须迅速运离口岸的。

b. 打开包装检验后难以恢复原状或难以装卸运输的。

c. 需在安装调试或使用中确定其致损原因、损失程度、损失数量和损失价值的。

d. 商品包装和商品外表无明显残损，需在安装调试或使用中进一步检验的。

（5）申请鉴定残损要注意的事项：

① 检验检疫机构鉴定后出具残损证书，进口商可依此向有关方面提出索赔。

② 当换货、补发货进口通关时，进口商可凭检验检疫机构出具的有关检验鉴定证书和《入境货物通关单》申请免交换补货的进口关税。

3. 应提供的单据

（1）申请舱口检视、载损鉴定和监视卸载的，应提供舱单、积载图、航海日志及海事声明等。

（2）申请海损鉴定的，应提供舱单、积载图、提单、海事报告、事故报告等。

（3）申请验残的，应提供理货残损单、说明书、重量明细单、品质证书等，并提供货损情况的说明，对已与外商签署退换货赔偿协议的应附赔偿协议复印件。

（三）数量/重量检验鉴定

1. 报检范围

（1）法定检验的进出口商品。

（2）法律、行政法规规定必须经检验检疫机构检验的其他进出口商品。

（3）进出口的危险品、废旧物品。

（4）实施验证管理、配额管理，并需由检验检疫机构检验的进出口商品。

（5）涉嫌有欺诈行为的进出口商品。

（6）双边、多边协议协定，国际条约规定，或国际组织委托、指定的进出口商品。

（7）国际政府间协定规定，或者国内外司法机关、仲裁机构和国际组织委托、指定的进出口商品。

检验检疫机构根据国家规定对上述规定以外的进出口商品的数量、重量实施抽查检验。

2. 报检要求

（1）进口报检时限、地点。

进口商品数量、重量检验的报检手续，应当在卸货前向海关报关地的检验检疫机构办理。大宗散装商品、易腐烂变质商品、可用作原料的固体废物以及已发生残损、短缺的进口商品，应当向卸货口岸检验检疫机构报检并实施数量、重量检验。

（2）出口报检时限、地点。

① 散装出口商品数量、重量检验的报检手续，应当在规定的期限内向卸货口岸检验检疫机构办理。

② 包（件）装出口商品数量、重量检验的报检手续，应当在规定的期限内向商品生产地检验检疫机构办理。

③ 对于批次或标记不清、包装不良，或者在到达出口口岸前的运输中数量、重量发生变化的商品，收发货人应当在出口口岸重新申报数量、重量检验。

（3）申报数、重量等检验项目的确定。

① 以数量交接计价的进出口商品，收发货人应当申报数量检验项目。对数量有明确要求或者需以件数推算全批重量的进出口商品，在申报重量检验项目的同时，收发货人应当申报数量检验项目。

② 以重量交接计价的进出口商品，收发货人应当申报重量检验项目。

③ 对按照公量或者干量计价交接或者含水率有明确规定的进出口商品，在申报数量、重量检验时，收发货人应当同时申报水分检测项目。

④ 进出口商品数量、重量检验中需要使用密度（比重）进行计重的，收发货人应当同时申报密度（比重）检测项目。

⑤ 船运进口散装液体商品在申报船舱计重时，收发货人应当同时申报干舱鉴定项目。

（4）进口商品有下列情形之一的，报检人应当同时申报船舱记重、水尺记重、封识、监装监卸等项目。

① 海运或陆运进口的散装商品需要运离口岸进行岸罐计重或衡器鉴重，并依据其结果出证。

② 海运或陆运出口的散装商品进行岸罐计重或衡器鉴重后需要运离检验地装运出口，并以岸罐计重或衡器鉴重结果出证的。

（5）收发货人在办理进出口商品数量、重量检验报检手续时，应根据实际情况并结合国际通行做法向检验检疫机构申请下列检验项目。

①衡器鉴重；②水尺计重；③容器计重：分别有船舱计重、岸罐计重、槽罐计重；④流量计重；⑤其他有关的检验项目。

3. 报检应提供的单据

报检人按规定填写出入境货物报检单后报检，并提供合同、发票、装箱单、提（运）单、理货清单或重量明细单等相关单据。报检人在报检时所缺少的单证资料，应当在检验检疫机构规定的期限内补交。

三、出口免验商品的报检

法定商品的免验是国家质检总局通过对生产企业产品的检验，对生产企业生产质量体系的考核，对列入必须实施检验的进出口商品目录的进出口商品（部分商品除外），由申请人提出申请，经国家质检总局审核批准，可以免予检验的特别准许。国家质检总局以2002年第23号局长令发布了《进出口商品免验办法》，自2002年10月1日起施行。

（一）适用范围

列入必须实施检验的进出口商品目录的进出口商品。但有些进出口商品除外：

（1）食品、动植物及其产品。

（2）危险品及危险品包装。

（3）品质波动大或者散装运输的商品。

（4）需出具检验检疫证书或者依据检验检疫证书所列重量、数量、品质等计价结汇的商品。

（二）管理机构

（1）国家质检总局统一管理全国进出口商品免验工作，负责对申请免验生产企业的考核、审查批准和监督管理。

（2）各地出入境检验检疫机构负责所辖地区内申请免验生产企业的初审和监督管理。

（三）企业申请的条件

需符合进出口商品质量长期稳定、有自己的品牌、符合《进出口商品免验审查条件》的要求等条件。

（四）申请程序

（1）申请进口商品免验的，申请人应当向国家质检总局提出。

（2）申请出口商品免验的，申请人应当先向所在地直属检验检疫局提出，经所在地直属检验检疫局依照本办法相关规定初审合格后，方可向国家质检总局提出正式申请。

（3）申请人应当填写并向国家质检总局提交进出口商品免验申请书、申请免验进出口商品生产企业的ISO9000质量管理体系等文件。

（4）国家质检总局对申请人提交的文件进行审核，并于1个月内做出以下书面答复意见：予以受理还是不予受理。

（5）国家质检总局受理申请后，组成免验专家审查组在3个月内完成考核、审查。

（6）国家质检总局根据审查组提交的审查报告，对申请人提出的免验申请进行如下处理：

① 符合本办法规定的，国家质检总局批准其商品免验，并向免验申请人颁发《进出口商品免验证书》。

② 不符合本办法规定的，国家质检总局不予批准其商品免验，并书面通知申请人。

③ 未获准进出口商品免验的申请人，自接到书面通知之日起1年后，方可再次向检验检疫机构提出免验申请。

（五）有效期及监督管理

（1）免验证书有效期为3年。

（2）期满要求续延的，免验企业应当在有效期满3个月前，向国家质检总局提出免验续延申请，经国家质检总局组织复核合格后，重新颁发免验证书。

（3）对已获免验的进出口商品，需要出具检验检疫证书的，检验检疫机构实施检验检疫。

（4）免验企业不得改变免验商品范围，如有改变，应当重新办理免验申请手续。

（5）免验商品进出口时，免验企业可凭有效的免验证书、外贸合同、信用证、该商品的品质证明和包装合格单等文件到检验检疫机构办理放行手续。

（6）免验企业应当在每年 1 月底前，向检验检疫机构提交上年度免验商品进出口情况报告。

（7）检验检疫机构在监督管理工作中，发现免验企业的质量管理工作或者产品质量不符合免验要求的，责令该免验企业期限整改，整改期限为 3 ~6 个月。免验企业在整改期间，其进出口商品暂停免验。免验企业在整改期限内完成整改后，应当向直属检验检疫局提交整改报告，经国家质检总局审核合格后方可恢复免验。

（8）对不符合免验条件、弄虚作假，假冒免验商品进出口等情形的，注销免验。被注销免验的企业，自收到注销免验决定通知之日起，不再享受进出口商品免验，3 年后方可重新申请免验。

四、复验

报检人对检验检疫机构的检验结果有异议的，可以向作出检验结果的检验检疫机构或者其上级检验检疫机构申请复验，也可以向国家质检总局申请复验。检验检疫机构或者国家质检总局对同一检验结果只进行一次复验。对复验结论不服的，可以依法申请行政复议，也可以依法向法院提起行政诉讼。

（一）复验工作程序和工作时限

1. 复验申请

（1）时限：报检人申请复验，应当自收到检验检疫机构的检验结果之日起 15 日内提出。

（2）条件：报检人申请复验，应当保证（持）原报检商品的质量、重量、数量符合原检验时的状态，并保留其包装、封识、标志。

（3）应提供的单据：填写《复验申请表》；原报检所提供的证单和资料；原检验检疫机构出具的检验证书。

2. 审核（受理）

检验检疫机构或者国家质检总局自收到复验申请之日起 15 日内，对复验申请进行审查并作出如下处理。

（1）复验申请符合本办法规定的，予以受理，并向申请人出具《复验申请受理通知书》。

（2）复验申请内容不全或者随附证单资料不全的，向申请人出具《复验申请材料补正告知书》，限期补正。逾期不补正的，视为撤销申请。

（3）复验申请不符合本办法规定的，不予受理，并出具《复验申请不予受理通知书》，书面通知申请人并告之理由。

3. 实施复验

检验检疫机构或者国家质检总局受理复验后，应当在 5 日内组成复验工作组，并将工作组名单告知申请人。作出原检验结果的检验检疫机构应当向复验工作组提供原检验记录和其他有关资料。

复验申请人有义务配合复验工作组的复验工作。复验工作组应当制定复验方案并组织实施。

（1）审查复验申请人的复验申请表、有关证单及资料。经审查，若不具备复验实施条件的，可书面通知申请人暂时中止复验并说明理由。经申请人完善重新具备复验实施条件后，应当从具备条件之日起继续复验工作。

（2）审查原检验依据的标准、方法等是否正确，且应当符合相关规定。

（3）核对商品的批次、标记、编号、质量、重量、数量、包装、外观状况，按照复验方案规定取制样品。

（4）按照操作规程进行检验。

（5）审核、提出复验结果，并对原检验结果作出评定。

4. 做出复验结论

受理机构应当自收到复验申请之日起60日内作出复验结论。若技术复杂，经本机构负责人批准，可以适当延长，延长期限最多不超过30日。

（二）复验申请的费用

1. 申请复验的报检人按规定缴纳复验费用

2. 受理复验的检验检疫机构或者国家质检总局的复验结论认定属原检验的检验检疫机构责任的，复验费用由原检验检疫机构负担

复习思考题

一、单选题

1. 某企业进口一批货物（检验检疫类别为M/N），经检验检疫机构检验后发现该批货物不合格，该企业可向检验检疫机构申请签发（　　），用于对外索赔。
   A.《入境货物通关单》　　B.《入境货物调离通知单》
   C.《检验检疫证书》　　D.《入境货物处理通知书》
2. 报检单上的“报检人郑重声明”一栏应由（　　）签名。
   A. 报检单位的法定代表人　　B. 打印报检单的人员
   C. 收用货单位的法定代表人　　D. 办理报检手续的报检
3. 对于报关地与目的地不同的进境货物，应向报关地检验检疫机构申请办理（　　），向目的地检验检疫机构申请办理（　　）。
   A. 进境流向报检；异地施检报检　　B. 进境一般报检；进境流向报检
   C. 异地施检报检；进境流向报检　　D. 进境一般报检；异地施检报检
4. 新疆某外贸公司从韩国进口一批聚乙烯，拟从青岛口岸入境通关后运至陕西使用。该公司或其代理人应向（　　）的检验检疫机构申请领取《入境货物通关单》。
   A. 青岛　　B. 釜山　　C. 新疆　　D. 陕西
5. 贵州一饮料生产厂从英国进口一批设备零配件（检验检疫类别为R/），在上海入境通关后运至贵州。该公司或其代理人应向（　　）的检验检疫机构申请领取《入境货物通关单》。
   A. 贵州　　B. 上海　　C. 英国　　D. 北京

6. 贵州一饮料生产厂从英国进口一批设备零配件（检验检疫类别为 R/），在上海入境转关运至贵州。该公司或其代理人应向（　　）的检验检疫机构申请领取《入境货物通关单》。

A. 贵州　　B. 上海　　C. 英国　　D. 北京

7. 安徽某企业进口一套生产设备（检验检疫类别为 M/），进境口岸为厦门。在办理该批货物检验检疫业务的过程中，按取得证单的先后顺序，以下排列正确的是（　　）。

A.《价值鉴定证书》《入境货物通关单》

B.《入境货物检验检疫证明》《入境货物调离通知单》

C.《入境货物检验检疫证明》《入境货物通关单》

D.《入境货物调离通知单》《入境货物检验检疫证明》

8. 贵州一饮料生产厂从英国进口一批设备零配件（检验检疫类别为 R/），在上海入境，在上海口岸卸货时发现部分包装破损，该饮料厂应向（　　）检验检疫机构报检，申请残损鉴定。

A. 上海　　B. 贵州　　C. 上海和贵州　　D. 上海或贵州

9. 厦门一公司从德国进口一批货物，运抵我国香港后拟经深圳口岸入境并转关至东莞，该公司应向（　　）检验检疫局办理报检手续。

A. 厦门　　B. 深圳　　C. 广东　　D. 东莞

10. 出境动物产品应在出境前（　）日报检。

A. 5　　B. 7　　C. 10　　D. 15

11. 大宗散装商品、易腐烂变质商品入境，因为数量难以控制，必须在（　　）进行检验。

A. 卸货口岸或到达站　　B. 使用地

C. 销售地　　D. 生产地

12. 出境货物报检一般应提供的单证为（　　）和包装性能单。

A. 外贸发票、装箱单

B. 厂检单、外贸发票、信用证

C. 外贸合同、发票、装箱单、厂检单

D. 以上都不对

13. 报检人凭检验检疫机构签发的《出境货物换证凭单》，（　　）。

A. 可直接报关、通关

B. 须在口岸检验检疫机构换领品质证书后，方可通关

C. 须在口岸检验检疫机构换取通关单后，方可通关

D. 在《出境货物换证凭单》上盖章验放

14. 我国某公司与美国某公司签订外贸合同，进口一台原产于日本的炼焦炉（检验检疫类别为 M/），货物自美国运至我国青岛口岸后再运至郑州使用。报检时，《入境货物报检单》中的贸易国别、原产国、启运国家和目的地应分别填写（　　）。

A. 美国　日本　美国　郑州　　B. 日本　美国　美国　郑州

C. 日本　美国　日本　青岛　　D. 美国　日本　日本　青岛

15. 属法定检验检疫的出境货物，需要在口岸换证放行的，由（　　）检验检疫机构按

照规定签发《出境货物换证凭单》。

A. 到达站　B. 口岸　C. 产地　D. 报关地

16. 报检人对检验检疫机构的检验结果有异议的，可以向作出检验检疫结果的原检验检疫机构或者（　　）申请复验。

A. 同级检验检疫机构

B. 当地检验检疫机构

C. 上级检验检疫机构以至国家质检总局

D. 都可以

17. 入境货物检验检疫的一般工作程序是（　　）。

A. 报检后先放行通关，再进行检验检疫

B. 报检后先检验检疫，再放行通关

C. 首先向卸货口岸检验检疫机构报检

D. 在到达站先进行卫生除害处理

18. 检验检疫机构对预检合格的出境货物签发（　　），对预检不合格的出境货物签发（　　）。

A. 《出境货物换证凭单》《检验检疫处理通知书》

B. 《出境货物换证凭单》《出境货物不合格通知单》

C. 《出境货物通关单》《检验检疫处理通知书》

D. 《出境货物通关单》《出境货物不合格通知单》

19. 需隔离检疫的出境动物，应在出境前（　　）预报，隔离前（　　）报检。

A. 60 天、10 天　B. 60 天、7 天

C. 30 天、10 天　D. 30 天、7 天

20. 办理出境货物报检手续，以下单据中无须提供的是（　　）。

A. 外贸合同　B. 发票　C. 提（运）单　D. 装箱单

21. 报检后（　　）内未联系检验检疫事宜的，检验检疫机构视为自动撤销报检。

A. 10 天　B. 20 天　C. 30 天　D. 3 个月

22. 某公司在出口一批保鲜大蒜（检验检疫类别为 P. R. /Q. S），经检验检疫合格后于 2008 年 3 月 1 日领取了《出境货物通关单》。以下情况中，无须重新报检的是（　　）。

A. 将货物包装由小纸箱更换大纸箱

B. 将货物进行重新拼装

C. 变更输入国家，两国的检验检疫要求相同

D. 于 2008 年 5 月 1 日报关出口该批货物

23. 《入境货物报检单》的“报检日期”一栏应填写（　　）。

A. 出境货物检验检疫完毕的日期

B. 检验检疫机构实际受理报检的日期

C. 出境货物的发货日期

D. 报检单的填制日期

24. 某公司进口一批已使用过的制衣设备，合同的品名是电动缝纫机，入境货物报检单的“货物名称”一栏应填写（　　）。

A. 电动缝纫机　　B. 制衣设备
C. 电动缝纫机（旧）　　D. 制衣设备（旧）

25. 在填制《入境货物报检单》时，不能在“贸易方式”一栏中填写的是（　　）。
A. 来料加工　　B. 无偿援助
C. 观赏或演艺　　D. 外商投资

26. 我国某企业向国外某公司购买一批原料，加工为成品后全部返销国外，在办理进口报检手续时，《进境货物报检单》的“贸易方式”一栏应填写（　　）。
A. 一般贸易　　B. 外商投资　　C. 进料加工　　D. 来料加工

二、多选题

1. 以下所列属于出境货物报检范围的有（　　）。
A. 《出入境检验检疫机构实施检验检疫的进出境商品目录》内的商品
B. 出境动植物、动植物产品和其他检疫物
C. 对外贸易合同约定须凭检验检疫机构签发的证书进行结算的出境货物
D. 有关国际条约规定必须经检验检疫机构实施检验检疫的出境货物

2. 以下进口商品，根据新《中华人民共和国进出口商品检验法实施条例》规定，应在卸货口岸或国家质检总局指定地点检验的有（　　）。
A. 大宗散装商品　　B. 易腐烂变质商品
C. 废旧物品　　D. 已发生残损、短缺的商品

3. 因合同条款变更，报检人对已签发的证单提出更改申请时，应提供的材料有（　　）。
A. 《更改申请单》　　B. 在指定报纸上的原证单作废声明
C. 变更后的合同　　D. 原签发证单

4. 某企业对某直属检验检疫局下属分支检验检疫局的出口货物检验结果有异议，企业可向（　　）申请复验。
A. 国家质检总局　　B. 该直属检验检疫局
C. 该分支检验检疫局　　D. 企业所在地人民法院

5. 以下不能申请免验的货物有（　　）。
A. 出境旅客在免税店购买的物品
B. 出入境口岸的展品、样品
C. 涉及安全、卫生的出入境粮油食品
D. 入境商品质量许可证的货物

6. 报检人申请复验应当保持原报检商品的（　　）完好，并保证其质量、重量、数量符合检验或复验时的状态。
A. 包装　　B. 封识　　C. 标志　　D. 以上都是

7. 报检人申请更改证单时，应提交（　　），经审核同意后方可办理更改手续。
A. 《更改申请单》　　B. 原发证单
C. 有关函电　　D. 以上都要

8. 下列哪种情况需要重新报检（　　）。
A. 超过检验检疫有效期的
B. 变更输入国家或地区，并有不同检验检疫要求的

C. 改换包装或重新拼装的

D. 已撤销报检的

9. 申请出口预检报检的范围是（　　）。

A. 整批出口货物尚不具备出运条件的

B. 整批出口货物尚已具备出运条件的

C. 分批出口的货物

D. 尚未签订贸易合同，报检人需预先了解货物的品质情况的

三、判断题

1. 凡国际条约、公约或协定规定须经我国检验检疫机构实施检验检疫的出入境货物，报检人须向检验检疫机构报检。（　　）

2. 产地与报关地不一致的出境货物（该货物不实行直通放行），在向报关地检验检疫机构申请《出境货物通关单》时，应提交产地检验检疫机构签发的《出境货物换证凭单》或《出境货物换证凭条》。（　　）

3. 广西某生产企业出口一批货物（检验检疫类别为P/Q，该货物不实行直通放行），拟从广州口岸报关出口，该企业向广西检验检疫机构报检时，应申请签发“货物调离通知单”。（　　）

4. 经检验检疫合格的出境货物，应当在《出境货物通关单》规定的期限内报运出口，超过期限的，应重新报检。（　　）

5. 出口货物报检后，变更输入国家或地区，应重新办理报检手续。（　　）

6. 《入境货物报检单》的编号由报检员填写。（　　）

7. 报检日期是指报检员申请报检的日期。（　　）

8. 《入境货物报检单》上的报检日期由报检员填写。（　　）

9. 《出境货物报检单》的“货物名称”一栏应填写货物HS编码对应的商品名称。（　　）

10. 《入境货物报检单》的“货物总值”一栏应填写换算成美元后的货值。（　　）

11. 《入境货物报检单》的“贸易国别（地区）”必须与“启运国家（地区）”一致。（　　）

12. 《入境货物报检单》的“索赔有效期至”一栏只有在货物出现残损、短少等情况时才需填写。（　　）

13. 《入境货物报检单》的“随附单据”一栏由检验检疫机构工作人员根据报检人提供的单据种类填写。（　　）

14. 填写报检单时，报检单位应加盖单位公章，所列各项内容必须填写完整、清晰，不得涂改。“标记及号码”一栏应填写实际货物运输包装上的标记，如果无标记，应填写“N/M”。（　　）

15. 报检人对检验检疫机构作出的检验结果有异议的，可以向作出检验检疫结果的检验检疫机构或者上级检验检疫机构申请复验，但如已向法院起诉，法院已经受理的，不得申请复验。（　　）

16. 粮油食品、玩具、化妆品和电器等进出口商品不能申请免验。（　　）

17. 报检人申请复验，应当在收到检验检疫机构检验结果之日起20天内提出。（　　）

18. 经产地检验检疫机构出具换证凭单的出口食品，口岸检验检疫机构查验时，如发现换证凭单已过了有效期，或货证不符时，必须重新报检和检验。（　）

19. 已办理检验检疫手续的出口货物，因故需变更输入国家或地区，并又有不同检验检疫要求的，无需重新报检。（　）

20. 检验检疫机构依法对出入境人员、货物、运输工具、集装箱及其他应检物实施检验、检疫、鉴定、认证、监督管理等，按出入境检验检疫计收费管理办法及标准收费，其他单位、部门和个人不得收取出入境检验检疫费。（　）

21. 经检验检疫机构预检的出口货物，可直接向口岸检验检疫机构办理换证放行手续，无须提供任何单证。（　）

项目五

出入境动植物及动植物产品的报检与管理

学习目标

了解并掌握进境动植物检疫审批管理规定，进出境动物及动物产品的报检与管理，进出境植物及植物产品的报检与管理。

技能目标

通过学习，能够知道并办理进境动植物检疫审批的工作，办理进出境动植物及动植物产品报检的工作。

任务一　进境动植物检疫审批

案例导入

2016年1月，山东济南检验检疫局与济南机场海关在对一名从我国香港地区入境旅客携带的行李进行过机联合查验时，查获大量燕窝制品，净重达8公斤，分装于40个塑料盒内，货值逾20万元。

由于该批燕窝未经申报、无检疫审批手续，做截留退运处理。根据《中华人民共和国禁止携带、邮寄进境的动植物及其产品名录》规定，燕窝（冰糖燕窝除外）属于禽类产品，未经检验检疫，禁止旅客携带入境。

请问，该旅客的上述行为违反了检验检疫法律法规的什么规定？山东济南检验检疫局应依据何种行政法规对其予以行政处罚？

一、进境动植物检疫审批范围

（一）检疫审批

检疫审批是指国家质检总局及其设在各地的检验检疫机构（或其他审批机构）根据货

主或其代理人的申请，依据国家有关法律、法规的规定，对申请人从国外引进动植物、动植物产品或在中国境内运输过境动物的要求进行检疫审批。

为进一步加强对进境动植物检疫审批的管理工作，防止动物传染病、寄生虫病和植物危险性病虫杂草以及其他有害生物的传入，根据《中华人民共和国进出境动植物检疫法》（以下简称《进出境动植物检疫法》）及其实施条例的有关规定，制定了适用于对《中华人民共和国进出境动植物检疫法》及其实施条例以及国家有关规定需要审批的进境动物（含过境动物）、动植物产品和需要特许审批的禁止进境物的检疫审批制度。

国家质量监督检验检疫总局（以下简称国家质检总局）根据法律法规的有关规定以及国务院有关部门发布的禁止进境物名录，制定、调整并发布需要检疫审批的动植物及其产品名录。由国家质检总局统一管理进境动植物检疫审批工作。国家质检总局或者国家质检总局授权的其他审批机构（国家质检总局可以授权直属出入境检验检疫局对其所辖地区进境动植物检疫审批申请进行审批）负责签发《中华人民共和国进境动植物检疫许可证》（以下简称《检疫许可证》）和《中华人民共和国进境动植物检疫许可证申请未获批准通知单》（以下简称《检疫许可证申请未获批准通知单》）。各直属出入境检验检疫机构（以下简称初审机构）负责所辖地区进境动植物检疫审批申请的初审工作。

（二）检疫审批范围及主管部门

1．检验检疫机关审批范围

（1）动物检疫审批。

①动物：活动物（指饲养、野生的活动物如畜、禽、兽、蛇、龟、虾、蟹、贝、鱼、蚕、蜂等）；动物繁殖材料：胚胎、精液、受精卵、种蛋及其他动物遗传物质；

②食用性动物产品（动物源性食品）：动物肉类及其产品（含脏器）、鲜蛋、鲜奶、动物源性中药材、特殊营养食品（如燕窝）、动物源性化妆品原料。不包括水产品、蜂产品、蛋制品（鲜蛋除外）、奶制品（鲜奶除外）、熟制肉类产品（如香肠、火腿、肉类罐头、食用高温炼制动物油脂）；

③非食用性动物产品：原毛（包括羽毛），原皮，生的骨、角、蹄，明胶，蚕茧，动物源性饲料及饲料添加剂，鱼粉、肉粉、骨粉、肉骨粉、油脂、血粉、血液等，含有动物成分的有机肥料。

（2）植物检疫审批。

①果蔬类：新鲜水果、番茄、茄子、辣椒果实。

②烟草类：烟叶及烟草薄片。

③粮谷类：小麦、玉米、稻谷、大麦、黑麦、高粱等。（不包括粮食加工品，如大米、面粉、米粉、淀粉等）。

④豆类：大豆、绿豆、豌豆、赤豆、蚕豆、鹰嘴豆等。

⑤薯类：马铃薯、木薯、甘薯等。（不包括薯类加工品，如马铃薯细粉等）

⑥饲料类：麦麸、豆饼、豆粕等。

⑦植物繁殖材料：植物种子、种苗及其他繁殖材料。

一般植物种子、苗木及其他植物繁殖材料：进境前须办理《引进种子、苗木检疫审批单》（农业种苗由农业检疫部门负责，如农业厅植保植检站）或《引进林木种子、苗木及其他植物繁殖材料检疫审批单》（林业种苗由林业检疫部门负责，如林业厅森林防护站）

玉米种子、大豆种子、种用马铃薯、榆属、松属、橡胶属、烟属等的苗及其他繁殖材料（包括试管苗等）：由国家质检总局负责，进境前须办理特许审批，具体见“特许审批”。

⑧植物栽培介质：除土壤外的所有由一种或几种混合的具有储存养分、保存水分、透气良好和固定植物等作用的人工或天然固体物质组成的栽培介质。

（3）特许审批。

①动植物病原体（包括菌种、毒种等）、害虫及其他有害生物。

②动植物疫情流行的国家和地区的有关动植物、动植物产品和其他检疫物。

③动物尸体。

④土壤。

植物检疫特殊审批名录按《中华人民共和国进境植物检疫禁止进境物名录》执行。

（4）过境检疫审批。

过境动物和农业转基因产品。

2. 农业或林业行政主管部门审批范围

农业或林业行政主管部门根据职能分工负责非禁止进境的种子、苗木的检疫审批。

二、进境动植物检疫审批办理程序

（一）申请

1. 申请单位

申请办理检疫审批手续的单位（以下简称申请单位）应当是具有独立法人资格并直接对外签订贸易合同或者协议的单位。

过境动物的申请单位应当是具有独立法人资格并直接对外签订贸易合同或者协议的单位或者其代理人。

2. 申请时限

申请单位应当在签订贸易合同或者协议前，向审批机构提出申请并取得《检疫许可证》。

过境动物在过境前，申请单位应当向国家质检总局提出申请并取得《检疫许可证》。

3. 申请提交材料

申请单位应当按照规定如实填写并提交《中华人民共和国进境动植物检疫许可证申请表》（以下简称《检疫许可证申请表》），如表5-1所示，需要初审的，由进境口岸初审机构进行初审；加工、使用地不在进境口岸初审机构所辖地区内的货物，必要时还需由使用地初审机构初审。

申请单位应当向初审机构提供下列材料：

（1）申请单位的法人资格证明文件（复印件）；

（2）输入动物需要在临时隔离场检疫的，应当填写《进境动物临时隔离检疫场许可证申请表》；

（3）输入动物肉类、脏器、肠衣、原毛（含羽毛）、原皮、生的骨、角、蹄、蚕茧和水产品等由国家质检总局公布的定点企业生产、加工、存放的，申请单位需提供与定点企业签订的生产、加工、存放的合同；

（4）按照规定可以核销的进境动植物产品，同一申请单位第二次申请时，应当按照有关规定附上一次《检疫许可证》（含核销表）；

（5）办理动物过境的，应当说明过境路线，并提供输出国家或者地区官方检疫部门出具的动物卫生证书（复印件）和输入国家或者地区官方检疫部门出具的准许动物进境的证明文件；

（6）因科学研究等特殊需要，引进《进出境动植物检疫法》第五条第一款所列禁止进境物的，必须提交书面申请，说明其数量、用途、引进方式、进境后的防疫措施、科学研究的立项报告及相关主管部门的批准立项证明文件；

（7）需要提供的其他材料。

表 5－1　中华人民共和国进境动植物检疫许可证申请表

一、申请单位＿＿＿＿＿＿＿＿＿＿＿＿＿＿＿编号：＿＿＿＿＿＿＿＿＿＿＿＿＿＿＿

名称：			本表填内容真实；保证严格遵守进出境动植物检疫的有关规定，特此声明。
地址：			
邮编：	法人代码：	联系人：	
电话：	传真：		签字盖章： 申请日期：　年　月　日

二、进境后的生产、加工、使用、存放单位

名称及地址	联系人	电　话	传　真

三、进境检疫物

名　称	品　种	数量/重量	产　地	境外生产、加工、存放单位	是否转基因产品
输出国家或地区：			进境日期：		出境日期：
进境口岸：				结关地：	
目的地：			用途：		出境口岸：
运输路线及方式：					
进境后的隔离检疫场所：					

四、审批意见（以下由出入境检验检疫机关填写）

初审机关意见： 签字盖章： 日期：　年　月　日	审批机关意见： 签字盖章： 日期：　年　月　日

（二）审核批准

1. 初审内容

初审机构对申请单位检疫审批申请进行初审的内容包括：

（1）申请单位提交的材料是否齐全，是否符合有关的规定；

（2）输出和途经国家或者地区有无相关的动植物疫情；

（3）是否符合中国有关动植物检疫法律法规和部门规章的规定；

（4）是否符合中国与输出国家或者地区签订的双边检疫协定（包括检疫协议、议定书、备忘录等）；

（5）进境后需要对生产、加工过程实施检疫监督的动植物及其产品，审查其运输、生产、加工、存放及处理等环节是否符合检疫防疫及监管条件，根据生产、加工企业的加工能力核定其进境数量；

（6）可以核销的进境动植物产品，应当按照有关规定审核其上一次审批的《检疫许可证》的使用、核销情况。

2. 初审决定

初审合格的，由初审机构签署初审意见。同时对考核合格的动物临时隔离检疫场出具《进境动物临时隔离检疫场许可证》。对需要实施检疫监管的进境动植物产品，必要时出具对其生产加工存放单位的考核报告。由初审机构将所有材料上报国家质检总局审核。

初审不合格的，将申请材料退回申请单位。

国家质检总局或者初审机构认为必要时，可以组织有关专家对申请进境的产品进行风险分析，申请单位有义务提供有关资料和样品进行检测。

3. 终审决定

国家质检总局根据审核情况，自初审机构受理申请之日起20日内签发《检疫许可证》（以下简称《许可证》）（如表5－2所示）或者《检疫许可证申请未获批准通知单》。20日内不能做出许可决定的，经国家质检总局负责人批准，可以延长10日，并应当将延长期限的理由告知申请单位。

同一申请单位对同一品种、同一输出国家或者地区、同一加工、使用单位一次只能办理1份《检疫许可证》。

表5－2 中华人民共和国进境动植物检疫许可证

<table>
<tr><td rowspan="3">申请单位</td><td colspan="4">名称：</td><td>法人代码：</td></tr>
<tr><td colspan="4">地址：</td><td>邮政编码：</td></tr>
<tr><td colspan="4">联系人：</td><td>传真：</td></tr>
<tr><td rowspan="8">进境检疫物</td><td>名称</td><td>品种</td><td>数量/重量</td><td>产地</td><td>境外生产、加工、存放单位</td></tr>
<tr><td></td><td></td><td></td><td></td><td></td></tr>
<tr><td colspan="2">输出国家或地区：</td><td colspan="2">进境日期：</td><td>出境日期：</td></tr>
<tr><td colspan="3">进境口岸：</td><td colspan="2">结关地：</td></tr>
<tr><td colspan="2">目的地：</td><td colspan="2">用途：</td><td>出境口岸：</td></tr>
<tr><td colspan="5">运输路线及方式：</td></tr>
<tr><td colspan="5">进境后的生产、加工、存放单位：</td></tr>
<tr><td colspan="5">进境后的隔离检疫场所：</td></tr>
</table>

续表

检疫要求	签字盖章： 签发日期：
有效期：	
备注：	

三、许可单证的管理和使用

（1）《检疫许可证》的有效期分别为3个月或者一次有效。除对活动物签发的《检疫许可证》外，不得跨年度使用。

（2）按照规定可以核销的进境动植物产品，在许可数量范围内分批进口、多次报检使用《检疫许可证》的，进境口岸检验检疫机构应当在《检疫许可证》所附检疫物进境核销表中进行核销登记。

（3）有下列情况之一的，申请单位应当重新申请办理《检疫许可证》：

①变更进境检疫物的品种或者超过许可数量百分之五以上的；

②变更输出国家或者地区的；

③变更进境口岸、指运地或者运输路线的。

（4）有下列情况之一的，《检疫许可证》失效、废止或者终止使用：

①《检疫许可证》有效期届满未延续的，国家质检总局应当依法办理注销手续；

②在许可范围内，分批进口、多次报检使用的，许可数量全部核销完毕的，国家质检总局应当依法办理注销手续；

③国家依法发布禁止有关检疫物进境的公告或者禁令后，国家质检总局可以撤回已签发的《检疫许可证》；

④申请单位违反检疫审批的有关规定，国家质检总局可以撤销已签发的《检疫许可证》。

（5）申请单位取得许可证后，不得买卖或者转让。

口岸检验检疫机构在受理报检时，必须审核许可证的申请单位与《检验检疫证书》上的收货人、贸易合同的签约方是否一致，不一致的，不得受理报检。

四、实例许可流程

事项名称：进境（含过境）动植物及动植物产品（食品类）检疫审批。

（一）申请

1. 网上申请

除特许审批物外，均可采用网上申请形式，通过电子密钥登录中国电子检验检疫业务网（http://capq.eciq.cn）进行申请，在网上填写并提交《进境动植物检疫许可证申请表》，并在7个工作日内提交随附材料。

2. 书面申请

特许审批物均采用书面申请形式，不接受网上申请。申请单位应填写并提交纸质《进境动植物检疫许可证申请表》，并在5个工作日内提交随附材料。

（二）受理

网上申请完成并提交有关随附材料后，初审机关开始受理申请，自受理之日起5个工作日内（生产、加工、存储、隔离场所考核的时间不包括在此时限内）做出初审决定。采取书面形式申请时，审核合格后，将连同所有随附材料一并交国家质检总局终审。采取网上形式申请时，初审合格后通过网上递交国家质检总局终审；网上申请初审不合格的，将在网上否决申请。

（三）审批（终审）

国家质检总局动植司根据国外动植物疫情、法律法规、公告禁令、预警通报、风险评估报告、安全评价报告等，对直属检验检疫局提交的申请进行审核，自受理之日起20个工作日内作出许可或不予许可的决定，并签发《许可证》或《未获准通知书》。

（四）出证

以网上形式申请的，申请单位在网上查看到“已出证”信息后，在规定时间内到所属直属局领取《许可证》。

以书面形式申请的，国家质检总局直接将《许可证》寄给相关单位。

进境（过境）动植物及其产品检疫审批工作流程如图5-1所示。

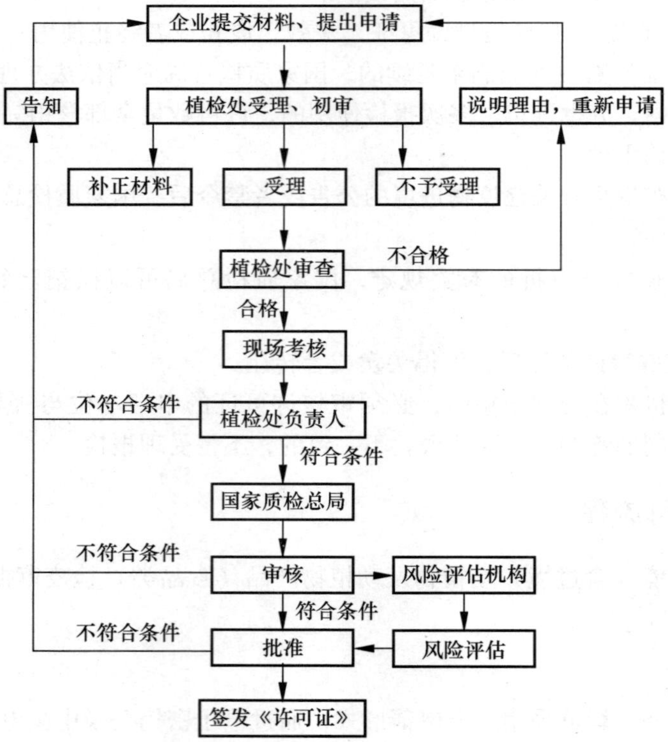

图5-1 进境（过境）动植物及其产品检验审批工作流程图

任务二　进出境动物及动物产品的报检与管理

案例导入　**山东蓬莱检验检疫局退运大批量不合格进口冷冻白虾**

2015 年，蓬莱检验检疫局退运了一批重 19.4 吨，货值 7.7 万美元的进口厄瓜多尔冷冻去头白虾。该批进口冷冻去头白虾经山东蓬莱检验检疫局检验，其二氧化硫检测结果为 331 mg/kg，超出我国小于 100 mg/kg 的要求。依据相关法律法规，蓬莱检验检疫局对该批货物作出退运处理的决定。

上述产品中的二氧化硫超标是由于非法添加亚硫酸盐所致，亚硫酸盐的主要作用是保鲜、防腐，防止虾头黑变，保持颜色鲜亮。我国国家强制标准中明确要求亚硫酸盐不得在水产品中添加，其分解产生的二氧化硫对人的消化道和肺部都有刺激作用，一旦吸收进入血液，对全身可产生毒副作用，对肝脏也有一定的损害，长期食用添加亚硫酸盐的食品，会严重危害人的身体健康。

动物检疫的目的和任务：一是保护农、林、渔业生产。采取一切有效措施免受国内外重大疫情危害，是每个国家动物检疫部门的重要任务；二是促进经济贸易的发展。优质的动物及产品是国际间动物及动物产品贸易成交的关键，动物检疫工作不可或缺；三是保护人民身体健康。动物及动物产品与人的生活密切相关，许多疫病是人畜共患。据不完全统计，目前动物疫病中，人畜共患传染病已达 196 种，动物检疫对保护人民身体健康具有非常重要的现实意义。

一、进境动物及动物产品的报检与管理

（一）进境动物及动物产品报检范围

入境的动物、动物产品及其他检疫物。

（1）“动物”是指饲养、野生的活动物。

（2）“动物产品”是指来源于动物未经加工或者虽经加工但仍有可能传播疫病的产品。

（3）“其他检疫物”是指动物疫苗、血清、诊断液、动植物性废弃物等。

（二）进境动物及动物产品报检前审批

由于输出动物及其产品的国家和地区的动物疫情比较复杂，在引进动物及产品的同时，不可避免伴随着动物疫情的风险，所以需事先进行风险分析，根据不同的情况决定是否准许进口经输出国检疫合格的产品，以保护我国人民生命和畜牧业的安全。因此，在与进口商签订动物、动物产品的进口合同时应注意：

（1）在签订外贸进口合同前应到检验检疫机构办理检疫审批手续，取得准许入境的《进境动植物检疫许可证》后再签外贸合同。

（2）在合同或者协议中订明中国法定的检疫要求，并订明必须附有输出国家或者地区政府动植物检疫机关出具的检疫证书。

（3）我国规定的禁止或限制入境的动植物、动植物产品及其他检疫物等，还需持特许审批单报检。

（4）输入动物产品如用于加工的，货主或者代理人需申请办理注册登记。经出入境检

验检疫机构检查考核其用于生产、加工、存放的场地，符合规定防疫条件的发给注册登记证，货主或者代理人应向检验检疫机构提出申请办理检疫审批手续。

（5）输入活动物的，国家质检总局根据输入数量、输出国家的情况和这些国家与我国签订的动物卫生检疫议定书的要求确定是否需要进行境外产地检验。需要进行境外检疫的要在进口合同中加以明确。国家质检总局派出的兽医与输出国的官方兽医共同制订检疫计划，挑选动物，进行农场检疫、隔离检疫和安排动物运输环节的防疫等。

（6）输入我国的水生动物，必须来自输出国家或地区官方注册的养殖场。水生动物输往我国之前，必须在输出国家或地区官方机构认可的场地进行不少于 14 天的隔离养殖。

（7）进口种用/观赏水生动物、种畜禽以及国家质检总局批准进境的其他动物，须在临时隔离场实施隔离检疫的，申请单位应在办理检疫审批初审前，向检验检疫机构申请《进境动物临时隔离检疫场许可证》。

（8）输入动物遗传物质（指哺乳动物精液、胚胎和卵细胞）的，输出国家或地区的国外生产单位须经检验检疫机构注册登记。输入动物遗传物质的使用单位应当到所在地直属检验检疫局备案。

（三）进境动物及动物产品报检时间、地点及单证

1. 报检时间

货主或者代理人应在货物入境前或入境时向口岸检验检疫机构报检，约定检疫时间。

（1）输入种畜、禽及其精液、胚胎的，应在入境 30 日前报检。

（2）输入其他动物的，应在入境 15 日前报检。

（3）输入上述以外的动物产品在入境时报检。

2. 报检地点

货主或者代理人应在检疫审批单规定的地点向口岸检验检疫机构报检。在检疫审批单中对检疫地点规定的一般原则为：

（1）输入动物、动物产品和其他检疫物，向入境口岸检验检疫机构报检，由口岸检验检疫机构实施检疫。

（2）入境后需办理转关手续的检疫物，除活动物和来自动植物疫情流行国家或地区的检疫物由入境口岸检疫外，其他均在指运地检验检疫机构报检并实施检疫。

（3）涉及品质检验且在目的港或到达站卸货时没有发现残损的，可在合同约定的目的地向检验检疫机构报检并实施检验。

3. 报检时应提供的单据

货主或其代理人在办理进境动物、动物产品及其他检疫物报检手续时，除填写《入境货物报检单》外，还需按检疫要求出具下列有关证单：

（1）外贸合同、发票、装箱单、海运提单或空运/铁路运单、原产地证等。

（2）输出国家或地区官方出具的检疫证书（正本）。

（3）输入动物、动物产品的需提供《中华人民共和国进境动植物检疫许可证》，分批进口的还需提供许可证复印件进行核销。

（4）输入活动物应提供隔离场审批证明。

（5）输入动物产品的应提供加工厂注册登记证书。

（6）以一般贸易方式进境的肉鸡产品，报检时需提供由商务部门签发的《自动登记进

口证明》；外商投资企业进境的肉鸡产品，需提供商务主管部门或省级外资管理部门签发的《外商投资企业特定商品进口登记证明》复印件。

（7）以加工贸易方式进境的肉鸡产品，应提供由商务部门签发的《加工贸易业务批准证》。

（8）输入国家（地区）规定禁止或限制入境的动物产品，须持有特许审批单报检。

（四）进境动物检验检疫程序

1. 检疫审批

输入动物应在签订贸易合同之前，进口商应先向检验检疫机构办理检疫审批手续。申领动物进境检疫许可证。

2. 报检

货主或其代理人在动物抵达口岸前，须按规定向口岸检验检疫机关报检。报检时，货主或其代理人须出具动物进境检疫许可证等有关文件，并如实填写报检单。

3. 现场检验检疫

输入动物抵达入境口岸时，检验检疫人员须登机、登轮、登车进行现场检疫。现场检验检疫的主要工作是查验出口国政府动物检疫或兽医主管部门出具的动物检疫证书等有关单证；对动物进行临床检查；对运输工具和动物污染的场地进行防疫消毒处理。对现场检验检疫合格的，口岸检验检疫机关出具相关单证，将进境动物调离到口岸检验检疫机关指定的场所做进一步全面的隔离检疫。

4. 隔离检疫

进境动物必须在入境口岸进行隔离检疫。隔离期间每天观察动物健康状况，做好记录，日常监督防疫消毒，采样送样进行实验室检验。

知识拓展

根据《进境动物隔离检疫场使用监督管理办法》规定，使用国家隔离场，应当经国家质检总局批准。使用指定隔离场，应当经所在地直属检验检疫局批准。进境种用大中动物应当在国家隔离场隔离检疫，当国家隔离场不能满足需求，需要在指定隔离场隔离检疫时，应当报经国家质检总局批准。进境种用大中动物之外的其他动物应当在国家隔离场或者指定隔离场隔离检疫。进境种用大中动物隔离检疫期为 45 天，其他动物隔离检疫期为 30 天。需要延长或者缩短隔离检疫期的，应当报国家质检总局批准。

5. 检疫出证与放行处理

根据现场检疫、隔离检疫和实验室检验的结果进行综合评定，得出正确的检疫结果。经检疫未发现应检疫病的，签发《入境货物检验检疫证明》，并作放行处理；发现应检疫病的，出具《动物检疫证书》，需作检疫处理的，同时签发《检验检疫处理通知书》，在检验检疫机构监督下，作退回、销毁处理。

知识拓展

检出农业部颁布的《中华人民共和国进境动物一、二类传染病、寄生虫病名录》中一类病的，全群动物禁止入境，作退回或销毁处理；检出《中华人民共和国进境动物一、二类传染病、寄生虫病名录》中二类病的阳性动物禁止入境，作退回或销毁处理，同群的其他动物放行，并进行隔离观察；检疫中发现有检疫名录以外的传染病、寄生虫病，但国务院农业行政主管部门另有规定的，按规定作退回或销毁处理。

二、出境动物及动物产品的报检与管理

我国是一个农业大国，畜牧、水产等养殖业在我国农业生产总值中占有举足轻重的地位，动物及动物产品的对外贸易情况直接影响着我国养殖业的发展。因此，做好出境动物及动物产品的检验检疫工作，是维护我国出口动物及动物产品质量的需要，也是推动我国农业发展的需要。

（一）出境动物及动物产品报检范围

根据《中华人民共和国进出境动植物检疫法》的规定，对出境动物、动物产品和其他检疫物实施检疫。

“动物”是指饲养、野生的活动物，如畜、禽、蛇、龟、鱼、虾、蟹、贝、蚕、蜂等。“动物产品”是指来源于动物未经加工或者虽经加工但仍有可能传播疫病的动物产品，如生毛皮、毛类、肉类、脏器、油脂、动物水产品、奶制品、蛋类、血液、精液、胚胎、骨、蹄、角等。“其他检疫物”是指动物疫苗、血清、诊断液、动物废弃物等。

（二）出境动物及动物产品企业注册登记制度

1. 生产企业注册登记

国家对生产出境动物产品的企业（包括加工厂、屠宰厂、冷库、仓库）实施卫生注册登记制度。货主或其代理人向检验检疫机构报检的出境动物产品，必须产自经注册登记的生产企业并存放于经注册登记的冷库或仓库。

2. 养殖场、中转场注册登记

为了规范出境水生动物检验检疫工作，提高出境水生动物安全卫生质量，国家质检总局对出境水生动物养殖场、中转场实施注册登记制度。除捕捞后直接出口的野生捕捞水生动物外，出境水生动物必须来自注册登记养殖场或者中转场。注册登记养殖场、中转场应当保证其出境水生动物符合进口国、地区的标准或者合同要求，并向出口商出具《出境水生动物供货证明》。中转场需凭注册登记养殖场出具的《出境水生动物供货证明》接收水生动物。

（三）出境动物及动物产品报检时间及单证

1. 报检的时间和地点

（1）需隔离检疫的出境动物，货主或其代理人应在出境前60天向启运地检验检疫机构预报检，隔离前7天正式向启运地检验检疫机构报检。

（2）出境观赏动物（观赏鱼除外），应在动物出境前30天到出境口岸检验检疫机构报检。

（3）出境野生捕捞水生动物的货主或其代理人应在水生动物出境3天前向出境口岸检验检疫机构报检。

（4）出境养殖水生动物（包括观赏鱼），货主或其代理人应在水生动物出境7天前向注册登记养殖场、中转场所在地检验检疫机构报检。

（5）出境动物产品，应在出境前7天报检；需作熏蒸消毒处理的，应在出境前15天

报检。

2. 报检应提供的单据

除按规定填写《出境货物报检单》，并提供合同或销售确认书或信用证（以信用证方式结汇时提供）、发票、装箱单等相关外贸单据外，报检以下出境动物及动物产品还应提供相应单证。

（1）输出观赏动物的，应提供贸易合同或展出合约、产地检疫证书。

（2）输出国家规定的保护动物的，应有国家濒危物种进出口管理办公室出具的许可证。

（3）输出非供屠宰用的畜禽，应有农牧部门出具的品种审批单。

（4）输出实验动物，应有中国生物工程开发中心出具的审批单。

（5）实行检疫监督的输出动物，须出示生产企业的输出动物检疫许可证。

（6）出境野生捕捞水生动物的，应提供所在地县级以上渔业主管部门出具的捕捞船舶登记证和捕捞许可证，捕捞渔船与出口企业的供货协议等其他单证。

（7）出境养殖水生动物的，应提供《注册登记证》（复印件），并交验原件。

（8）出境动物产品生产企业（包括加工厂、屠宰厂、冷库、仓库）的卫生注册登记证。

（9）如果出境动物产品来源于国内某种属于国家级保护或濒危物种的动物、濒危野生动植物种国际贸易公约中的中国物种的动物，报检时必须递交国家濒危物种进出口管理办公室出具的允许出口证明书。

（四）出境动物检验检疫程序

本程序适用于出境动物（伴侣动物除外）的检验检疫和监督管理。我国与出境动物的输入国家签订的双边检疫协定（含检疫协议、备忘录等）明确动物隔离检疫要求时，或出境动物的输入国家或出境动物的贸易合同或协议中有隔离检疫要求时，按照国家质检总局发布的“进出境动物隔离检疫场的指定程序”指定出境动物的隔离检疫场。隔离检疫场的指定在出境动物报检前进行。

1. 报检

（1）需隔离检疫的出境动物，货主或其代理人在动物计划离境前60天向隔离检疫场所在地检验检疫机构预报检，在动物隔离检疫前一周报检。预报检时，货主或其代理人应提交该批输出动物的意向书、输入国的检疫要求等有关书面资料，经上一级检验检疫机构审核认可后方可签约。

（2）无隔离检疫要求的出境动物，至少在报关或装运前7天向启运地检验检疫机构报检。需要进行实验室检验且检验周期较长的出境动物，应按照留有相应的检验检疫时间的原则确定报检时间。

（3）出境动物报检时，填写《出境货物报检单》，提供贸易合同或者供货协议、动物产地县级以上动物防检疫部门出具的产地检疫证明及其他相关单证。产地检疫证明可在出境动物进入隔离场时提供。

2. 隔离检疫

（1）出境动物的隔离检疫期根据我国与动物输入国家签订的双边检疫协定，或输入国家书面要求，或贸易合同或协议确定。没有明确隔离检疫期要求的，根据输入国家提出的应检疫病或应证明卫生状况的疫病种类，或我国规定的检疫项目确定隔离检疫期，并报上一级检验检疫机构批准。

（2）隔离检疫场所在地检验检疫机构对隔离检疫场实行监督管理，定期或不定期检查隔离检疫场的动物卫生防疫制度的落实情况、动物卫生状况、饲料及药物的使用、出境动物隔离检疫场日常监管记录填写是否完整等，需要时，可派检疫人员驻场。

（3）需进行实验室检验的，按照双边检疫协定，或输入国家检疫要求，或国家标准GB/T 18088－2000采集实验室检验所需样品，填写《送样单》送检验检疫机构认可的实验室。

（4）根据需要，对检验检疫合格的动物加施检验检疫标志。

3. 不需隔离检疫的出境动物的检验检疫

报检后，货主应将出境动物集中饲养。启运地检验检疫机构对出境动物进行临床检查。根据双边检疫协定，或输入国家检疫要求，或我国有关规定进行实验室检验。

4. 实验室检验

检验检疫机构依据输入国要求或双边动物检疫协定，或贸易合同（信用证、供货协议），或我国有关规定，确定出境动物的实验室检验项目、检验方法和检疫结果。

5. 检疫出证和处理

（1）对检验检疫合格的出境动物，按照输入国要求，或双边动物检疫协定，或贸易合同（信用证、供货协议）要求出具检验检疫证书。无特定要求时，通常出具《动物卫生证书》《运输工具检疫处理证书》《出境货物通关单》或《出境货物换证凭单》。

（2）临床疑似或检出国家根据《动物防疫法》规定的一类、二类动物传染病时，按照国家有关疫情通报的要求向各有关部门报告。检出一类动物传染病时，全群动物不得出境；检出二类动物传染病或一、二类动物传染病以外的应检疫病时，按照输入国家要求，或双边动物检疫协定规定，或贸易合同（信用证、供货协议）要求，做出全群动物不得出境，或不合格动物不得出境的决定。对不得出境的动物出具《出境货物不合格通知单》。

6. 监装

对检疫合格的出境动物，检验检疫机构派员实行监装制度。监装时，监督货主或承运人对运输工具及装载器具进行消毒处理；对动物进行临床检查，临床检查应无任何传染病、寄生虫病迹象和伤残情况；核定动物数量，必要时，检查或加施检验检疫标识；必要时，对动物运输工具或装载器具加施检验检疫封识。

7. 运输监管

（1）必要时，检验检疫机构派员押运出境大中动物到离境口岸。

（2）检验检疫机构未派员押运时，检验检疫机构应告知押运员或承运人做好动物运输途中的饲养管理和防疫消毒工作，要做好押运记录。抵达离境口岸时，押运员应向离境口岸检验检疫机构提交押运记录，途中所带物品和用具应在检验检疫机构监督下进行有效消毒处理。

8. 离境查验

（1）离境申报，货主或其代理人须向离境口岸检验检疫机构申报，提供启运地检验检疫机构出具的检验检疫证明。

（2）离境查验，离境口岸检验检疫机构对动物进行临床检查，核对动物数量，核对货证是否相符，检查检验检疫标识或封识等，必要时进行复检。

（3）放行及处理，经查验或复检合格的出境动物，准予离境。经查验或复检不合格的出境动物，按照国家法律法规的规定对患病动物及其同群动物进行处理。

知识拓展

《动物防疫法》规定，动物疫病是指动物传染病、寄生虫病。根据动物疫病对养殖业生产和人体健康的危害程度，《动物防疫法》将管理的动物疫病分为下列三类：一类疫病，是指对人与动物危害严重，需要采取紧急、严厉的强制预防、控制、扑灭等措施的。包括口蹄疫、猪水泡病等17种；二类疫病，是指可能造成重大经济损失，需要采取严格控制、扑灭等措施，防止扩散的。包括狂犬病、布鲁氏菌病等77种；三类疫病，是指常见多发、可能造成重大经济损失，需要控制和净化的。包括大肠杆菌病、李氏杆菌病等63种。我国一、二、三类动物疫病名录可参见2008年12月21日颁布实施的农业部公告第1125号。

任务三　进出境植物及植物产品的报检

案例导入

2016年5月，山东威海检验检疫局在对韩国入境旅客的行李进行查验时，截获约40公斤、211棵鲜人参，价值2万余元。由于旅客未向检验检疫部门申报，无法提供相关检疫审批手续和官方检疫证书，现场检疫人员依法对该批人参作出退运处理。这是山东口岸首次截获大批非法携带入境的鲜人参。

检验检疫部门提醒入境旅客：不要盲目携带、邮寄植物种子、种苗及其繁殖材料进境，以免触犯法律法规并给个人财产造成损失。而且，由于人参是生长于地下的根茎，更容易受到线虫的侵染，未经检疫入境的人参，有可能对我国生态安全和群众健康造成威胁。

请分析检验检疫机构对进出境植物以及产品的检验检疫的管理规定。

一、进境植物及植物产品的报检

（一）报检范围

（1）“植物”是指栽培植物、野生植物及其种子、种苗及其他繁殖材料等。

（2）“植物产品”是指来源于植物未经加工或者虽经加工但仍有可能传播病虫害的产品，如粮食、豆、棉花、油、麻、烟草、籽仁、干果、鲜果、生药材、蔬菜、木材、饲料等。

（3）“其他检疫物”包括植物废弃物：垫舱木、芦苇、草帘、竹篓、麻袋、纸等废旧植物性包装物，有机肥料等。

（二）进境植物及植物产品检验检疫程序

1. 报检

货主或其代理人报检时应提供以下单证资料：

（1）入境货物报检单；贸易合同或信用证及发票；海运提单或装箱单；代理报检委托书（适用于代理报检时用）。

（2）《进境动植物检疫许可证》（适用于水果、粮食等国家质检总局规定需要审批的植物及植物产品）《引进种子、苗木审批单》或《引进林木种子苗木和其他繁殖材料检疫审批单》（适用于种子、苗木和繁殖材料）。

（3）输出国家或地区官方植物检疫证书。

（4）产地证书。

（5）品质证书（适用于粮食等）。

（6）卫生证书（适用于粮食、水果等）。

（7）农业转基因生物安全证书或进口转基因农产品临时证明（2003年9月20日前）和转基因产品标识文件（适用于转基因产品）。

（8）其他单证和资料。

2. 受理审核

（1）报检资格审查：报检人应具备报检资格。

（2）单证的完整性审核：要求上述报检资料齐全、完整和清晰。

（3）单证的有效性审核：审核上述报检资料签字、印章、有效期、签署日期和表述内容等，确认其是否真实、有效。进境动植物检疫许可证、输出国家或地区官方植物检疫证书、卫生证书必须提供原件，必要时需进行验证。

（4）单证的一致性审核：审核入境货物报检单、合同或信用证、发票、进境动植物检疫许可证或农林部门审批单（证）、输出国家或地区官方植物检疫证书等单证的内容是否一致，报检单填写是否符合规定要求。

（5）经审核符合出入境检验检疫报检规定的，接受报检。否则，不予受理报检。

3. 受理与时限规定

（1）入境清关货物，应在进境前或进境时向入境口岸检验检疫机构报检，由入境口岸检验检疫机构实施检验检疫。

入境清关货物，需调离到指运地实施检验检疫或因口岸条件限制等原因确实无法在入境口岸完成检验检疫的货物，入境口岸检验检疫机构可办理相关调离手续，并将货物流向的有关信息（通关单流向联或电子转单信息）通知指运地检验检疫机构，由指运地检验检疫机构实施检验检疫。

（2）入境转关货物，除国家质检总局特殊规定和进境动植物检疫许可证及检疫审批要求在入境口岸实施检验检疫的，应由指运地检验检疫机构受理报检并实施检验检疫。

（3）输入种子、种苗及其他繁殖材料的，应当在入境前7天报检。

4. 现场检验检疫

（1）核查货证是否相符，制定植物检验检疫方案。

（2）现场检验检疫。

① 检查运输工具及集装箱底板、内壁及货物外包装有无有害生物，发现有害生物并有扩散可能的应及时对该批货物、运输工具和装卸现场采取必要的防疫措施。

② 检查货物有无水湿、霉变、腐烂、异味、杂质、虫蛀、活虫、土壤和鼠类等。

③ 检查植物性包装材料、铺垫材料是否符合我国进境植物检疫要求。

④ 按规定抽取样品，需进行实验室检验检疫的，应填写送样单并及时将样品连同现场发现的可疑有害生物一并送实验室检验检疫。

5. 实验室检验检疫

（1）植物检疫。对送检的样品和现场发现的可疑有害生物，分别情况并按生物学特性及形态学特性，进行检疫鉴定。

（2）安全卫生检验（繁殖材料除外）。对抽取的样品按卫生标准及国家有关规定进行安全卫生项目检验。

（3）品质检验。列入《实施检验检疫的进出境商品目录》的进口植物及其产品，按照国家技术规范的强制性要求进行检验；尚未制定国家技术规范强制性要求的，可以参照国家质检总局指定的国外有关标准进行检验。未列入目录的进出口商品申请品质检验的，按合同规定的检验方法进行，合同没有规定检验方法的，按我国相关检验标准进行检验。

6. 结果评定与出证

（1）检验检疫合格的。

检验检疫结果符合要求的，出具《入境货物检验检疫证明》《卫生证书》或《检验证书》。

（2）检验检疫不合格的。

① 发现我国进境植物检疫危险性有害生物（一、二类）、潜在危险性有害生物、政府及政府主管部门间双边植物检疫协定、协议和备忘录中订明的有害生物、其他有检疫意义的有害生物的，出具《检验检疫处理通知书》；报检人要求或需对外索赔的，出具《植物检疫证书》。

② 安全卫生检验不合格的，出具《卫生证书》。

③ 品质检验不合格的，出具《检验证书》。

（3）有分港卸货的，先期卸货港检验检疫机构只对本港所卸货物进行检验检疫，并将检验检疫结果以书面形式及时通知下一卸货港所在地检验检疫机构，需统一对外出证的，由卸毕港检验检疫机构汇总后出证。

（4）需要隔离的种子、苗木、繁殖材料，按繁殖材料检验检疫工作程序实施隔离检疫。

7. 复验

报检人对检验检疫机构的检验结果有异议，可向原检验检疫机构或其上级检验检疫机构申请复验。

8. 检验检疫处理

（1）对检疫不合格且有有效检疫除害处理方法的，在检验检疫机构监督下进行检疫除害处理。

（2）对检疫不合格且无有效检疫除害处理方法的，做退运或销毁处理。

（3）安全卫生项目或品质检验不合格的，按有关规定进行处理。

9. 检验检疫监管

（1）检验检疫机构对进境植物及其产品的装卸、运输、储存、加工过程实施监督管理，并对种子、苗木、繁殖材料的隔离检疫过程实施监督管理。

（2）装卸、运输、储存、加工单位在入境口岸检验检疫机构管辖区内的，由入境口岸检验检疫机构负责监管，并做好监管记录。

（3）运往入境口岸检验检疫机构管辖区以外的，由指运地检验检疫机构负责对其装卸、运输、储存、加工过程进行监管，入境口岸检验检疫机构应及时通知指运地检验检疫机构。

（4）检验检疫机构可以根据需要，在进境植物及其产品的装卸、运输、储存、加工场所实施外来有害生物监测。

（5）从事进境植物及其产品检疫除害处理业务的单位和人员，必须经检验检疫机构考核认可，检验检疫机构对检疫除害处理工作进行监督。

（6）检验检疫机构根据工作需要，视情况派检验检疫人员对输出植物及其产品的国家或地区进行产地疫情调查和装运前预检。

（三）入境植物及其产品的报检

1. 种子、苗木

（1）检疫审批。

① 入境种子、苗木，货主或者代理人事先向农业部、国家林业局、各省植物保护站、林业局等有关部门申请办理《引进种子、苗木检疫审批单》。

② 入境后需要进行隔离检疫的，要向出入境检验检疫机构申请隔离场或临时隔离场。带介质土的需办理特许审批。

③ 转基因产品需到农业部申领许可证。

（2）报检要求。

在植物种子、种苗入境前，货主或其代理人应持有关资料向检验检疫机构报检，预约检疫时间。经出入境检验检疫机构实施现场检疫或处理合格的，签发《入境货物通关单》。

（3）报检应提供的单据。

货主或其代理人报检时应填写《入境货物报检单》并随附合同、发票、提单、《引进种子、苗木检疫审批单》及输出国官方植物检疫证书、产地证等有关文件。

2. 水果、烟叶和茄科蔬菜

（1）检疫审批。

进口水果、烟叶和茄科蔬菜（主要有番茄、辣椒、茄子等）需事先提出申请，办理检疫审批手续，取得《进境动植物检疫许可证》。转基因产品需到农业部申领许可证。

（2）报检要求。

入境前货主或其代理人应持有关资料向口岸出入境检验检疫机构报检，约定检疫时间，经口岸检验检疫机构检疫合格的，签发《入境货物通关单》准予入境。

（3）报检应提供的单据。

货主或其代理人报检时应填写《入境货物报检单》并随附这几种文件。

① 合同、发票和提单。

②《进境动植物产品检疫许可证》。

③ 输出国官方植物检疫证书。

④ 产地证等有关文件。

3. 粮食和饲料

（1）报检范围。

入境的粮食和饲料。“粮食”指禾谷类、豆类、薯类等粮食作物的籽实及其加工产品。“饲料”指粮食、油料经加工后的副产品。

（2）检疫审批。

有些产品的疫病风险比较低，无须进行入境检疫审批。无须进行检疫审批的植物产品有：粮食加工品（大米、面粉、米粉、淀粉等）、薯类加工品（马铃薯细粉等）、植物源性饲料添加剂、乳酸菌、酵母菌。国家质检总局对其他入境粮食和饲料实行检疫审批制度。货主或其代理人应在签订进口合同前办理检疫审批手续。货主或其代理人应将《进境动植物检疫许可证》规定的入境粮食和饲料的检疫要求在贸易合同中列明。转基因产品需到农业部申领许可证。

（3）报检要求及应提供的证单。

货主或者其代理人应当在粮食和饲料入境前向入境口岸检验检疫机构报检，报检时应填写这几种文件：①《入境货物报检单》；②合同、信用证、发票、提单等；③并随附《进境动植物检疫许可证》；④输出国官方植物检疫证书；⑤约定的检验方法标准或成交样品、产地证及其他有关文件。

4. 转基因产品

“转基因产品”是指国家《农业转基因生物安全管理条例》规定的农业转基因生物及其他法律法规规定的转基因生物与产品，包括通过各种方式（包括贸易、来料加工、邮寄、携带、生产、代繁、科研、交换、展览、援助、赠送以及其他方式）进出境的转基因产品。

国家质检总局对进境转基因动植物及其产品、微生物及其产品和食品实行申报制度。

（1）进境转基因产品的报检。

货主或其代理人在办理进境报检手续时，应当在《入境货物报检单》的货物名称栏中注明是否为转基因产品。申报为转基因产品的，除按规定提供有关单证外，还应当提供法律法规规定的主管部门签发的《农业转基因生物安全证书》（或者相关批准文件，以下简称批准文件）和《农业转基因生物标识审查认可批准文件》。

对于实施标识管理的进境转基因产品，检验检疫机构核查标识，符合《农业转基因生物标识审查认可批准文件》的，准予进境；不按规定标识的，重新标识后方可进境；未标识的，不得进境。

对列入实施标识管理的农业转基因生物目录（国务院农业行政主管部门制定并公布）的进境转基因产品，如申报是转基因的，检验检疫机构实施转基因项目的符合性检测；如申报是非转基因的，检验检疫机构进行转基因项目抽查检测；对实施标识管理的农业转基因生物目录以外的进境动植物及其产品、微生物及其产品和食品，检验检疫机构可根据情况实施转基因项目抽查检测。

检验检疫机构按照国家认可的检测方法和标准进行转基因项目检测。

经转基因检测合格的，准予进境。如有下列情况之一的，检验检疫机构通知货主或其代理人作退货或者销毁处理：

① 申报为转基因产品，但经检测其转基因成分与批准文件不符的。

② 申报为非转基因产品，但经检测其含有转基因成分的。

进境供展览用的转基因产品，须获得法律法规规定的主管部门签发的有关批准文件后方可入境，展览期间应当接受检验检疫机构的监管。展览结束后，所有转基因产品必须作退回或者销毁处理。如因特殊原因，需改变用途的，须按有关规定补办进境检验检疫手续。

（2）过境转基因产品的报检。

过境的转基因产品，货主或其代理人应当事先向国家质检总局提出过境许可申请，并提交以下资料：

①《转基因产品过境转移许可证申请表》。

② 输出国家或者地区有关部门出具的国（境）外已进行相应研究的证明文件或者已允许作为相应用途并投放市场的证明文件。

③ 转基因产品的用途说明和拟采取的安全防范措施。

④ 其他相关资料。

国家质检总局自收到申请之日起20日内作出答复，对符合要求的，签发《转基因产品过境转移许可证》并通知进境口岸检验检疫机构；对不符合要求的，签发不予过境转移许可证，并说明理由。

过境转基因产品进境时，货主或其代理人须持规定的单证和过境转移许可证向进境口岸检验检疫机构申报，经检验检疫机构审查合格后，准予过境，并由出境口岸检验检疫机构监督其出境。对改换原包装及变更过境线路的过境转基因产品，应当按照规定重新办理过境手续。

二、出境植物及植物产品的报检

（一）报检范围

根据《中华人民共和国进出境动植物检疫法》的规定，出境植物及植物产品的报检范围包括：

（1）贸易性出境植物、植物产品及其他检疫物。

（2）作为展出、援助、交换、赠送等的非贸易性出境植物、植物产品及其他检疫物。

（3）进口国家（或地区）有植物检疫要求的出境植物产品。

（4）以上出境植物、植物产品及其他检疫物的装载容器、包装物及铺垫材料。

（二）出境植物及植物产品企业注册登记制度

1. 出境种苗花卉生产经营企业的注册登记

国家对从事出境种苗花卉生产经营的企业实行注册登记制度。

（1）从事出境种苗花卉生产经营的企业，应向所在地检验检疫机构提出书面申请，并提交《出境种苗花卉生产经营企业注册登记申请表》和其他相关材料，一式两份。

（2）检验检疫机构对企业提交的申请材料书面审核，符合要求的，接受申请。

（3）申请材料审核合格后，检验检疫机构将组成考核组，依据注册登记条件，对企业进行现场考核。

（4）经现场考核合格或在限定期限内整改合格的企业，所在地检验检疫机构上报直属局动植物监管处审批。

（5）动植物监管处依据注册登记要求，对申请企业进行终审考核，符合要求的予以注册登记，并颁发《出境种苗花卉生产经营企业检疫注册登记证书》。凭其办理报检，有效期为3年。

2. 出境水果果园、包装厂注册登记

注册登记程序如下：

（1）出境新鲜水果种植果园或包装厂的所有者或经营者向所在地检验检疫机构提出申请注册，并提供注册登记材料，一式两份。

（2）检验检疫机构按照规定对申请材料进行审核，确定材料是否齐全、是否符合有关规定要求，符合要求的，接受申请。

（3）申请人所在地检验检疫机构受理其注册登记申请后，应当在10个工作日内组织专家考核组，完成注册登记的初审工作，并在初审合格后，将申请材料和考核意见提交直属局动植物监管处。

（4）动植物监管处依据注册登记要求，对申请企业进行终审考核，必要时，可组织专家对水果果园或加工厂进行复审，并在10个工作日内作出准予注册登记或者不予注册登记的决定。

（5）证书有效期为3年，期满前应重新申请注册。

3. 出境竹木草制品生产企业注册登记

出境竹木草制品（包括竹、木、藤、柳、草、芒等）生产、加工、存放企业应具备注册登记条件。

注册登记程序：

（1）从事出境竹木草制品生产的企业，应向所在地检验检疫机构提出书面申请，并提交《出境竹木草制品生产企业注册登记申请表》和其他相关材料一式两份。

（2）检验检疫机构对企业提交的申请材料书面审核，符合要求的，接受申请；不符合要求的，一次性告知需要补正的材料，在限定期限内逾期不能补正的，视为撤回申请。

（3）申请材料审核合格后，检验检疫机构将组成考核组，依据注册登记条件，对企业进行现场考核。

（4）经现场考核合格或在限定期限内整改合格的企业，所在地检验检疫机构上报直属局动植物监管处审批。

（5）动植物监管处依据注册登记要求，对申请企业进行终审考核，符合要求的予以注册登记，并颁发《出境竹木草制品生产企业注册登记证书》。

（6）经现场考核不合格或在整改期限内仍达不到要求的，不予以注册登记，并出具《出境竹木草制品注册登记未获批准通知书》。书面告知不合格原因，半年内不得重新申请。

（7）证书有效期为 3 年，期满前应重新申请注册。

（三）出境植物及植物产品检验检疫

1. 报检时间

货主或其代理人应在货物出境前 10 天，并在规定的地点进行报检。

2. 报检证单

货主或其代理人办理报检时提供出境货物报检单（原件），并提供外贸合同（确认书或函电）或信用证（复印件）、外销发票和装箱单（复印件）、出口产品生产企业厂检单（原件）、有外包装的需提供《出境货物包装性能检验结果单》（原件）等有关单证。如家具和木制品等需提供符合输入国法规标准和国家强制性标准的符合性声明；国家规定的保护植物，应随附国家濒危物种进出口管理办公室出具的允许进出口证明书；出境种苗、花卉等，需在厂检单或报检单上写明种植基地及加工、包装厂的注册号；如果种植基地不在本辖区内，还需出具由种植地所在地检验检疫局出具的供货证明；要求出具《熏蒸/消毒证书》的，要随附检疫处理单位的除害处理结果报告单。

3. 检验检疫及出证

检验检疫机构在现场或实验室对出境货物实施检验检疫。

检验检疫合格的，出具《出境货物通关单》（本地口岸出境）或《出境货物换证凭条》（异地口岸出境）；政府间双边植物检验检疫协定、协议和备忘录或输入国要求，经检验检疫合格后，出具《检验证书》《卫生证书》《植物检疫证书》；实施检疫除害处理的货物，出入境检验检疫机构按照货主或其代理人的申请提出处理意见，并依据检疫除害处理的有关规程，对检疫除害处理实施监督；经认可的检疫除害处理合格后，出具《熏蒸/消毒证书》或《植物检疫证书》。

检疫发现不符合出境规定的货物，由出入境检验检疫机构签发《出境货物不合格通知单》，通知货主或其代理人分别做加工整理、检疫除害处理，经复检合格后方可出境；对检验检疫不合格又无有效除害处理方法的，不准出境；出境、进境动植物产品检验检疫作业流程如图5－2和图5－3所示。

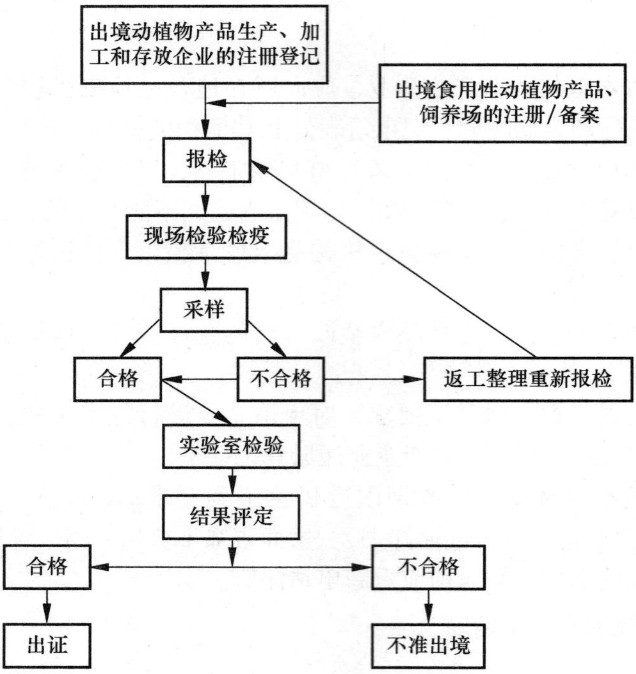

图5－2　出境动植物产品检验检疫作业流程图

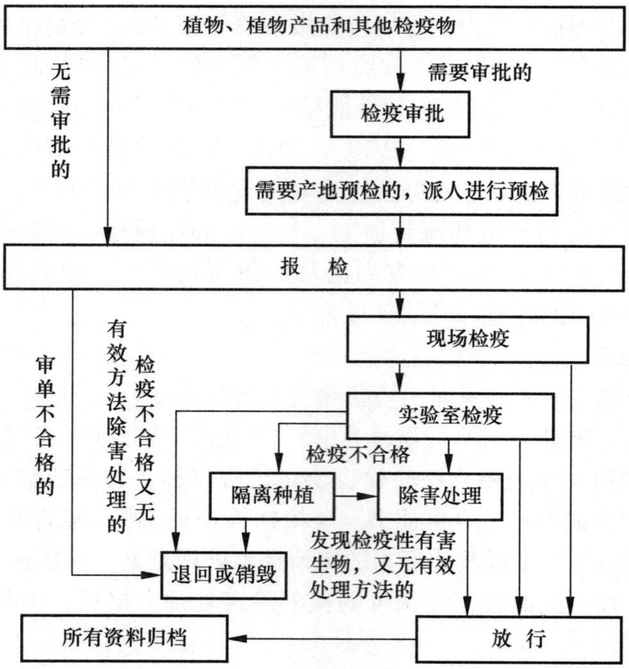

图5－3　进境植物检验检疫作业流程图

复习思考题

一、单选题

1. 输入植物种子、种苗及其他繁殖材料的，必须事先提出申请，办理(　　)手续。
   A. 报检　B. 检疫审批　C. 检疫监管　D. 注册登记
2. 通过贸易、科技合作、交换、赠送、援助等方式输入植物、植物产品和其他检疫物的，应当在合同或者协议中订明（　　）的检疫要求，并订明必须附有输出国家或地区政府动植物检疫机关出具的检疫证书。
   A. 检验法定　B. 出口商要求　C. 进口国法定　D. 中国法定
3. 输入植物、植物产品及其他检疫物的，应当在该检疫物（　　）报检。
   A. 进境前　B. 进境时　C. 进境后　D. 进境前或进境时
4. 货主或其代理人应当在植物、植物产品及其他检疫物进境前或进境时持输出国家或地区的（　　），向进境口岸出入境检验检疫机关报检。
   A. 检疫证书　B. 贸易合同
   C. 非官方证明　D. 检疫证书、贸易合同等单证
5. 货主或其代理人应当在植物、植物产品及其他检疫物进境前或进境时持（　　）检疫证书、贸易合同等单证，向进口岸动植物检疫机关报检。
   A. 出口国认可的官方机构　B. 输出国家或地区
   C. 出口商　D. 入境检疫机构
6. 来自植物疫情流行国家或地区的检疫物需在（　　）报检并实施检疫。
   A. 收货人所在地　B. 入境口岸
   C. 合同约定的地点　D. A 和 C
7. 输入植物，需隔离检疫的，在口岸出入境检验检疫机关（　　）检疫。
   A. 临时隔离场所　B. 指定的隔离场所
   C. 国家级隔离场所　D. 货主自建隔离场所
8. 输入的植物、植物产品和其他检疫物运达口岸时，检疫人员可以到运输工具上和货场实施（　　），核对货、证是否相符，并可以按照规定（　　）。承运人、货主或其代理人应当向检疫人员提供装载清单和有关资料。
   A. 现场检疫；采取样品　B. 检疫监督；抽样
   C. 除害处理；抽样　D. 现场检疫；销毁
9. 运输植物、植物产品和其他检疫物过境（含转运的），（　　）应当持货运单和输出国家或地区政府动植物检疫机关出具的证书，向进境口岸出入境检验检疫机关报检。
   A. 承运人或货主　B. 承运人或押运人
   C. 押运人或货主　D. 代理人
10. 携带植物种子、种苗以及其他繁殖材料进境的，（　　）
    A. 事先办理检疫审批手续
    B. 在报检的同时办理检疫审批手续
    C. 可以事后随时补办检疫审批手续
    D. 可以免办检疫审批手续
11. 深圳某水产公司拟向香港出口一批养殖的鲜活虾，该公司应在出境(　　)天前向深

圳检验检疫局报检。

A. 30　　B. 15　　C. 7　　D. 3

12. 以下货物入境，无须办理检疫审批手续的是（　　）。

A. 新鲜水果　　B. 活动物　　C. 冷冻水产品　　D. 大豆

13. 某公司拟进口一批奶牛，以下描述正确的是（　　）。

A. 该公司应在奶牛运抵入境口岸前办妥检疫审批手续

B. 该公司在签订合同前应确定进境口岸并且不能随意变更

C. 检验检疫机构和海关均需审核输出国官方检疫证书

D. 检验检疫机构派员到出口国进行预检疫后，可不审核输出国官方检疫证书

14. 出境动物应在出境前（　　）天预报，隔离7天报检。

A. 60　　B. 14　　C. 20　　D. 15

15. 输入动物，经检疫不合格的，由口岸出入境检验检疫机构签发《检疫处理通知单》。检出一类传染病、寄生虫病的动物，连同其同群动物全群退回或者（　　）。

A. 隔离观察　　B. 全群扑杀并销毁尸体

C. 全群扑杀　　D. 销毁尸体

16. 输入种畜禽之外的其他动物，货主或其代理人应在动物入境前（　　）日报检。

A. 7　　B. 30　　C. 15　　D. 16

17. 入境活动物和来自动物疫情流行国家或地区的检疫物需在（　　）报检并实施检疫。

A. 收货人所在地　　B. 入境口岸

C. 合同约定的地点　　D. A 和 C

18. 输入动物、动物产品和其他检疫物的，应当在该检疫物（　　）报检。

A. 进境前　　B. 进境时　　C. 进境后　　D. 进境前或进境时

19. 输入种畜及其精液、胚胎的，应当在进境前（　　）日报检。

A. 45　　B. 30　　C. 15　　D. 7

二、多选题

1. 进口美国水果报检时，除提供合同、发票、装箱单等贸易单证外，还应按要求提供（　　）。

A. 进出口食品标签审核证书

B. 美国官方检疫机构出具的植物检疫证书

C. 进境动植物检疫许可证

D. 原产地证明

2. 输入国家规定的（　　）入境的植物、植物产品及其他检疫物等，还需持特许审批单报检。

A. 禁止　　B. 限制　　C. 特许　　D. 许可

3. 检验检疫法律法规规定，（　　）等必须办理检疫审批手续。

A. 携带、邮寄的种子　　B. 植物种苗及繁殖材料

C. 粮食　　D. 水果

4. 进境动物产品，办理进境检疫审批手续后，应重新申请办理检疫审批手续的情

况有（　　）。

A. 变更进境物的品种　　B. 变更进境国家

C. 变更进境物的数量超过 5%　　D. 变更进境口岸

5. 某公司拟从国外进口一批香蕉种苗，应事先向（　　）办理进口植物种苗检疫审批手续。

A. 国家质量监督检验检疫总局　　B. 口岸出入境检验检疫局

C. 林业主管部门　　D. 农业主管部门

6. 种子、苗木的检疫审批为入境植物种子、种苗，货主或其代理人应当按照我国引进种子的审批规定，事先向（　　）等有关部门申请办理《引进种子、苗木检疫审批单》。

A. 农业部　　B. 国家林业局

C. 各省植物保护站、林业局　　D. 外贸主管部门

7. 以下选项叙述正确的是（　　）。

A. 所有进境集装箱实施卫生检疫

B. 自动植物疫区的，装载动植物、动植物产品，应实施动植物检疫

C、有进境集装箱应实施动植物检疫

D. 来自动植物疫区，箱内带有植物性包装物或铺垫材料的集装箱，不需实施动植物检疫

8. 对出口水果，下列正确的说法有（　　）。

A. 应在包装厂所在地检验检疫机构报检

B. 来自注册登记果园、包装厂的，应当提供《注册登记证书》

C. 对来自非注册果园、包装厂的水果，不准出口

D. 出境水果来源不清楚的，不准出口

9. 应实施动植物检疫的“植物”是指（　　）。

A. 栽培植物　　B. 野生植物及其种子

C. 种苗　　D. 饲料

10. 从美国进口一批水果在报检时，除提供合同、发票、装箱单等贸易单证外，还应按要求提供（　　）

A.《进出口食品标签审核证书》

B. 美国官方检疫机构出具的植物检疫证书

C. 进境动植物检疫许可证

D. 原产地证

11. 进口以下商品，需要事先办理检疫审批手续的有（　　）。

A. 来自泰国的榴梿　　B. 来自比利时的生兔皮

C. 面粉　　D. 来自巴西的大豆

12. 实行卫生注册登记制度的生产出境动物产品的企业包括（　　）。

A. 屠宰厂　　B. 冷库　　C. 仓库　　D. 加工厂

13. 下列表述正确的是（　　）。

A. 进口商在签订进口动物及产品的外贸合同时，在签订外贸合同前应到检验检疫

机构办理检疫审批手续，取得准许入境的《中华人民共和国进境动植物检疫许可证》后再签外贸合同

B. 进口商签订进口动物、动物产品的外贸合同，在合同或者协议中订明中国法定的检疫要求，并订明必须附有输出国家或者地区政府动植物检疫机关出具的检疫证书

C. 输入动物产品进行加工的货主或者代理人需申请办理注册登记。经出入境检验检疫机构检查考核其用于生产、加工、存放的场地，符合规定防疫条件的发给注册登记证

D. 输入动物、动物产品，经检验检疫机构实施现场检疫合格的，允许卸离运输工具，对运输工具、货物外包装、污染场地进行消毒处理并签发《入境货物通关单》，将货物运往指定存放地点

14. 以加工贸易方式进境的肉鸡产品，报检时除提供合同、发票、装箱单等贸易单证外，还应按要求提供（　　）。

A. 入境动植物检疫许可证

B. 输出国（或地区）官方出具的检疫证书

C. 原产地证

D.《加工贸易业务批准证》

15.《进出境动植物检疫法》规定“其他检疫物”是指（　　）。

A. 动物疫苗　　B. 血清、诊断液

C. 动物羽毛　　D. 动物性废弃物

16. 下列属于入境动物产品范围的有（　　）。

A. 虎骨　　B. 山羊毛　　C. 胎牛血清　　D. 全牛

17. 报检出境动物产品需提供的单据包括（　　）。

A. 出境货物报检单、合同、发票、装箱单等

B. 出境动物产品生产企业的卫生注册登记号码

C. 出境动物产品生产企业的检疫证明书

D. 特殊单证

18. 出境动物的检疫内容根据（　　）确定。

A. 双边动物检疫协定　　B. 动物检疫议定书

C. 输入国的兽医卫生要求　　D. 贸易合同订明的检疫要求

三、判断题

1. 在签订外贸合同后，应及时办理检疫审批手续。（　　）

2. 进口原木带有树皮的，应在植物检疫证书中注明除害处理方法、使用药剂、剂量、处理时间和温度；不带树皮的，应由出口商出具声明。（　　）

3. 国家质检总局对进境转基因动植物及其产品、微生物及其产品和食品实行注册登记制度。（　　）

4. 列入实施标识管理的农业转基因生物目录的进口产品，由检验检疫机构实施转基因项目的符合性检测或抽查检测。（　　）

5. 需隔离检疫的出境动物，应在出境前30天预报检，隔离前7天报检。（　　）

6. 在任何情况下，都不得引进动植物检疫禁止进境物。 (　　)

7. 输出非供屠宰用的畜禽，应有国家濒危物种进出口管理办公室出具的许可证。 (　　)

四、案例分析题

2004 年 6 月，苏州出入境检验检疫局在对入境邮件查验时，截获一个来自美国的植物种子邮包，这是该局首次从入境邮件中截获未经检疫的植物种子。现场检疫发现，该邮包内除四季海棠、鸡冠花、羽衣甘蓝等 5 种植物种子经过检疫审批外，尚有未经检疫审批的落新妇、薰衣草植物种子各一袋。

问题：

1. 请问这批邮寄的植物种子是否允许进境？

2. 检验检疫机构对这批邮寄种子应做如何处理？

项目六

出入境食品的报检与管理

学习目标

了解、掌握出入境食品报检范围、要求以及检验检疫程序；了解、掌握出入境食品的监督管理。

技能目标

熟悉并能够掌握出入境食品报检业务的流程。

任务一 入境食品的报检与管理

案例导入

9 月 16 日，山东出入境检验检疫局在对 1 批来自韩国共计 1 650 个、5 907 美元的“凯亲艾特”牌铝制炒锅进行检验后发现，蒸发残渣（4% 乙酸）为 275. 5 mg/L，铬溶出量为 0. 095 mg/L，严重超出《食品容器内壁聚四氟乙烯涂料卫生标准》的限量要求（蒸发残渣（4% 乙酸）≤60 mg/L、铬≤0. 01 mg/L）。

大量摄入铬可致腹部不适及腹泻，并引起鼻炎、咽炎、支气管炎、皮炎或湿疹等，且铬元素易进入人体细胞，对肝、肾等内脏器官和 DNA 会造成损伤，在人体内蓄积，具有致癌性并可能诱发基因突变。蒸发残渣超标的产品在使用过程中，遇醋、油等会析出大量的残渣，不仅影响食物的色、香、味等，也将有害人体健康。该局先后从 40 批次的进口炊具、酒具、儿童用餐具中检出重金属、荧光物质、蒸发残渣超标以及物理安全等问题，该局均依据《进出口商品检验法实施条例》的规定，对发现的问题产品采取监督销毁或移交有关部门作退运处理。

为保证进出口食品安全，保护人类、动植物生命和健康，根据《中华人民共和国食品安全法》及其实施条例、《中华人民共和国进出口商品检验法》及其实施条例、《中华人民共和国进出境动植物检疫法》及其实施条例和《国务院关于加强食品等产品安全监督管理的特别规定》《进出口食品安全管理办法》等法律法规的规定，国家出入境检验检疫部门依法对进出境食品、食品添加剂、食品包装实施检疫，并进行监督管理。

一、入境食品报检范围

包括食品、食品添加剂和食品相关产品。

（一）食品

这是指各种供人食用或者饮用的成品和原料以及按照传统既是食品又是药品的物品，但是不包括以治疗为目的的物品。

（二）食品添加剂

这是指为改善食品品质和色、香、味以及为防腐、保鲜和加工工艺的需要而加入食品中的人工合成物质或者天然物质。

（三）食品相关产品

这是指用于食品的包装材料、容器、洗涤剂、消毒剂和用于食品生产经营的工具、设备。

进口的食品、食品添加剂和食品相关产品应当经检验检疫机构检验合格后，海关凭检验检疫机构签发的通关证明放行。

二、报检要求

（1）进口的食品、食品添加剂、食品相关产品应当符合我国食品安全国家标准。出入境检验检疫机构按照国务院卫生行政部门的要求，对进口的食品、食品添加剂、食品相关产品进行检验。检验结果应当公开。

进口的食品、食品添加剂应当经出入境检验检疫机构依照进出口商品检验相关法律、行政法规的规定检验合格。进口的食品、食品添加剂应当按照国家出入境检验检疫部门的要求随附合格证明材料。

（2）进口尚无食品安全国家标准的食品，由境外出口商、境外生产企业或者其委托的进口商向国务院卫生行政部门提交所执行的相关国家（地区）标准或者国际标准。国务院卫生行政部门对相关标准进行审查，认为符合食品安全要求的，决定暂予适用，并及时制定相应的食品安全国家标准。进口利用新的食品原料生产的食品或者进口食品添加剂新品种、食品相关产品新品种，依照《食品安全法》的有关规定办理。

（3）进口的预包装食品、食品添加剂应当有中文标签；依法应当有说明书的，还应当有中文说明书。标签、说明书应当符合《食品安全法》以及我国其他有关法律、行政法规的规定和食品安全国家标准的要求，并载明食品的原产地以及境内代理商的名称、地址、联系方式。预包装食品没有中文标签、中文说明书或者标签、说明书不符合以上规定的，不得进口。

（4）进口食品需要办理进境动植物检疫审批手续的，应当取得《中华人民共和国进境动植物检疫许可证》后方可进口。

（5）对进口可能存在动植物疫情疫病或者有毒有害物质的高风险食品实行指定口岸入境。指定口岸条件及名录由国家质检总局制定并公布。

（6）凡以保健食品名义报检的进口食品必须报国家食品药品监督管理局审批合格后方准进口。凡取得保健食品批号的进口保健食品，在进口时须增做功能性复核实验项目，否则一律不予签发《卫生证书》。

（7）境外出口商、境外生产企业应当保证向我国出口的食品、食品添加剂、食品相关产品符合《食品安全法》以及我国其他有关法律、行政法规的规定和食品安全国家标准的要求，并对标签、说明书的内容负责。进口商应当建立境外出口商、境外生产企业审核制度，重点审核以上规定的内容；审核不合格的，不得进口。

三、入境食品的检验检疫程序

1. 申请报检

进口食品的进口商或者其代理人应当按照规定，持下列材料向海关报关地的检验检疫机构报检：

（1）合同、发票、装箱单、提单等必要的凭证。

（2）《检疫许可证》《保健食品批准证明》等进口批准文件。

（3）法律法规、双边协定、议定书以及其他规定要求提交的输出国家（地区）官方检疫（卫生）证书。

（4）首次进口预包装食品，应当提供进口食品标签样张和翻译件。

（5）首次进口尚无食品安全国家标准的食品，应当提供许可证明文件。

（6）列明品名、品牌、原产国（地区）、规格、数/重量、总值、生产日期（批号）等信息的货物清单。

（7）进口食品应当随附的其他证书或者证明文件。

报检时，进口商或者其代理人应当将所进口的食品按照品名、品牌、原产国（地区）、规格、数/重量、总值、生产日期（批号）及国家质检总局规定的其他内容逐一申报。

2. 受理审核

检验检疫机构对进口商或者其代理人提交的报检材料进行审核，符合要求的，受理报检。

（1）进口食品的包装和运输工具应当符合安全卫生要求。

（2）进口预包装食品的中文标签、中文说明书应当符合中国法律法规的规定和食品安全国家标准的要求。

检验检疫机构应当对标签内容是否符合法律法规和食品安全国家标准要求以及与质量有关内容的真实性、准确性进行检验，包括格式版面检验和标签标注内容的符合性检测。

进口食品标签、说明书中强调获奖、获证、产区及其他内容的，或者强调含有特殊成分的，应当提供相应证明材料。

3. 出证放行

由检验检疫机构根据现场检验监督、感官检验和实验室检验结果对进口食品进行综合判定。

（1）进口食品经检验检疫不合格的，由检验检疫机构出具不合格证明。涉及安全、健康、环境保护项目不合格的，由检验检疫机构责令当事人销毁，或者出具退货处理通知单，由进口商办理退运手续。其他项目不合格的，可以在检验检疫机构的监督下进行技术处理，经重新检验合格后，方可销售、使用。

（2）进口食品经检验检疫合格的，由检验检疫机构出具合格证明，准予销售、使用。检验检疫机构出具的合格证明应当逐一列明货物品名、品牌、原产国（地区）、规格、数/重量、生产日期（批号）。没有品牌、规格的，应当标明“无”。

进口食品在取得检验检疫合格证明之前，应当存放在检验检疫机构指定或者认可的监管场所，未经检验检疫机构许可，任何单位和个人不得动用。

知识拓展

食品标签

食品标签是指在食品包装容器上或附于食品包装容器上的一切附签、吊牌、文字、图形、符号说明物。预包装食品，指预先定量包装或者制作在包装材料和容器中的食品。

《食品安全法》规定预包装食品的包装上应当有标签。

标签应当标明下列事项：

（1）名称、规格、净含量、生产日期；

（2）成分或者配料表；

（3）生产者的名称、地址、联系方式；

（4）保质期；

（5）产品标准代号；

（6）贮存条件；

（7）所使用的食品添加剂在国家标准中的通用名称；

（8）生产许可证编号；

（9）法律、法规或者食品安全标准规定必须标明的其他事项；

（10）专供婴幼儿和其他特定人群的主辅食品，其标签还应当标明主要营养成分及其含量。

食品和食品添加剂的标签、说明书，不得含有虚假、夸大的内容，不得涉及疾病预防、治疗功能。生产者对标签、说明书上所载明的内容负责。食品和食品添加剂的标签、说明书应当清楚、明显，容易辨识。食品和食品添加剂与其标签、说明书所载明的内容不符的，不得上市销售。

进口预包装食品应当有中文标签、中文说明书。标签、说明书应当符合《食品安全法》以及我国其他有关法律、行政法规的规定和食品安全国家标准的要求，载明食品的原产地以及境内代理商的名称、地址、联系方式。预包装食品没有中文标签、中文说明书或者标签、说明书不符合《食品安全书》规定的，不得进口。

目前，检验检疫机构对食品的标签审核，与进口食品检验检疫结合进行。进口食品标签审核的内容包括：标签的格式、版面以及标注的与质量有关的内容是否真实、准确。经审核合格的，在按规定出具的检验证明文件中加注“标签经审核合格”。

知识拓展

我国食品标签管理过程

该过程分为三个阶段 + 一个过渡期。

第一个阶段：1998 年以前。

原国家卫生检疫局：依据《食品卫生法》，对进口食品标签进行监管。

原国家商检局：成立食品标签登记管理办公室，在口岸对进出口食品标签进行监管。

第二个阶段：2000—2006 年。

2000 年 4 月 15 日发布《进出口食品标签管理办法》（总局第 19 号令）。

纳入 2005 年发布的《进出口商品检验法实施条例》。

建立对进出口食品标签实施预审核制度。

一次随行政许可制度而进行的预审制度改革。

一次大规模的换证。

过渡期时间段：2006—2012 年

2006 年 3 月 24 日发布《关于调整进出口食品、化妆品标签审核制度》（总局第 44 号公告）。

2006 年 5 月 12 日发布《进出口食品、化妆品标签检验规程（试行）》。

第三个阶段：2012 年至今

2012 年 6 月 1 日发布《关于实施〈进出口预包装食品标签检验监督管理规定〉的公告》（2012 年第 27 号公告）。

确立随货检验的标签检验制度。

初步建立信息化系统。

四、进口食品安全监督管理体系

（一）进口前准入

1. 输华食品国家或地区食品安全管理体系审查制度

对首次输华或申请解除禁令的食品，由拟输华食品的国家或地区主管部门向国家质检总局提出产品准入或解除禁令的书面申请，并提交风险评估所需相关信息。由国家质检总局组织专家对拟输华食品的国家或地区食品安全管理体系及其食品安全状况进行风险评估，确定该管理体系是否保障输华食品安全符合我国相关法律法规及标准要求。

2. 输华食品生产企业注册管理制度

由输华食品国家或地区主管部门向国家质检总局（认监委）推荐其输华食品生产企业进行输华注册申请，并提交相关材料。国家质检总局（认监委）组织专家对申请注册的输华食品生产企业是否符合注册条件进行审查，可根据需要进现场审查。符合注册条件的，准予注册，并在网站上对外予以公布。

3. 输华食品境外出口商和境内进口商备案管理制度

由输华食品境外出口商或代理商通过因特网向国家质检总局进行备案。由国家质检总局在官方网站上对外公布输华食品境外出口商或代理商名单。

由输华食品进口商或代理商通过因特网向所在地检验检疫机构进行备案。由国家质检总局在官方网站上对外公布输华食品进口商名单。

4. 输华食品进口商对境外食品生产企业审核制度

由输华食品进口商或代理商对向其供货的境外出口商、生产企业进行审核。审核内容包括境外生产企业及出口商制定和执行食品安全风险预防及控制计划情况、履行中国食品安全法律法规和标准情况，以及预包装食品标签和说明书与我国食品安全法律法规和标准的符合性情况，审核结果应向出入境检验检疫机构报告。对于审核不合格的，不得进口。

5. 进境动植物源性食品检疫审批制度

由输华食品进口商或代理商在签署贸易合同前向检验检疫机构申请检疫审批，并提交规定的材料。检验检疫机构对提交的材料进行初审，国家质检总局进行终审。符合规定要求的，国家质检总局签发《进境动植物检疫许可证》。

（二）进口时查验

1. 输华食品检验检疫申报制度

由输华食品进口商或者其代理商向报关地检验检疫机构申报检验检疫（简称报检），并按规定提交相关材料，主要包括合同、发票、装箱单以及规定需要提交或随附的合格证明，如官方卫生证书、进境动植物检疫许可证、自我合格声明等。由报关地检验检疫机构对所提供的材料进行审核，符合规定要求的，受理报检。

2. 进口商随附合格证明材料制度

对风险较高或有其他特殊要求的进口食品，由国家质检总局制定输华食品进口商提交自我合格申明有关规定。在货物抵达口岸报检时，由输华食品进口商或代理人向报关地检验检疫机构提交该批产品随附的合格证明材料，如自检报告、合格声明等等。

3. 进口食品口岸检验检疫监管制度

由国家质检总局对进口食品统一进行风险评估，并根据评估结果制定进口食品口岸检验检疫监督年度抽检计划，实施风险分级的合格评定。对低风险产品，采取证单审核、现场查验、低比例抽样检测等措施；对于中风险产品，采取证单审核、现场查验、中等比例抽样检测措施；对高风险产品，采取证单审核、现场查验、高比例抽样实验室检测等措施进行评定。

4. 输华食品安全风险监测制度

由国家质检总局组织专家制定进口食品非国家标准项目的安全风险监测年度计划，包括监测产品、项目、抽样数量等，由检验检疫机构实验室对监测项目进行监测。对于发现的问题，由国家质检总局或检验检疫机构及时采取措施，并通报国务院相关部门或地方政府。

5. 输华食品检验检疫风险预警及快速反应制度

由国家质检总局组织专家对境内外食品安全信息进行收集、整理，并进行检验检疫风险评估。对存在检验检疫风险或潜在风险的，及时发布风险警示通报或通告，采取快速反应措施，通报有关部门和输华食品的国家或地区主管部门。由检验检疫机构按照风险预警通报或通告的要求执行。

6. 输华食品入境检疫指定口岸制度

由国家质检总局制定高风险输华食品检疫指定口岸监督管理要求，由地方政府按照规定向国家质检总局提出申请，国家质检总局批准。批准成为进口食品指定口岸的，准予进口特定食品。

（三）进口后监管

1. 输华食品国家或地区及生产企业安全管理体系回顾性审查制度

由国家质检总局组织专对已获准入的输华食品国家或地区以及已获注册的食品生产企业安全控制体系进行定期或不定期检查，检查已获准入输华食品国家或地区官方食品安全控制体系是否持续符合规定要求的情况，输华食品境外生产企业执行我国食品安全法律规和标准情况，进口商或代理人对境外出口和生产企业审核情况等。对不符合要求的，由国家质检总局提出整改要求，输华食品国家或地区及生产企业进行整改，并将情况报国家质检总局组织专家进行评估。结果仍不符合规定要求的，取消其准入或注册/备案资格，其产品不得入境。

2. 输华食品进口和销售记录制度

由进口商或代理人在获得《入境货物检验检疫证明》后，登录质检总局官方网站，及时填写每一批次进口食品的进口和销售记录。未按规定填写进口和销售记录的，按照《食品安全法》有关规定进行处罚。

3. 输华食品召回制度

输华食品入境后出现或发现问题的，由输华食品进口商或代理商根据风险实际情况主动对其进口全部产品或该批次产品主动召回，并报告检验检疫机构。进口商或代理商不主动实施召回的，由国家质检总局或检验检疫机构发布召回通告，责令输华食品进口商或代理商召回。

4. 输华食品进出口商和生产企业不良记录制度

由国家出入境检验检疫部门对进出口食品的进口商、出口商和出口食品生产企业实施信用管理，对其生产经营活动建立信用记录，并依法向社会公布。同时依法对有不良记录的企业采取惩罚性措施，对优良的企业实施通关便利等奖励性措施。

5. 输华食品进口商或代理商约谈制度

由国家质检总局或检验检疫机构对输华食品发生重大食品安全事故、存在严重违法违规行为、存在重大风险隐患的进口商或代理商的法人代表负责人进行约谈，通报违法违规事实及其行为的严重性，调查发生违法违规行为的原因，告知整改的内容和期限，督促其履行食品安全主体责任。由进口商或代理商按照要求进行全面整改，并书面报告检验检疫机构。

（四）违反法律法规应承担的法律责任

（1）进口食品在取得检验检疫合格证明之前，应当存放在检验检疫机构指定或者认可的监管场所进行监管。违反相关规定，没有违法所得的，由检验检疫机构责令改正，处 1 万元以下罚款。

（2）进口不符合我国食品安全国家标准的食品；进口尚无食品安全国家标准的食品，或者首次进口食品添加剂新品种、食品相关产品新品种，未经过安全性评估。违反《食品安全法》规定之一的，违法生产经营的食品货值金额不足10 000元的，并处 2 000 元以上 50 000 元以下罚款；货值金额 10 000 元以上的，并处货值金额五倍以上十倍以下罚款；情节严重的，吊销许可证。

（3）进口商未建立并遵守食品进口和销售记录制度的，由有关主管部门按照各自职责分工，责令改正，给予警告；拒不改正的，处 2 000 元以上 20 000 元以下罚款；情节严重的，责令停产停业，直至吊销许可证。

任务二　出境食品的报检与管理

案例导入

近年来，我国输欧盟藻类制品多次被欧盟通报检出碘含量超标，近期又有多款输澳大利亚藻类产品被澳大利亚通报碘含量超标。欧盟虽未制定藻类产品碘含量统一标准（各成员国标准各不相同），但欧盟认为干海藻碘含量超过20毫克/千克时会损害健康；澳大利亚进口食品控制法规定，进口藻类产品碘含量不能超过1 000毫克/千克。

请分析：为保障出口藻类产品碘含量符合进口国要求，检验检疫机构应采取哪些帮扶指导和检验监管措施？

一、报检范围

一切出口食品（包括各种供人类食用、饮用的成品和原料以及按照传统习惯加入药物的食品），用于出口食品的食品添加剂等。《中华人民共和国食品卫生法》对食品和食品添加剂的定义为：食品是指各种供人类食用或者饮用的成品和原料以及按照传统既是食品又是药品的物品，但是不包括以治疗为目的物品。食品添加剂是指为改善食品品质和色、香、味，以及为防腐和加工工艺的需要而加入食品中的化学合成或天然物质。

二、报检规定要求

（1）出口食品的包装和运输方式应当符合安全卫生要求，并经检验检疫合格。

（2）对装运出口易腐烂变质食品、冷冻食品的集装箱、船舱、飞机、车辆等运载工具，承运人、装箱单位或者其代理人应当在装运前向检验检疫机构申请清洁、卫生、冷藏、密固等适载检验；未经检验或者经检验不合格的，不准装运。

（3）出口食品生产企业应当在运输包装上注明生产企业名称、备案号、产品品名、生产批号和生产日期。检验检疫机构应当在出具的证单中注明上述信息。进口国家（地区）或者合同有特殊要求的，在保证产品可追溯的前提下，经直属检验检疫局同意，标注内容可以适当调整。

（4）需要加施检验检疫标志的出口食品，须经出入境检验检疫机构检验合格后，在其销售包装上加施检验检疫标志。未加施检验检疫标志的，一律不准出口。

知识拓展　**加施检验检疫标志的出口食品范围**

水产品及其制品、畜禽、野生动物肉类及其制品、肠衣、蛋及蛋制品、食用动物油脂，以及其他动物源性食品。大米、杂粮（豆类）、蔬菜及其制品、面粉及粮食制品、酱腌制品、花生、茶叶、可可、咖啡豆、麦芽、啤酒花、籽仁、干（坚）果和炒货类、植物油、油籽、调味品、乳及乳制品、保健食品、酒、罐头、饮料、糖和糖果巧克力类、糕点饼干类、蜜饯、蜂产品、速冻小食品，食品添加剂。

以上食品凡有销售包装，必须在销售包装上加施；运输包装如为筐、麻袋等无法加施的不要求加施；散装食品不要求加施。

三、出境食品报检程序

（一）申请报检

出口食品的出口商或者其代理人应当在规定的时间填写《出境货物报检单》，并持合同、发票、装箱单、出厂合格证明、出口食品加工原料供货证明文件等必要的凭证和相关批准文件向出口食品生产企业所在地检验检疫机构报检。报检时，应当将所出口的食品按照品名、规格、数/重量、生产日期逐一申报。

（二）实施抽检

直属检验检疫局根据出口食品分类管理要求、本地出口食品品种、以往出口情况、安全记录和进口国家（地区）要求等相关信息，通过风险分析制定本辖区出口食品抽检方案。

检验检疫机构按照抽检方案和相应的工作规范、规程以及有关要求对出口食品实施抽检。有双边协定的，按照其要求对出口食品实施抽检。

（三）出证放行

（1）检验检疫机构审查出口食品符合出口要求的，由检验检疫机构按照规定出具通关证明，并根据需要出具证书。出口食品进口国家（地区）对证书形式和内容有新要求的，经国家质检总局批准后，检验检疫机构方可对证书进行变更。

（2）出口食品经检验检疫不合格的，由检验检疫机构出具不合格证明。依法可以进行技术处理的，应当在检验检疫机构的监督下进行技术处理，合格后方准出口；依法不能进行技术处理或者经技术处理后仍不合格的，不准出口。

（3）出口食品经产地检验检疫机构检验检疫符合出口要求运往口岸的，产地检验检疫机构可以采取监视装载、加施封识或者其他方式实施监督管理。

（4）出口食品经产地检验检疫机构检验检疫符合出口要求的，口岸检验检疫机构按照规定实施抽查，口岸抽查不合格的，不得出口。

口岸检验检疫机构应当将有关信息及时通报产地检验检疫机构，并按照规定上报。产地检验检疫机构应当根据不合格原因采取相应监管措施。

四、监督管理

（一）出口食品检验检疫标准规定

出口食品生产经营者应当保证其出口食品符合进口国家（地区）的标准或者合同要求。

进口国家（地区）无相关标准且合同未有要求的，应当保证出口食品符合中国食品安全国家标准。

知识拓展

《食品安全法》规定，在中华人民共和国境内生产食品应当符合中国食品安全国家标准。由于我国的相关食品标准与进口国家（地区）的食品标准不尽一致，在限用物质、具体限量等方面差异较大，如果完全按照我国食品标准生产食品，很难达到进口国家的要求。《国务院关于加强食品等产品安全监督管理的特别规定》对出口食品标准进行了特别规定。因此，《进出口食品安全管理办法》采用了特别规定的要求，即“出口产品的生产经营者应当保证其出口产品符合进口国（地区）的标准或者合同要求”，并增加了关于“进口国家无相关标准且合同未要求”的情形的规定。

（二）出口食品生产企业实行备案管理制度

为了加强出口食品生产企业食品安全卫生管理，规范出口食品生产企业备案管理工作，依据《中华人民共和国食品安全法》《中华人民共和国进出口商品检验法》及其实施条例等有关法律、行政法规的规定，国家实行出口食品生产企业备案管理制度。出口食品生产企业不包括出口食品添加剂、食品相关产品的生产、加工、储存企业。

1. 备案申请

出口食品生产企业需要备案的，未依法履行备案法定义务或者经备案审查不符合要求的，其产品不予出口。

出口食品生产企业备案时，应向直属检验检疫机构申请，提交书面申请和以下相关文件、证明性材料，并对其备案材料的真实性负责。

（1）营业执照、组织机构代码证、法定代表人或者授权负责人的身份证明。

（2）企业承诺符合出口食品生产企业卫生要求和进口国（地区）要求的自我声明和自查报告。

（3）企业生产条件（厂区平面图、车间平面图）、产品生产加工工艺、关键加工环节等信息、食品原辅料和食品添加剂使用以及企业卫生质量管理人员和专业技术人员资质等基本情况。

（4）建立和实施食品安全卫生控制体系的基本情况。

（5）依法应当取得食品生产许可以及其他行政许可的，提供相关许可证照。

（6）其他通过认证以及企业内部实验室资质等有关情况。

2. 审核签证

直属检验检疫机构评审组对出口食品生产企业提交的备案材料的符合性情况进行文件审核。同时还根据需要对出口食品生产企业实施现场检查，完成评审报告，并提交直属检验检疫机构。直属检验检疫机构对评审报告进行审查，并做出是否备案的决定。符合备案要求的，颁发《出口食品生产企业备案证明》；不予备案的，应当书面告知出口食品生产企业，并说明理由。

《备案证明》有效期为4年。出口食品生产企业需要延续依法取得的《备案证明》有效期的，应当至少在《备案证明》有效期届满前3个月，向其所在地直属检验检疫机构提出延续备案申请。

直属检验检疫机构应当对提出延续备案申请的出口食品生产企业进行复查，经复查符合备案要求的，予以换发《备案证明》。

知识拓展

《商检法》第三十二条规定，国家对进出口食品生产企业实施卫生注册登记管理。而《食品安全法》第六十八条规定，出口食品生产企业应当向国家出入境检验检疫部门备案。根据后法优于前法的原则，《进出口食品安全管理办法》采用了《食品安全法》所规定的备案管理制度，国家质检总局对出口食品生产企业实行备案制度。同时，国家质检总局第142号令颁布了《出口食品生产企业备案管理规定》。

根据《出口食品生产企业备案管理规定》，国家认证认可监督管理委员会制定了《出口食品生产企业安全卫生要求》《实施出口食品生产企业备案的产品目录》和《出口食品生产企业备案需验证HACCP体系的产品目录》，如表6－1所示。自2011年10月1日起施行。

表6-1 出口食品生产企业备案需验证 HACCP 体系的产品目录

分类号	备案的产品目录（部分）	HACCP 体系的产品目录
01	罐头类	罐头类
02	水产品类	水产品类（活品、冰鲜、晾晒、腌制品除外）
03	肉及肉制品类	肉及肉制品类
04	茶叶类	速冻蔬菜
05	肠衣类	果蔬汁
06	蜂产品类	含肉或水产品的速冻方便食品
07	蛋制品类	乳及乳制品类
08	速冻果蔬类、脱水果蔬类	
09	糖类	
10	乳及乳制品类	

（三）出口食品生产企业应建立完善的质量安全管理体系

出口食品生产企业应当建立原料、辅料、食品添加剂、包装材料容器等进货查验记录制度。出口食品生产企业应当建立生产记录档案，如实记录食品生产过程的安全管理情况。出口食品生产企业应当建立出厂检验记录制度，依照《进出口食品安全管理办法》规定的要求对其出口食品进行检验，检验合格后方可报检。上述记录应当真实，保存期限不得少于2年。

（四）出口食品原料种植、养殖场备案制度

国家质检总局对出口食品原料种植、养殖场实施备案管理。出口食品原料种植、养殖场应当向所在地检验检疫机构办理备案手续。

实施备案管理的原料品种目录和备案条件由国家质检总局制定。出口食品的原料列入目录的，应当来自备案的种植、养殖场。

种植、养殖场应当建立原料的生产记录制度，生产记录应当真实，记录保存期限不得少于2年。备案种植、养殖场应当依照进口国家（地区）食品安全标准和中国有关规定使用农业化学投入品，并建立疫情疫病监测制度。备案种植、养殖场应当为其生产的每一批原料出具出口食品加工原料供货证明文件。

（五）违法违规应承担的法律责任

（1）出口食品原料种植、养殖场有下列情形之一的，由检验检疫机构责令改正，有违法所得的，处违法所得3倍以下罚款，最高不超过3万元；没有违法所得的，处1万元以下罚款。

① 出口食品原料种植、养殖过程中违规使用农业化学投入品的。

② 相关记录不真实或者保存期限少于2年的。

出口食品生产企业生产出口食品使用的原料未按照规定来自备案基地的，按照前款规定给予处罚。

（2）有下列情形之一的，由检验检疫机构按照食品安全法第八十九条、第八十五条的规定给予违法生产经营的食品货值金额不足10 000元的，并处2 000元以上50 000元以下罚款；货值金额10 000元以上的，并处货值金额五倍以上十倍以下罚款；情节严重的，吊销许可证。

① 未报检或者未经监督、抽检合格擅自出口的。

② 擅自调换经检验检疫机构监督、抽检并已出具检验检疫证明的出口食品的。

复习思考题

一、单选题

1. 下列单据中，在报检进口预包装食品时必须提供的是（　　）。

A. 国外官方出具的卫生证书　　B. 国外官方出具的品质检验证书

C. 进出口食品标签审核证书　　D. 进境动植物检疫许可证

2. 办理从美国进口的口香糖的报检手续时，无须提供的单据是（　　）。

A. 动植物检疫许可证　　C. 进口食品标签审核证书

B. 关于包装的声明或证书　　D. 进口食品原产地证书

3. 某公司从英国进口一批纸箱包装的水果罐头，报检时无须提供的单据是（　　）。

A. 进境动植物检疫许可证　　B. 产地证书

C. 进出口食品标签审核证书　　D. 出口商出具的无木质包装声明

4. 食品标签的审核、批准、发证工作由（　　）负责。

A. 国家认监委　　B. 国家质检总局

C. 各地检验检疫机构　　D. 国家食品药品监督管理局

5. 某公司从法国进口一批瓶装葡萄酒，用小木箱包装，（　　）不是报检时应当提供的单据。

A. 进口食品标签审核证书　　B. 官方的植物检疫证书

C. 进境动植物检疫许可证　　D. 原产地证书

6. 进出口食品标签审核适用于对进出口（　　）食品标签审核、检验管理。

A. 内包装　　B. 预包装　　C. 外包装　　D. 固定包装

7. 专供婴幼儿和其他特定人群的主辅食品，其标签应当（　　）。

A. 标明水分、脂肪　　B. 标明全部营养成分

C. 标明全部营养成分含量　　D. 标明主要营养成分及其含量

8. 以保健食品名义报检的进口食品必须报（　　）审批合格才能进口。

A. 国家质检总局　　B. 卫生部

C. 海关总署　　D. 国家食品药品监督管理局

9. 进口食品生产企业，应当按照规定向（　　）申请备案；出口食品生产企业，应当按照规定向（　　）申请备案。

A. 出入境检验检疫机构、国家质检总局

B. 国家认监委、出入境检验检疫机构直属局

C. 国家质检总局、国家质检总局

D. 出入境检验检疫机构、出入境检验检疫机构

二、多选题

1. 根据我国《食品安全法》的有关规定，以下表述正确的有（　　）。

A. 进口食品应当符合原产国食品安全国家标准

B. 首次进口食品添加剂新品种，进口商应取得卫生部的许可

C. 向我国境内出口食品的境外食品生产企业应当经国家质检总局注册
D. 预包装食品没有中文标签、中文说明书的，不得进口

2. 某公司进口一批预包装食品，以下所列单据，在报检时须提供的有(　　)。
A. 合同、提单　　B. 进出口食品标签审核证书
C. 原产地证书　　D. 装船前检验证书

3. 根据《中华人民共和国食品安全法》，以下所列进口产品，应由检验检疫机构实施卫生监督检验的有（　　）。
A. 食品　　B. 食品添加剂
C. 食品容器、包装材料　　D. 食品用工具及设备

4. 根据《中华人民共和国食品安全法》的有关规定，进口的（　　）必须经出入境检验检疫机构检验合格，方准进口。
A. 食品　　B. 食品包装材料
C. 食品添加剂　　D. 食品容器、食品用工具和设备

5. 某公司从巴西进口了一船大豆，报检时须提供（　　）。
A. 国家质检总局签发的《进境动植物检疫许可证》
B. SGS 签发的品质和重量证书
C. 巴西官方的植物检疫证书
D. 进出口食品标签审核证书

6. 向检验检疫机构申请食品标签审核，下列哪些是需要提供的？（　　）
A. 入/出境货物报检单　　B. 食品标签所标示内容的说明材料
C. 食品标签的样张六套　　D. 食品样品

7. 进口小包装食品报检时应提供（　　）。
A. 卫生部文件　　B. 产地证
C. 进出口食品标签审核证书　　D. 合同、发票、装箱单、提单等

8. 进口食品的报检范围指（　　）。
A. 食品及食品添加剂　　B. 食品容器
C. 食品包装容器　　D. 食品包装材料和食品用工具及设备

三、判断题

1. 根据《食品安全法》的规定，在国内市场销售的进口食品必须有中文标识。（　　）

2. 报检出口食品或食品添加剂，应提供《进出口食品标签审核证书》。（　　）

3. 进口食品添加剂、食品包装材料、食品用工具设备都属于“进口食品”的报检范畴。（　　）

4. 对以保健食品名义报检的进口食品，检验检疫机构根据卫生部保健食品批号即可签发卫生证书。（　　）

5. 食品进口和销售记录应当真实，保存期限不得少于三年。（　　）

6. 检验检疫机构对法定检验以外的出口食品可以在生产、经营单位检验的基础上，定期或不定期地抽查检验。（　　）

7. 已取得卫生注册证书的出口食品厂、库的分厂、联营厂以及不在同一厂区的生产车间，可以不用分别实施卫生注册或者登记管理。（　　）

8. 按照传统既是食品又是药品，不以治疗为目的进口物品，应按照食品报检。（　　）

9. 进口食品在口岸检验合格取得卫生证书后再转运内地销售的，还要到销售地检验检疫机构申请换证，并填写《入境货物报检单》。（　　）

10. 未经备案的企业和仓库或储存的出口食品，不得出口，检验检疫机构不予受理报检。（　　）

项目七

出入境化妆品的报检与管理

学习目标

了解、掌握进口化妆品收货人备案制度，出口化妆品生产企业实施备案制度；出入境化妆品报检范围、程序及监督管理。

技能目标

能够办理出入境化妆品的报检业务工作。

为保证进出口化妆品的安全卫生质量，保护消费者身体健康，根据《中华人民共和国进出口商品检验法》及其实施条例、《化妆品卫生监督条例》和《国务院关于加强食品等产品安全监督管理的特别规定》等法律、行政法规的规定，制定了《进出口化妆品检验检疫监督管理办法》，并自2012年2月1日起施行。

国家质量监督检验检疫总局（以下简称国家质检总局）主管全国进出口化妆品检验检疫监督管理工作。国家质检总局设在各地的出入境检验检疫机构（简称检验检疫机构）负责所辖区域进出口化妆品检验检疫监督管理工作。

任务一　入境化妆品的报检与管理

案例导入

广东出入境检验检疫局在对一批SK－Ⅱ重点净白素肌粉饼进行检验后发现，其钕成分含量高达4.5 mg/kg。此外，SK－Ⅱ清透防晒乳液、SK－Ⅱ多元修护精华霜、SK－Ⅱ护肤洁面油、SK－Ⅱ护肤精华露、SK－Ⅱ重点净白肌粉底液OB－2、SK－Ⅱ护肤面膜、SK－Ⅱ重点净白素肌粉底液OD－3、SK－Ⅱ润彩活肤粉凝霜OB－2系列进口产品中均被检出禁用物质铬，其含量为0.77～2.0 mg/kg。按照我国《化妆品卫生标准》（GB7916）的有关规定，化妆品中不能含有铬、钕等禁用物质。据介绍，铬为皮肤变态反应原，可引起过敏性皮炎或湿疹，病程长，久而不愈。钕对眼睛和黏膜有很强的刺激性，对皮肤有中度刺激性，吸入还可导致肺栓塞和肝损害。我国和欧盟等有关国家的相关规定中均把这两种元素列为化妆品禁用物质。请分析：我国对进口化妆品的检验检疫监督管理规定。

一、入境化妆品报检范围

化妆品是指以涂、擦、散布于人体表面任何部位（表皮、毛发、指趾甲、口唇等）或者口腔黏膜、牙齿，以达到清洁、消除不良气味、护肤、美容和修饰目的的产品。

二、进口化妆品收货人备案制度

检验检疫机构对进口化妆品的收货人实施备案管理。

（一）备案目的

通过对进口化妆品收货人备案信息的掌控，确保进口化妆品的流向清晰、可查询，健全进口化妆品溯源和召回机制，做到进口化妆品可追溯、缺陷化妆品可召回，切实保障消费者利益。

（二）备案范围

经营进口化妆品的收货人均需办理备案手续。收货人是指依据国际货物买卖合同的买方，包括拥有外贸进出口经营权且直接与外商签约的收货人，和受无进出口经营权的企业委托代理签订外贸合同的买方（即“名义”收货人）。

首次备案后的进口化妆品收货人，每次有新品种种类的化妆品进口时，应当及时到原备案检验检疫机构变更相关信息。

（三）备案流程

1. 备案申请

进口化妆品收货人首次或重新换证申请备案时，应填写《进口化妆品收货人备案申请表》，并提交下列申请材料（若变更申请，则无须提交）：

（1）填制准确完备的收货人备案申请表。

（2）工商营业执照、组织机构代码证书、法定代表人身份证明、对外贸易经营者备案登记表等复印件，并交验正本。

（3）进口化妆品验收制度、缺陷食品召回和货物流向管理制度等质量安全管理制度。

（4）自理报检的，应当提供自理报检单位备案登记证明书复印件并交验正本。

（5）外地收货人如委托代理报检单位提出申请的，还须提交相关委托证明。

（6）仓储库房平面图、房产证明材料或租赁合同。

上述资料均需加盖本企业公章。

2. 审核及发证

（1）初审。

进口口岸所在地检验检疫机构接受备案申请人递交的材料后进行审核，在认为必要时可派员进行现场审核，现场审核内容应包括：货物存放地点卫生状况；货物进口和销售记录；

货物入库出库记录等。初审工作须在15个工作日内完成。

（2）复审发证。

进口食品、化妆品收货人或代理报检单位将初审合格后的《进口食品、化妆品收货人备案申请表》并随附其他材料及相关材料正本报送直属局食品处进行复审。

直属局食品处自收到有关资料后组织有关业务人员核实、整理、汇总。对于材料齐全且审核合格的企业准予备案，颁发《进口食品、化妆品收货人检验检疫备案证书》。审核不合格的企业，应在15日内重新递交其备案申请材料。

3. 年度审核

备案单位应于每年10月底前向口岸检验检疫机构提出年度审核申请。年度审核申请须提供材料：《进口食品、化妆品收货人备案年度审核申请表》如表7－1所示。进口产品流向记录表和销售记录表（纸质或电子版）如表7－2所示。进口口岸所在地检验检疫机构接受备案单位递交的年审材料后进行审核，在认为必要时可派员进行现场审核，审核工作应在10个工作日内完成。

表7－1　出入境检验检疫局进口食品、化妆品收货人备案登记表

<table>
<tr><td colspan="2">收货人名称</td><td colspan="3"></td></tr>
<tr><td colspan="2">收货人地址</td><td colspan="3"></td></tr>
<tr><td colspan="2">企业法人代表</td><td></td><td>电话</td><td></td></tr>
<tr><td colspan="2">企业联系人</td><td></td><td>电话</td><td></td></tr>
<tr><td colspan="2">E－mail</td><td></td><td>传真</td><td></td></tr>
<tr><td colspan="2">经营进口产品</td><td colspan="3">备案日期备案号</td></tr>
<tr><td colspan="5">随附资料：□加盖企业公章的工商营业执照复印件
□加盖企业公章的卫生许可证复印件
□企业简介资料</td></tr>
<tr><td colspan="5">收货人声明：本企业提供的资料真实，上述填写内容正确属实。本企业在进口食品、化妆品经营活动中，保证严格遵守我国检验检疫法律法规的规定，坚持诚信经营，如实记录进口产品流向。如弄虚作假，违反检验检疫法律法规，自愿接受检验检疫机构的行政处罚，并承担相应的责任。
（企业盖章）　　法定代表人（签字）：
年　月　日</td></tr>
<tr><td>审核意见</td><td colspan="4">□经审核，企业提交的资料齐全，提供的工商营业执照、卫生许可证有效，经营的进口食品、化妆品在工商营业执照范围内，同意备案。备案号______________。
□因________________原因，不同意备案。
核查人：　　审核人：
核查日期：　　审核日期：</td></tr>
</table>

表 7-2　进口食品、化妆品流向记录表

<table>
<tr><td rowspan="2">入库</td><td>日　期</td><td>品　名</td><td>数量（件）</td><td>重　量</td><td>原产地</td><td>标　识</td><td>报检号</td></tr>
<tr><td></td><td></td><td></td><td></td><td></td><td></td><td></td></tr>
<tr><td rowspan="9">出库记录</td><td>出库日期</td><td>数量（件）</td><td>重量</td><td colspan="2">提货人（单位）</td><td colspan="2">联系人/电话</td></tr>
<tr><td></td><td></td><td></td><td colspan="2"></td><td colspan="2"></td></tr>
<tr><td></td><td></td><td></td><td colspan="2"></td><td colspan="2"></td></tr>
<tr><td></td><td></td><td></td><td colspan="2"></td><td colspan="2"></td></tr>
<tr><td></td><td></td><td></td><td colspan="2"></td><td colspan="2"></td></tr>
<tr><td></td><td></td><td></td><td colspan="2"></td><td colspan="2"></td></tr>
<tr><td></td><td></td><td></td><td colspan="2"></td><td colspan="2"></td></tr>
<tr><td></td><td></td><td></td><td colspan="2"></td><td colspan="2"></td></tr>
<tr><td colspan="7">其中：进口收货人零售、自销数量________（件）/重量______________</td></tr>
</table>

说明：产品入出库记录主要记录收货人的批发、分销情况，要求按不同的进口批次（报检号）、品名分开填写，同一进口批次的产品如有多个品种须分别填写。进口收货人的零售、自销产品须填写销售台账备查，并将其汇总后填入该表。

备案单位或代理报检单位将初审合格后的《进口食品、化妆品收货人备案年度审核申请表》并随附进口产品流向记录表和销售记录表（纸质或电子版）报送直属局食品处。直属局食品处自收到有关资料后对材料齐全且审核合格的企业准予复审签章。

4. 监督管理

（1）检验检疫机构对进口食品、化妆品收货人实施备案管理。进口产品的收货人应当如实记录产品流向。记录保存期限不得少于 2 年。

（2）当备案企业名称、法人代表、企业地点、经营品种、储存场所等信息发生变化时，企业应在 30 天内书面报告口岸检验检疫机构，申请更改。口岸检验检疫机构审核后，上报直属局食品处复审。

（3）年审要求，年度审核合格的，检验检疫备案资格继续有效；不合格的，责令限期整改；整改后仍不合格的，取消检验检疫备案资格。

（4）备案证书有效期为 3 年。备案申请人应当在备案资格有效期满 3 个月前向口岸检验检疫机构提出换证复查申请。

复审合格的，予以换证，其备案资格继续有效；不合格的，取消其备案资格。

（5）存在下列情形之一的，取消备案企业的备案资格。

① 转让、借用、篡改备案号的。

② 对重大疫情及质量安全问题隐瞒或谎报的。

③ 拒不接受监督管理的。

④ 其他类似违规行为。

被取消备案资格的备案企业，1 年后方可重新提出备案申请。

（6）有下列情形之一的，视为企业备案资格自动失效。

备案企业名称、法人代表、企业地点、经营品种、储存场所等发生变化后，30 个工作日内未申请变更的；备案资格有效期满，备案企业未提出换证复查申请的。

（7）诚信管理。

进口口岸所在地检验检疫机构应当对本辖区内收货人的进口和销售记录进行检查，并将检查结果作为对生产经营者诚信管理的依据。

三、入境化妆品检验检疫

（一）入境化妆品检验检疫依据

（1）检验检疫机构根据我国国家技术规范的强制性要求以及我国与出口国家（地区）签订的协议、议定书规定的检验检疫要求对进口化妆品实施检验检疫。

（2）我国尚未制定国家技术规范强制性要求的，可以参照国家质检总局指定的国外有关标准进行检验。

（二）入境化妆品检验检疫地点

进口化妆品由口岸检验检疫机构实施检验检疫。国家质检总局根据便利贸易和进口检验工作的需要，可以指定在其他地点检验。

（三）报检程序

进口化妆品的收货人或者其代理人应当按照国家质检总局相关规定报检，同时提供收货人备案号。

1. 申请

其中首次进口的化妆品应当提供以下文件：

（1）符合国家相关规定要求，正常使用不会对人体健康产生危害的声明。

（2）产品配方。

（3）国家实施卫生许可或者备案的化妆品，应当提交国家相关主管部门批准的进口化妆品卫生许可批件或者备案凭证。

（4）国家没有实施卫生许可或者备案的化妆品，应当提供下列材料：

① 具有相关资质的机构出具的可能存在安全性风险物质的有关安全性评估资料。

② 在生产国家（地区）允许生产、销售的证明文件或者原产地证明。

（5）销售包装化妆品成品除前四项外，还应当提交中文标签样张和外文标签及翻译件。

（6）非销售包装的化妆品成品还应当提供包括产品的名称、数/重量、规格、产地、生产批号和限期使用日期（生产日期和保质期）、加施包装的目的地名称、加施包装的工厂名称、地址、联系方式。

（7）国家质检总局要求的其他文件。上述文件提供复印件的，应当同时交验正本。

2. 检验出证

检验检疫机构受理报检后，对进口化妆品进行检验检疫，包括现场查验、抽样留样、实验室检验、出证等。

（1）现场查验：现场查验内容包括货证相符情况、产品包装、标签版面格式、产品感官性状、运输工具、集装箱或者存放场所的卫生状况。

（2）标签审核：进口化妆品成品的标签标注应当符合我国相关的法律、行政法规规定及国家技术规范的强制性要求。检验检疫机构对化妆品标签内容是否符合法律、行政法规规定要求进行审核，对与质量有关的内容的真实性和准确性进行检验。

（3）抽样留样：进口化妆品的抽样应当按照国家有关规定执行，样品数量应当满足检验、复验、备查等使用需要。以下情况，应当加严抽样。

① 首次进口的。

② 曾经出现质量安全问题的。

③ 进口数量较大的。

抽样时，检验检疫机构应当出具印有序列号、加盖检验检疫业务印章的《抽/采样凭证》，抽样人与收货人或者其代理人应当双方签字。样品应当按照国家相关规定进行管理，合格样品保存至抽样后4个月，特殊用途化妆品合格样品保存至证书签发后一年，不合格样品应当保存至保质期结束。涉及案件调查的样品，应当保存至案件结束。

（4）实验室检验：需要进行实验室检验的，检验检疫机构应当确定检验项目和检验要求，并将样品送至具有相关资质的检验机构。检验机构应当按照要求实施检验，并在规定时间内出具检验报告。

（5）出证：进口化妆品经检验检疫合格的，检验检疫机构出具《入境货物检验检疫证明》，并列明货物的名称、品牌、原产国家（地区）、规格、数/重量、生产批号/生产日期等。进口化妆品取得《入境货物检验检疫证明》后，方可销售、使用。

进口化妆品经检验检疫不合格，涉及安全、健康、环境保护项目的，由检验检疫机构责令当事人销毁，或者出具退货处理通知单，由当事人办理退运手续。其他项目不合格的，可以在检验检疫机构的监督下进行技术处理，经重新检验检疫合格后，方可销售、使用。

进口化妆品在取得检验检疫合格证明之前，应当存放在检验检疫机构指定或者认可的场所，未经检验检疫机构许可，任何单位和个人不得擅自调离、销售、使用。

知识拓展　**关于取消进口化妆品加贴检验检疫标志的公告**

根据《进出口化妆品检验检疫监督管理办法》（国家质检总局令第143号）的规定，自2012年2月1日起，经检验合格的进口化妆品不再加贴检验检疫标志。特此公告。

四、监督管理

（一）实施分类管理及诚信管理

（1）检验检疫机构对进出口化妆品的生产经营者实施分类管理制度。

（2）检验检疫机构对进口化妆品的收货人、出口化妆品的生产企业和发货人实施诚信管理。对有不良记录的，应当加强检验检疫和监督管理。

（二）实施风险监测制度

国家质检总局对进出口化妆品安全实施风险监测制度，组织制订和实施年度进出口化妆品安全风险监控计划。检验检疫机构根据国家质检总局进出口化妆品安全风险监测计划，组织对本辖区进出口化妆品实施监测并上报结果。

检验检疫机构应当根据进出口化妆品风险监测结果，在风险分类的基础上调整对进出口化妆品的检验检疫和监管措施。

（三）建立风险预警与快速反应机制

国家质检总局对进出口化妆品建立风险预警与快速反应机制。进出口化妆品发生质量安全问题，或者国内外发生化妆品质量安全问题可能影响到进出口化妆品安全时，国家质检总局和检验检疫机构应当及时启动风险预警机制，采取快速反应措施。

国家质检总局可以根据风险类型和程度，决定并公布采取以下快速反应措施。

（1）有条件地限制进出口，包括严密监控、加严检验、责令召回等；

（2）禁止进出口，就地销毁或者作退运处理。

（3）启动进出口化妆品安全应急预案。

检验检疫机构负责快速反应措施的实施工作。

（四）实施化妆品召回制度

进口化妆品存在安全问题，可能或者已经对人体健康和生命安全造成损害的，收货人应当主动召回并立即向所在地检验检疫机构报告。收货人应当向社会公布有关信息，通知销售者停止销售，告知消费者停止使用，做好召回记录。收货人不主动召回的，检验检疫机构可以责令召回。必要时，由国家质检总局责令其召回。

检验检疫机构应当将辖区内召回情况及时向国家质检总局报告。

（五）实施抽查检验

检验检疫机构对《进出口化妆品检验检疫监督管理办法》规定必须经检验检疫机构检验的进出口化妆品以外的进出口化妆品，根据国家规定实施抽查检验。

（六）法律责任

（1）未经检验检疫机构许可，擅自将尚未经检验检疫机构检验合格的进口化妆品调离指定或者认可监管场所，有违法所得的，由检验检疫机构处违法所得3倍以下罚款，最高不超过3万元；没有违法所得的，处1万元以下罚款。

（2）将进口非试用或者非销售用的化妆品展品用于试用或者销售，有违法所得的，由检验检疫机构处违法所得3倍以下罚款，最高不超过3万元；没有违法所得的，处1万元以下罚款。

（3）不履行退运、销毁义务的，由检验检疫机构处以1万元以下罚款。

（4）检验检疫机构工作人员泄露所知悉的商业秘密的，依法给予行政处分，有违法所得的，没收违法所得；构成犯罪的，依法追究刑事责任。

任务二　出境化妆品的报检与管理

案例导入

2009年11月17日，欧盟《官方公报》分别刊登了两项指令2009/129/EC号和2009/130/EC号，这两项指令的内容都涉及化妆品的监管，其中包括染发剂与其他护发产品，以及牙膏和口腔护理产品，检验检疫部门提醒相关化妆品出口生产企业：在面对欧盟方面不断修订完善产品标签硬壁垒和技术软壁垒的环境下，企业不仅要把好产品出口的质量关，还需密切关注各种指令及规定的新进展，规范出口产品的标示，避免因标示内容不全、不实造成退货甚至销毁的后果。请分析，我国化妆品出口生产企业出口化妆品应注意的问题。

一、出境化妆品报检范围

化妆品的报检范围是：HS编码为33030000的香水及花露水、33041000的唇用化妆品、

33042000的眼用化妆品、33043000的指（趾）用化妆品、33049100的香粉（不论是否压紧）、33049900.10的护肤品（包括防晒油或晒黑油，但药品除外）、33049900.90的其他美容化妆品、33051000的洗发剂（香波）、33052000的烫发剂、33053000的定型剂、33059000的其他护发品等。

二、出口化妆品检验程序

（一）报检依据

出口化妆品生产企业应当保证其出口化妆品符合进口国家（地区）标准或者合同要求。进口国家（地区）无相关标准且合同未有要求的，可以由国家质检总局指定相关标准。

来料加工全部复出口的化妆品，来料进口时，能够提供符合拟复出口国家（地区）法规或者标准的证明性文件的，可免于按照我国标准进行检验；加工后的产品，按照进口国家（地区）的标准进行检验检疫。

国家质检总局对出口化妆品生产企业实施备案管理。具体办法由国家质检总局另行制定。

（二）报检地点

出口化妆品由产地检验检疫机构实施检验检疫，口岸检验检疫机构实施口岸查验。

口岸检验检疫机构应当将查验不合格信息通报产地检验检疫机构，并按规定将不合格信息上报上级检验检疫机构。

（三）报检程序

1. 申请

出口化妆品的发货人或者其代理人应当按照国家质检总局相关规定报检。其中首次出口的化妆品应当提供以下文件：

（1）出口化妆品企业营业执照、卫生许可证、生产许可证、生产企业备案材料及法律、行政法规要求的其他证明。

（2）自我声明。声明化妆品符合进口国家（地区）相关法规和标准的要求，正常使用不会对人体健康产生危害等内容。

（3）产品配方。

（4）销售包装化妆品成品应当提交外文标签样张和中文翻译件。

（5）特殊用途销售包装化妆品成品应当提供相应的卫生许可批件或者具有相关资质的机构出具的是否存在安全性风险物质的有关安全性评估资料。

上述文件提供复印件的，应当同时交验正本。

2. 检验出证

检验检疫机构受理报检后，对出口化妆品进行检验检疫，包括现场查验、抽样留样、实验室检验、出证等。

（1）现场查验：现场查验内容包括货证相符情况、产品感官性状、产品包装、标签版面格式、运输工具、集装箱或者存放场所的卫生状况。

（2）抽样留样：出口化妆品的抽样应当按照国家有关规定执行，样品数量应当满足检验、复验、备查等使用需要。

抽样时，检验检疫机构应当出具印有序列号、加盖检验检疫业务印章的《抽/采样凭证》，抽样人与发货人或者其代理人应当双方签字。

样品应当按照国家相关规定进行管理，合格样品保存至抽样后4个月，特殊用途化妆品合格样品保存至证书签发后一年，不合格样品应当保存至保质期结束。涉及案件调查的样品，应当保存至案件结束。

（3）实验室检验：需要进行实验室检验的，检验检疫机构应当确定检验项目和检验要求，并将样品送至具有相关资质的检验机构。检验机构应当按照要求实施检验，并在规定时间内出具检验报告。

（4）出证：

① 出口化妆品经检验检疫合格的，由检验检疫机构按照规定出具通关证明。进口国家（地区）对检验检疫证书有要求的，应当按照要求同时出具有关检验检疫证书。

② 出口化妆品经检验检疫不合格的，可以在检验检疫机构的监督下进行技术处理，经重新检验检疫合格的，方准出口。不能进行技术处理或者技术处理后重新检验仍不合格的，不准出口。

三、监督管理

（一）出口化妆品生产企业应当建立质量管理体系

出口化妆品生产企业应当建立质量管理体系并使其持续有效运行。检验检疫机构对出口化妆品生产企业质量管理体系及运行情况进行日常监督检查。

（1）出口化妆品生产企业应当建立原料采购、验收、使用管理制度，要求供应商提供原料的合格证明。

（2）出口化妆品生产企业应当建立生产记录档案，如实记录化妆品生产过程的安全管理情况。

（3）出口化妆品生产企业应当建立检验记录制度，依照相关规定要求对其出口化妆品进行检验，确保产品合格。

上述记录应当真实，保存期不得少于2年。

（二）实施诚信管理

检验检疫机构对出口化妆品的生产企业和发货人实施诚信管理。对有不良记录的，应当加强检验检疫和监督管理。

（三）实施报告制度

出口化妆品存在安全问题，可能或者已经对人体健康和生命安全造成损害的，出口化妆品生产企业应当采取有效措施并立即向所在地检验检疫机构报告。

复习思考题

一、单选题

1. 检验检疫机构对进口化妆品的收货人实施（　　）。

A. 备案管理　　B. 质量许可管理

C. 卫生许可登记管理　　D. 卫生注册登记管理

2. 下列关于进出口化妆品表述错误的是（　　）。

A. 出口化妆品应在产地检验

B. 进口化妆品由进境口岸检验检疫机构实施检验

C. 检验检疫机构对检验合格的化妆品实施后续监督管理

D. 安全卫生指标不合格的化妆品，必须在检验检疫机构监督下进行技术处理，经重新检验合格后，方可销售、使用

3. 进口食品化妆品收货人应于每年（　　）底前向口岸检验检疫机构提出年度审核申请。

A. 3月　　B. 6月　　C. 9月　　D. 10月

4. 进口食品化妆品收货人备案证书有效期为（　　）年。

A. 1　　B. 2　　C. 3　　D. 5

5. 进口化妆品由（　　）实施检验。

A. 进境口岸药监局　　B. 启运地检验检疫机构

C. 进境口岸检验检疫机构　　D. 收货人所在地检验检疫机构

6. 以下进口化妆品报检时应提供的单据表述不正确的是（　　）。

A.《入境货物报检单》　　B. 合同、发票

C.《标签审核管理证明》　　D.《进出口化妆品审核证书》

7. 国家质检总局对出口化妆品生产企业实施（　　）管理。

A. 备案管理　　B. 质量许可管理

C. 卫生许可登记管理　　D. 卫生注册登记管理

二、多选题

1. 检验检疫机构对进口化妆品实施后续监督管理，对于（　　）的化妆品可以依法采取封存、补检等措施。

A. 未经检验检疫机构检验　　B. 无中文标签

C. 未加贴检验检疫标志　　D. 盗用检验检疫标志

2. 化妆品是指以涂、擦、散布于人体表面（　　），以达清洁、护肤、美容和修饰目的的产品。

A. 指甲　　B. 皮肤

C. 口唇、口腔黏膜　　D. 毛发

3. 进口食品化妆品收货人申请年度审核申请须提供材料（　　）。

A.《进出口化妆品标签审核证书》

B.《进口食品化妆品收货人备案年度审核申请表》;

C. 进口产品流向记录表

D. 销售记录表

4. 国家质检总局可以根据进出口化妆品风险类型和程度，决定并公布采取以下（　　）快速反应措施。

A. 有条件地限制进出口，包括严密监控、加严检验、责令召回等

B. 禁止进出口，就地销毁或者作退运处理

C. 启动进出口化妆品安全应急预案

D. 实行化妆品召回制度

5. 首次出口的化妆品应当提供以下（　　）文件。

A. 出口化妆品企业营业执照、卫生许可证、生产许可证、生产企业备案材料及法律、行政法规要求的其他证明

B. 自我声明。声明化妆品符合进口国家（地区）相关法规和标准的要求，正常使用不会对人体健康产生危害等内容

C. 产品配方

D. 销售包装化妆品成品应当提交外文标签样张和中文翻译件

6. 出口化妆品生产企业应当建立质量管理体系包括（　　）。

A. 出口化妆品生产企业应当建立原料采购、验收、使用管理制度

B. 出口化妆品生产企业应当建立生产记录档案

C. 出口化妆品生产企业应当建立检验记录制度

D. 上述记录应当真实，保存期不得少于 3 年

三、判断题

1. 国家对出口化妆品生产企业实施备案登记管理。(　　)

2. 办理入境化妆品报检手续时，须提供《进出口化妆品标签审核证书》。(　　)

3. 进口的化妆品必须同时进行标签项目和卫生项目的检验，经检验合格的，检验检疫机构签发《标签审核证书》和《卫生证书》；经检验不合格的，不准销售、使用。(　　)

4. 出口化妆品由出境口岸检验检疫机构实施检验，进口化妆品由进境口岸检验检疫机构实施检验。(　　)

5. 出口化妆品由产地检验检疫机构实施检验检疫，口岸检验检疫机构实施口岸查验。(　　)

项目八

出入境玩具的报检与管理

学习目标

了解并掌握出入境玩具报检的范围、程序；出口玩具注册登记；出口玩具的监督管理。

技能目标

能够办理出入境玩具的报检业务工作。

根据《中华人民共和国进出口商品检验法》及其实施条例和《国务院关于加强食品等产品安全监督管理的特别规定》等有关规定，于2009年9月15日起施行了《进出口玩具检验监督管理办法》，于2015年11月23日修订，该办法规范了进出口玩具的检验监管工作，加强了对进出口玩具的管理，保护了消费者人身健康和安全。

国家质量监督检验检疫总局主管全国进出口玩具检验监督管理工作。国家质检总局设在各地的检验检疫机构负责辖区内进出口玩具的检验监督管理工作。

任务一　入境玩具的报检与管理

案例导入

从广州检验检疫局获悉，超过九成的进口玩具安全标识不合格，存在着安全隐患。据悉，2010年1—5月，广州口岸进口的玩具产品共175批次，140多万件，其中130万件收到了广州检验检疫局发出的标识整改通知。在进口玩具产品中，没有加贴安全标识或标识内容不符合我国玩具安全技术规范要求的比例竟高达92.8%。请分析，我国对进口玩具安全标识是如何规定的？安全标识不合格的进口玩具有什么危害？

一、入境玩具报检范围

（1）列入必须实施检验的进出口商品目录（以下简称目录）以及法律、行政法规规定必须经检验检疫机构检验的进口玩具。

（2）检验检疫机构对目录外的进口玩具按照国家质检总局的规定实施抽查检验。

二、入境玩具的报检

（一）报检时间

进口玩具入境时，收货人或者其代理人在规定的时间内向所在地检验检疫机构办理报检手续。

（二）报检单证

进口玩具的收货人或者其代理人在办理报检时，应当按照《出入境检验检疫报检规定》如实填写《入境货物报检单》，并随附合同、发票、装箱单、提运单等有关单证。对列入强制性产品认证目录的进口玩具还应当提供强制性产品认证证书复印件。

（三）检验出证

1. 进口玩具经检验合格的，检验检疫机构出具检验证明。

2. 进口玩具经检验不合格的，由检验检疫机构出具检验检疫处理通知书。

涉及人身财产安全、健康、环境保护项目不合格的，由检验检疫机构责令当事人退货或者销毁；其他项目不合格的，可以在检验检疫机构的监督下进行技术处理，经重新检验合格后，方可销售或者使用。

三、检验监督管理

进口玩具按照我国国家技术规范的强制性要求实施检验。在国内市场销售的进口玩具，其安全、使用标识应当符合我国玩具安全的有关强制性要求。

（一）对列入强制性产品认证目录内的进口玩具的管理

检验检疫机构对列入强制性产品认证目录的进口玩具，按照《进口许可制度民用商品入境验证管理办法》的规定实施验证管理

（二）对未列入强制性产品认证目录内的进口玩具的管理

对未列入强制性产品认证目录的进口玩具，报检人已提供进出口玩具检测实验室出具的合格检测报告的，检验检疫机构对报检人提供的有关单证与货物是否符合进行审核。对未能提供检测报告或者经审核发现有关单证与货物不相符的，应当对该批货物实施现场检验并抽样送玩具实验室检测。

（三）实施召回制度

国家质检总局对进口玩具的召回实施监督管理。进入我国国内市场的进口玩具存在缺陷的，进口玩具的经营者、品牌商应当主动召回；不主动召回的，由国家质检总局责令召回。进口玩具的经营者、品牌商获知其提供的玩具可能存在缺陷的，应当进行调查，确认产品质量安全风险，同时在24小时内报告所在地检验检疫机构。实施召回时应当制作并保存完整的召回记录，并在召回完成时限期满后15个工作日内，向国家质检总局和所在地直属检验检疫局提交召回总结。

（四）法律责任

（1）擅自销售未经检验的进口玩具，或者擅自销售应当申请进口验证而未申请的进口

玩具的，由检验检疫机构没收违法所得，并处货值金额5%以上20%以下罚款。

（2）擅自销售经检验不合格的进口玩具，由检验检疫机构责令停止销售，没收违法所得和违法销售的玩具，并处违法销售的玩具货值金额等值以上3倍以下罚款。

（3）进口玩具的收货人、代理报检企业、快件运营企业、报检人员未如实提供进出口玩具的真实情况，取得检验检疫机构的有关证单，或者逃避检验的，由检验检疫机构没收违法所得，并处货值金额5%以上20%以下罚款。

进出口玩具的收货人或者发货人委托代理报检企业、出入境快件运营企业办理报检手续，未按照规定向代理报检企业、出入境快件运营企业提供所委托报检事项的真实情况，取得检验检疫机构有关证单的，对委托人依照前款规定予以处罚。

代理报检企业、出入境快件运营企业、报检人员对委托人所提供情况的真实性未进行合理审查或者因工作疏忽，导致骗取检验检疫机构有关证单的结果的，由检验检疫机构对代理报检企业、出入境快件运营企业处2万元以上20万元以下罚款。

（4）伪造、变造、买卖或者盗窃检验检疫证单、印章、标志、封识、货物通关单或者使用伪造、变造的检验检疫证单、印章、标志、封识、货物通关单，由检验检疫机构责令改正，没收违法所得，并处货值金额等值以下罚款；构成犯罪的，依法追究刑事责任。

（5）擅自调换检验检疫机构抽取的样品或者检验检疫机构检验合格的进出口玩具的，由检验检疫机构责令改正，给予警告；情节严重的，并处货值金额10%以上50%以下罚款。

（6）擅自调换、损毁检验检疫机构加施的标志、封识的，由检验检疫机构处5万元以下罚款。

（7）我国境内的进出口玩具生产企业、经营者、品牌商有下列情形之一的，检验检疫机构可以给予警告或者处3万元以下罚款。

① 对出口玩具在进口国家或者地区发生质量安全事件隐瞒不报并造成严重后果的。

② 对应当向检验检疫机构报告玩具缺陷而未报告的。

③ 对应当召回的缺陷玩具拒不召回的。

任务二　出境玩具的报检与管理

案例导入

近年来，欧美各国技术性贸易壁垒频发，浙江省玩具出口屡屡受阻，玩具出口增幅明显回落。据统计，自2009年1月至2010年3月，产地为浙江的玩具产品一共被召回90例，其中欧盟83例，占涉案总数的92.2%；美国4例，乌克兰1例，新加坡1例。欧盟各国中以西班牙为最高，共召回24例；德国次之，15例。请分析出口玩具被召回、退回的主要原因，并提出应对方案。

一、出境玩具报检范围

出口玩具报检范围是：HS编码为9501000的供儿童乘骑的带轮玩具及玩偶车（例如：三轮车、踏板车、踏板汽车）；95021000玩偶（无论是否着装）；95031000玩具电动火车（包括轨道、信号及其他附件）；95032000缩小（按比例缩小）的全套模型组件（不论是否活动，但编号950310货品除外）；95033000其他建筑套件及建筑玩具；95034100填充的玩具动物；95034900 其他玩具动物；95035000 玩具乐器；95036000 智力玩具；95037000 组装成套的其他玩具；95038000 其他带动力装置玩具及模型；95039000 其他未列明的玩具。

二、出境玩具的报检

（一）报检时间

出口玩具出境时，发货人或者其代理人在规定的时间内向所在地的检验检疫机构办理报检手续。

（二）报检单证

出口玩具报检时，报检人应当如实填写出境货物报检单，除按照《出入境检验检疫报检规定》提供相关材料外，还需提供以下资料：

（1）产品质量安全符合性声明。

（2）玩具实验室出具的检测报告

（3）国家质检总局规定的其他材料等。

（三）实施检验

检验检疫机构按以下规定对出口玩具实施检验。

（1）出口玩具按照输入国家或者地区的技术法规和标准实施检验，如贸易双方约定的技术要求高于技术法规和标准的，按照约定要求实施检验。输入国家或者地区的技术法规和标准无明确规定的，按照我国国家技术规范的强制性要求实施检验。

（2）政府间已签订协议的，应当按照协议规定的要求实施检验。

（四）出证放行

（1）出口玩具应当由产地检验检疫机构实施检验。出口玩具经检验合格的，产地检验检疫机构出具换证凭单；在口岸检验检疫机构实施检验的，口岸检验检疫机构直接出具出境货物通关单。出口玩具经检验不合格的，出具不合格通知单。

（2）出口玩具经产地检验检疫机构检验合格后，发货人应当在规定的期限内持换证凭单，向口岸检验检疫机构申请查验。经查验合格的，由口岸检验检疫机构签发货物通关单。货证不符的，不得出口。

（3）未能在检验有效期内出口或者在检验有效期内变更输入国家或者地区且检验要求不同的，应当重新向检验检疫机构报检。

四、出境玩具监督管理

（一）出口玩具生产、经营企业质量控制和管理

检验检疫机构应当对出口玩具生产、经营企业实施监督管理，监督管理包括对企业质量保证能力的检查以及对质量安全重点项目的检验。

（1）出口玩具生产、经营企业应当建立完善的质量安全控制体系及追溯体系，加强对玩具成品、部件或者部分工序分包的质量控制和管理。

（2）建立并执行进货检查验收制度，审验供货商、分包商的经营资格，验明产品合格证明和产品标识，并建立产品及高风险原材料的进货台账，如实记录产品名称、规格、数量、供货商、分包商及其联系方式、进货时间等内容。

（二）重点监督管理情形

检验检疫机构对玩具生产、经营企业实施重点监督管理情形如下：

（1）企业安全质量控制体系未能有效运行的。

（2）发生国外预警通报或者召回、退运事件经检验检疫机构调查确属企业责任的。

（3）出口玩具经抽批检验连续2次，或者6个月内累计3次出现安全项目检验不合格的。

（4）进口玩具在销售和使用过程中发现存在安全质量缺陷，或者发生相关安全质量事件，未按要求主动向国家质检总局或者检验检疫机构报告和配合调查的。

（5）违反检验检疫法律法规规定受到行政处罚的。

对实施重点监督管理的企业，检验检疫机构对该企业加严管理，对该企业的进出口产品加大抽查比例，期限一般为6个月。

（三）国家质检总局对出口玩具的召回实施监督管理

出口玩具生产经营者、品牌商获知其提供的玩具可能存在缺陷的，应当进行调查，确认产品质量安全风险，同时在24小时内报告所在地检验检疫机构。实施召回时应当制作并保存完整的召回记录，并在召回完成时限期满后15个工作日内，向国家质检总局和所在地直属检验检疫局提交召回总结。

已经出口的玩具在国外被召回、通报或者出现安全质量问题的，其生产经营者、品牌商应当向检验检疫机构报告相关信息。

（四）法律责任

（1）擅自出口未经检验出口玩具的，由检验检疫机构没收违法所得，并处货值金额5%以上20%以下罚款。

（2）擅自出口经检验不合格玩具的，由检验检疫机构责令停止销售或者出口，没收违法所得和违法销售或者出口的玩具，并处违法销售或者出口的玩具货值金额等值以上3倍以下罚款。

复习思考题

一、单选题

1. 某公司向美国出口一批塑料玩具，报检时不需提供（　　）。
   A. 合同、发票、装箱单
   B. 出口玩具报检单
   C. 出境货物运输包装使用鉴定结果单
   D. 出境货物运输包装性能检验结果单
2. 我国自（　　）起施行了《进出口玩具检验监督管理办法》。
   A. 2006年9月15日　　B. 2007年9月15日
   C. 2008年9月15日　　D. 2009年9月15日
3. 对未能提供检测报告或者经审核发现有关单证与货物不相符的进口玩具，应当（　　）。
   A. 由检验检疫机构查验后放行
   B. 对该批货物实施现场检验并抽样送玩具实验室检测

C. 由检验检疫机构验证放行

D. 对该批货物扣留，并实施退运处理

二、多选题

1. 下列关于出口玩具的表述，不正确的有（　　）。

A. 我国对出口玩具及其生产企业实行质量许可制度

B. 我国对出口玩具及其生产企业实行注册登记制度

C. 出口玩具检验不合格的，但符合双方合同要求也可先出口

D. 检验检疫机构凭《出口玩具注册登记证书》接受报检

2. 广州某玩具厂向美国出口一批油漆智力玩具，货物从深圳口岸出境。该玩具厂向广州检验检疫局报检时应提供的单证有（　　）。

A.《出口玩具注册登记证书》（复印件）

B. 提供产品质量安全符合性声明

C. 玩具实验室出具的检测报告

D. 安全项目检测合格报告

3. 列入必须实施检验的《进出口商品目录》（以下简称《目录》）以及法律、行政法规规定必须经检验检疫机构检验的出口玩具按（　　）实施检验检疫。

A. 按照输入国家或者地区的技术法规和标准实施检验

B. 如贸易双方约定的技术要求高于技术法规和标准的，按照约定要求实施检验

C. 按照我国国家技术规范的强制性要求实施检验

D. 政府间已签订协议的，应当按照协议规定的要求实施检验

4. 进口玩具的检验要求是（　　）。

A. 对列入《强制性产品认证目录》的进口玩具，还应当提供强制性产品认证证书复印件

B. 对列入《强制性产品认证目录》内的进口玩具，按照《进口许可制度民用商品入境验证管理办法》的规定实施验证管理

C. 对未列入《强制性产品认证目录》内的进口玩具，不需提供任何文件证明

D. 在国内市场销售的进口玩具，其安全、使用标识应当符合我国玩具安全的有关强制性要求

三、判断题

1. 出口玩具生产企业须向检验检疫机构申请《出口玩具注册登记证书》。（　　）

2. 检验检疫机构对获得《出口玩具质量许可证》企业出口的玩具实施抽查检验。（　　）

3. 我国对出口玩具及其生产企业实行注册登记制度。（　　）

4. 国家质检总局对出口玩具的召回实施监督管理。（　　）

5. 检验检疫机构对列入强制性产品认证目录的进口玩具，按照《进口许可制度民用商品入境验证管理办法》的规定实施验证管理。（　　）

6. 国家质量监督检验检疫总局主管全国进出口玩具检验监督管理工作。（　　）

7. 检验检疫机构对未列入必须实施检验的进出口商品目录的进口玩具按照国家质检总局的规定实施抽查检验。（　　）

8. 擅自销售未经检验的进出口玩具，由检验检疫机构没收违法所得，并处货值金额 5% 以上 20% 以下罚款。（　　）

9. 擅自销售经检验不合格的进出口玩具，由检验检疫机构责令停止销售，没收违法所得和违法销售的玩具，并处违法销售的玩具货值金额等值以上 3 倍以下罚款。（　　）

10. 出口玩具首次报检时，还应提供玩具实验室出具的检测报告以及国家质检总局规定的其他材料等。（　　）

项目九

出入境机电产品的报检与管理

学习目标

学习并掌握出入境机电产品的报检范围及程序，入境机电产品的强制性认证、备案，出口小家电产品企业登记制度。

技能目标

能够办理出入境机电产品的报检业务工作。

任务一　入境机电产品的报检与管理

案例导入

深圳检验检疫局光明新区办事处在对5批由瑞士某企业生产的精密数控加工火花机（共7台、货值152万美元）进行检验监管中，发现该火花机中4台未配置烟雾收集装置，3台的烟雾收集装置安装存在不符合中国强制性安全技术规范要求的问题，这将导致操作人员吸入有害油烟雾而引起健康危害风险。检验检疫工作人员要求该企业按照标准要求进行技术处理，消除安全隐患；同时，提醒国内企业在与国外供应商签订采购合同时，应确保符合国家相关标准。根据该案例了解中国强制性安全技术规范要求。

一、入境机电产品报检的范围

入境机电产品报检的范围包括两类：

（一）机电产品

这是指机械设备、电气设备、交通运输工具、电子产品、电器产品、仪器仪表、金属制品等及其零部件、元器件。

（二）旧机电产品

这是指已经使用，仍具备基本功能和一定使用价值的；未经使用但存放时间过长，超过质量保证期的；未经使用但存放时间过长，部件产生明显有形损耗的；新旧部件混装的；大型二手成套设备。

二、入境机电产品强制性产品认证

（一）强制性产品认证

为保护国家安全、防止欺诈行为、保护人体健康或安全、保护动植物生命或健康、保护环境，国家规定的相关产品必须经过认证（简称强制性产品认证），并标注认证标志后，方可出厂、销售、进口或者在其他经营活动中使用。

国家质量监督检验检疫总局（简称国家质检总局）主管全国强制性产品认证工作。

国家认证认可监督管理委员会（简称国家认监委）负责全国强制性产品认证工作的组织实施、监督管理和综合协调。地方各级质量技术监督部门和各地出入境检验检疫机构（简称地方质检两局）按照各自职责，依法负责所辖区域内强制性产品认证活动的监督管理和执法查处工作。

（二）强制性产品认证的范围

主要包括：《第一批实施强制性产品认证的产品目录》包括中华人民共和国国家质量监督检验检疫总局公告（2001 年 33 号）中的附件和中国国家认证认可监督管理委员会联合发布的 19 类 132 种产品。第二批发布《实施强制性产品认证的装饰装修产品目录》（国家认监委 2004 年第 5 号公告）3 种产品。第三批发布《实施强制性产品认证的安全技术防范产品目录》（国家质检总局和国家认监委联合公告 2004 年第 62 号）4 种产品。凡列入《强制性产品认证目录》的商品，必须经过指定的认证机构认证合格、取得指定认证机构颁发的认证证书、并加施认证标志后，方可进口。

知识拓展

《实施强制性产品认证的产品目录》

①电线电缆（共 5 种）；②电路开关及保护或连接用电器装置（共 6 种）；③低压电器（共 9 种）；④小功率电动机（共 1 种）；⑤电动工具（共 16 种）；⑥电焊机（共 15 种）；⑦家用和类似用途设备（共 18 种）；⑧音视频设备类（不包括广播级音响设备和汽车音响设备）（共 16 种）；⑨信息技术设备（共 12 种）；⑩照明设备（共 2 种）（不包括电压低于 36 V 的照明设备）；⑪电信终端设备（共 9 种）；⑫机动车辆及安全附件（共 4 种）；⑬机动车辆轮胎（共 3 种）；⑭安全玻璃（共 3 种）；⑮农机产品（共 1 种）；⑯乳胶制品（共 1 种）；⑰医疗器械产品（共 7 种）；⑱消防产品（共 3 种）；⑲安全技术防范产品（共 1 种）。

《实施强制性产品认证的装饰装修产品目录》

①溶剂型木器涂料；②瓷质砖；③混凝土防冻剂。

《实施强制性产品认证的安全技术防范产品目录》

①入侵探测器；②防盗报警控制器；③汽车防盗报警系统；④防盗保险柜、防盗保险箱。

（三）强制性产品认证的程序

列入目录产品的生产者或者销售者、进口商（统称认证委托人）应当委托经国家认监委指定的认证机构（简称认证机构）对其生产、销售或者进口的产品进行认证。

《强制性产品认证目录》中产品认证的程序包括以下全部或者部分环节：

（1）认证申请和受理。

（2）型式试验。

（3）工厂审查。

（4）抽样检测。

（5）认证结果评价和批准。

（6）获得认证后的监督。

《强制性产品认证目录》中产品的生产者、销售者和进口商可以作为申请人，向指定认证机构提出《目录》中产品认证申请。国家认证认可监督管理委员会指定的认证机构负责受理申请人的认证申请，根据认证实施规则的规定，安排型式试验、工厂审查、抽样检测等活动，一般情况下，自受理认证申请90日内，做出认证决定并通知申请人，向获得认证的产品颁发《中国国家强制性产品认证证书》。

（四）认证证书及标志的使用

强制性产品认证证书是证明《强制性产品认证目录》中产品符合认证要求并准许其使用认证标志的证明文件。认证证书有效期为5年。

强制性产品认证标志是《目录》中产品准许其出厂销售、进口和使用的证明标记。名称为“中国强制认证”（英文缩写为“CCC”，也可简称为“3C”标志）。

认证标志的式样由基本图案、认证种类标注组成，基本图案如图9－1所示。

图9－1　中国强制性认证基本图案

基本图案中“CCC”为“中国强制性认证”的英文名称“China Compulsory Certification”的英文缩写。

知识拓展

在认证标志基本图案的右侧标注认证种类，由代表该产品认证种类的英文单词的缩写字母组成。以下分别是：安全认证标志、消防认证标志、安全与电磁兼容标志、电磁兼容标志，如图9－2所示。

图9－2　认证标志

认证证书的持有人应当按照《强制性产品认证标志管理办法》规定的要求使用认证标志。

（五）认证监督管理

国家认监委对认证机构、检查机构和实验室的认证、检查和检测活动实施年度监督检查和不定期的专项监督检查。

指定认证机构按照具体产品认证实施规则的规定，对其颁发认证证书的产品及其生产厂（场）实施跟踪检查。针对不同情况，分别可以注销、责令停止使用和撤销认证证书。

出入境检验检疫机构应当对列入目录的进口产品实施入境验证管理，查验认证证书、认证标志等证明文件，核对货证是否相符。验证不合格的，依照相关法律法规予以处理，对列入目录的进口产品实施后续监管。

实施强制性产品认证商品的收货人或者其代理人在报检时除填写《入境货物报检单》并随附有关的外贸证单外，还应提供认证证书复印件并在产品上加施认证标志。

三、进口旧机电产品检验监督管理

国家质量监督检验检疫总局（以下简称国家质检总局）对国家允许进口的，在中华人民共和国境内销售、使用的旧机电产品的实施检验监督管理。

进口旧机电产品涉及的动植物检疫和卫生检疫工作，按照进出境动植物检疫和国家卫生检疫法律法规的规定执行。进口国家禁止进口的旧机电产品，应当予以退货或者销毁。

进口旧机电产品应当符合法律法规对安全、卫生、健康、环境保护、防止欺诈、节约能源等方面的规定，以及国家技术规范的强制性要求。

进口旧机电产品应当实施口岸查验、目的地检验以及监督管理。价值较高、涉及人身财产安全、健康、环境保护项目的高风险进口旧机电产品，还需实施装运前检验。

需实施装运前检验的进口旧机电产品清单由国家质检总局制定并在国家质检总局网站上公布。

进口旧机电产品的装运前检验结果与口岸查验、目的地检验结果不一致的，以口岸查验、目的地检验结果为准。

旧机电产品的进口商应当诚实守信，对社会和公众负责，对其进口的旧机电产品承担质量主体责任。

（一）装运前检验

1. 申请装运前检验

需实施装运前检验的进口旧机电产品，其收、发货人或者其代理人应当按照国家质检总局的规定申请检验检疫部门或者委托检验机构实施装运前检验。装运前检验应当在货物启运前完成。

2. 实施装运前检验

收、发货人或者其代理人申请检验检疫部门实施装运前检验的，检验检疫部门可以根据需要，组织实施或者派出检验人员参加进口旧机电产品装运前检验。进口旧机电产品装运前检验应当按照国家技术规范的强制性要求实施。

装运前检验的内容包括：

（1）对安全、卫生、健康、环境保护、防止欺诈、能源消耗等项目作出初步评价；

（2）核查产品品名、数量、规格（型号）、新旧、残损情况是否与合同、发票等贸易文件所列相符；

（3）是否包括、夹带禁止进口货物。

3. 签发装运前检验证书

检验机构接受委托实施装运前检验的，应当诚实守信，按照有关规定实施装运前检验。检验检疫部门或者检验机构应当在完成装运前检验工作后，签发装运前检验证书，并随附装运前检验报告。

检验证书及随附的检验报告应当符合以下要求：

（1）检验依据准确、检验情况明晰、检验结果真实；

（2）有统一、可追溯的编号；

（3）检验报告应当包含检验依据、检验对象、现场检验情况、装运前检验机构及授权签字人签名等要求；

（4）检验证书不应含有检验报告中检验结论及处理意见为不符合本办法第四条规定的进口旧机电产品；

（5）检验证书及随附的检验报告文字应当为中文，若出具中外文对照的，以中文为准；

（6）检验证书应当有明确的有效期限，有效期限由签发机构根据进口旧机电产品情况确定，一般为半年或一年。

工程机械的检验报告除满足上述要素外，还应当逐台列明名称、HS编码、规格型号、产地、发动机号/车架号、制造日期（年）、运行时间（小时）、检测报告、维修记录、使用说明书核查情况等内容。

（二）进口旧机电产品检验

1. 报检

进口旧机电产品运抵口岸后，收货人或者其代理人应当持下列资料向检验检疫部门办理报检手续：

（1）出具合同、发票、装箱单、提单；

（2）需实施装运前检验的，还应当提交检验检疫部门或者检验机构出具的装运前检验证书及随附的检验报告。

2. 口岸查验

口岸检验检疫部门对进口旧机电产品实施口岸查验。实施口岸查验时，应当对报检资料进行逐批核查。必要时，对进口旧机电产品与报检资料是否相符进行现场核查。口岸查验的其他工作按口岸查验的相关规定执行。

口岸检验检疫部门受理报检并实施口岸查验后，应当签发《入境货物通关单》，并注明“进口旧机电产品”。

3. 实施目的地检验

目的地检验检疫部门对进口旧机电产品实施目的地检验。

检验检疫部门对进口旧机电产品的目的地检验内容包括：一致性核查，安全、卫生、环境保护等项目检验。

（1）一致性核查。

①核查产品是否存在外观及包装的缺陷或者残损；

②核查产品的品名、规格、型号、数量、产地等货物的实际状况是否与报检资料及装运前检验结果相符；

③对进口旧机电产品的实际用途实施抽查，重点核查以特殊贸易方式进口旧机电产品的实际使用情况是否与申报情况一致。

（2）安全项目检验。

①检查产品表面缺陷、安全标识和警告标记；

②检查产品在静止状态下的电气安全和机械安全；

③检验产品在运行状态下的电气安全和机械安全，以及设备运行的可靠性和稳定性。

（3）卫生、环境保护项目检验。

①检查产品卫生状况，涉及食品安全项目的食品加工机械及家用电器是否符合相关强制性标准；

②检测产品在运行状态下的噪声、粉尘含量、辐射以及排放物是否符合标准；

③检验产品是否符合我国能源效率有关限定标准。

（4）对装运前检验发现的不符合项目采取技术和整改措施的有效性进行验证，对装运前检验未覆盖的项目实施检验；必要时对已实施的装运前检验项目实施抽查。

（5）其他项目的检验依照同类机电产品检验的有关规定执行。

经目的地检验，涉及人身财产安全、健康、环境保护项目不合格的，由检验检疫部门责令收货人销毁，或者出具退货处理通知单并书面告知海关；其他项目不合格的，可以在检验检疫部门的监督下进行技术处理，经重新检验合格的，方可销售或者使用。

经目的地检验不合格的进口旧机电产品，属成套设备及其材料的，签发不准安装使用通知书。经技术处理，并经检验检疫部门重新检验合格的，方可安装使用。

（三）监督管理

1. 国家质检总局及检验检疫部门对装运前检验机构的监管要求

国家质检总局及检验检疫部门对进口旧机电产品收货人及其代理人、进口商及其代理人、装运前检验机构及相关活动实施监督管理。检验机构应当对其所出具的装运前检验证书及随附的检验报告的真实性、准确性负责。国家质检总局或者检验检疫部门在进口旧机电产品检验监管工作中，发现检验机构出具的检验证书及随附的检验报告存在违反有关规定要求的，情节严重或引起严重后果的，可以发布警示通报并决定在一定时期内不予认可其出具的检验证书及随附的检验报告，但最长不得超过3年。

2. 进口旧机电产品的进口商应当建立产品进口、销售和使用记录制度

进口旧机电产品的进口商应当建立产品进口、销售和使用记录制度，如实记录进口旧机电产品的品名、规格、数量、出口商和购货者名称及联系方式、交货日期等内容。记录应当真实，保存期限不得少于2年。检验检疫部门可以对本辖区内进口商的进口、销售和使用记录进行检查。

国家质检总局和检验检疫部门对进口旧机电产品检验监管过程中发现的质量安全问题依照风险预警及快速反应的有关规定进行处置。

（四）法律责任

（1）擅自销售、使用未报检或者未经检验的进口旧机电产品，由检验检疫部门按照《中华人民共和国进出口商品检验法实施条例》没收违法所得，并处进口旧机电产品货值金额5%以上20%以下罚款；构成犯罪的，依法追究刑事责任。

（2）销售、使用经法定检验、抽查检验或者验证不合格的进口旧机电产品，由检验检疫部门按照《中华人民共和国进出口商品检验法实施条例》责令停止销售、使用，没收违法所得和违法销售、使用的进口旧机电产品，并处违法销售、使用的进口旧机电产品货值金额等值以上3倍以下罚款；构成犯罪的，依法追究刑事责任。

（3）擅自调换检验检疫部门抽取的样品或者检验检疫部门检验合格的进口旧机电产品的，由检验检疫部门按照《中华人民共和国进出口商品检验法实施条例》责令改正，给予警告；情节严重的，并处旧机电产品货值金额10%以上50%以下罚款。

（4）进口旧机电产品的收货人、代理报检企业或者报检人员不如实提供进口旧机电产品的真实情况，取得检验检疫部门的有关单证，或者对法定检验的进口旧机电产品不予报检，逃避进口旧机电产品检验的，由检验检疫部门按照《中华人民共和国进出口商品检验法实施条例》没收违法所得，并处进口旧机电产品货值金额5%以上20%以下罚款。

（5）进口国家允许进口的旧机电产品未按照规定进行装运前检验的，按照国家有关规定予以退货；情节严重的，由检验检疫部门按照《中华人民共和国进出口商品检验法实施条例》并处100万元以下罚款。

（6）伪造、变造、买卖、盗窃或者使用伪造、变造的检验检疫部门出具的装运前检验证书及检验报告，构成犯罪的，依法追究刑事责任；尚不够刑事处罚的，由检验检疫部门按照《中华人民共和国进出口商品检验法实施条例》责令改正，没收违法所得，并处商品货值金额等值以下罚款。

任务二　出境机电产品的报检与管理

案例导入

据宁波检验检疫局统计，2009年，宁波地区被欧盟通报的出口机电产品25起，产品主要是插座、适配器、电熨斗、取暖器等小家电产品。2009年4月间，宁波地区共有5家电源连接器生产企业被西班牙退货，其中2家企业产品被西班牙官方通报。所涉及的均是转换器、插座类产品。调查发现，产品被通报和退运的原因是产品上的CE标志不符合CE认证的有关要求。宁波某公司出口德国的蒸汽电熨斗因存在电击危险，不符合低电压指令2006/95/EC以及EN60355标准而被通报。请分析，出口小家电产品的企业应该采取什么对策。

出境机电产品报检范围主要有以下两大类：小家电产品和电池产品。

一、出口小家电产品

由于小家电产品直接涉及使用者的人身安全，各国政府都对此给予极大的关注。我国自2000年起，对出口小家电产品实施法定检验。

小家电产品指需要外接电源的家庭日常生活使用或类似用途、具有独立功能的并与人身有直接或间接的接触，将电能转化为动能或热能，涉及人身的安全、卫生、健康的小型电器产品。

（一）检验范围

检验范围包括：编码为84145110的功率≤125瓦的吊扇；84145120功率≤125瓦的换气扇；84145130的功率≤125瓦具有旋转导风轮的风扇；84145191的输出功率不超过125瓦的

台扇；84145192 的输出功率不超过 125 瓦的落地扇；84145193 的输出功率不超过 125 瓦的壁扇；84145199 的功率≤125 瓦其他未列名风机、风扇；84212110 的家用型水的过滤、净化机器及装置；84213910 的家用型气体过滤、净化机器及装置；84213991 的静电除尘器；84221100 家用型洗碟机；84248910 的家用型喷射、喷雾机械器具；85091000 的真空吸尘器；85092000 的地板打蜡机；85093000 的厨房废物处理器；85094000 的食品研磨机、搅拌器及果、菜榨汁器；85098000 的其他家用电动器具；85101000 电动剃须刀；85102000 的电动毛发推剪器；85103000 的电动脱毛器；85161000 的电热水器（指电热的快速热水器、储存式热水器、浸入式液体加热器）；85162100 的电气储存式散热器；85162990 的电气空间加热器；85163100 的电吹风机；85163200 其他电热理发器具；85163300 的电热干手器；85164000 的电熨斗；85165000 微波炉；85166010 的电磁炉；85166030 的电饭锅；85166040 的电炒锅；85166090 的其他电炉、电锅、电热板、加热板、加热环等；85167100 的电咖啡壶或茶壶；85167200 的电热烤面包器；85167900 的未列名电热器具；90191010 的按摩器具；95069110 健康及康复器械等。

（二）报检应提供的单证

按规定填写《出境货物报检单》并提供相关外贸单据：合同或销售确认书、发票、装箱单等；还应提供如下相应单证：

（1）国家质检总局指定的实验室出具的产品合格有效的型式试验报告（正本）。

（2）列入强制性产品认证的，还应提供强制性产品认证证书和认证标志。

（3）以非氯氟烃为制冷剂、发泡剂的家用电器产品和以非氯氟烃为制冷工质的家用电器产品用压缩机出口时，应提供为非氯氟烃制冷剂、发泡剂的证明（包括产品说明书、技术文件以及供货商的证明）。

（三）其他规定和要求

1. 国家对出口小家电产品实行生产企业登记制度

出口小家电产品企业登记时应提交《出口小家电生产企业登记表》，并提供相应的出口产品质量技术文件。如产品企业标准、国内外认证证书、出口质量许可证书、型式试验报告及其他有关产品获证文件。检验检疫机构对出口小家电产品企业的质量保证体系进行书面审核和现场验证、重点审查其是否具备必需的安全项目（如抗电强度、绝缘电阻、泄漏电流及特定产品特殊项目）的检测仪器和相应资格的检测人员。

2. 对出口小家电产品实施型式试验管理

首次报检或登记的企业，由当地的检验检疫机构派员从生产批中随机抽取并封存样品，由企业送至国家质检总局指定的实验室进行型式试验。凡型式试验不合格的产品，一律不准出口。合格产品的型式试验报告有效期为一年，逾期须重新进行试验。

3. 禁止出口以氯氟烃物质为制冷剂、发泡剂的家用电器产品

二、出口电池

（一）报检范围

HS 编码为 8506、8507 品目的所有子目商品（含专用电器具配置的电池）。

（二）报检应提供的单证

（1）按规定填写《出境货物报检单》并提供相关外贸单据：合同或销售确认书、发票、装箱单等。

(2)《出境货物运输包装性能检验结果单》（正本）。

(3)《进出口电池产品备案书》（正本）或其复印件。

（三）其他规定和要求

(1) 国家对出口电池产品实行备案制度。出口电池产品必须经过审核，取得《进出口电池产品备案书》后方可报验，未经备案的电池不准出口。《进出口电池备案书》向所在地检验检疫机构申请，有效期为一年。

(2) 国家对出口电池产品实行汞含量专项检测制度，对含汞的以及必须通过检测才能确定其是否含汞的电池产品，须进行汞含量专项检测。汞含量检测不合格的电池产品不准出口。

(3) 对未列入《出入境检验检疫机构实施检验检疫的进出境商品目录》的不含汞的出口电池产品，可凭《进出口电池产品备案书》（正本）或复印件申报放行，不实施检验；对含汞电池产品实施汞含量和其他项目的检验。

(4) 对出口非洲低端市场的原电池产品实施单独备案制度。

对出口非洲低端市场的原电池产品，出口商应作为单独单元进行备案。放电性能等主要性能指标将被纳入备案范围。按照 GB 8897.2－2005《原电池第二部分：外形尺寸和技术要求》的要求对放电性能项目进行测试，该项目测试不合格，不得进行备案。

从 2007 年 10 月 1 日起，未获得单独备案的出口非洲低端市场的原电池产品，检验检疫机构将不受理报检，且不得出口。

复习思考题

一、单选题

1. 关于进口大型二手成套设备，以下表述错误的是（　　）。
   A. 属于法定检验检疫货物
   B. 须办理旧机电产品装运前检验
   C. 须向入境口岸检验检疫机构报检
   D. 报检时须提供国外官方机构出具的检验证书
2. 进口旧机电产品，收货人或其代理人应在合同签订前向（　　）办理备案手续。
   A. 国家质检总局
   B. 收货人所在地直属检验检疫局
   C. 报关地直属检验检疫局
   D. 国家质检总局或收货人所在地直属检验检疫局
3. 下列单据中，在报检进口旧机电产品时必须提供的是（　　）。
   A. 特殊物品卫生检疫审批单
   B. 企业废旧物品利用风险报告书
   C. 进口废物批准证书
   D. 装运前预检验或免预检验的证书
4. 对进口旧机电，检验检疫机构进行检验后签发（　　），并在备注栏内加注（　　），供货主或代理人办理通关手续。
   A. 入境货物通关单，“旧机电产品备案”

B. 入境货物通关单，“上述货物经卫生处理，符合环境保护要求”

C. 旧机电产品备案书，“旧机电产品备案”

D. 旧机电产品备案书，“上述货物经卫生处理，符合环境保护要求”

5. 上海某来料加工企业外商无偿提供了一台旧印刷设备（属重点旧机电产品目录内商品），需提供（　　）的批件后方可进口。

A. 海关总署　　B. 工商部门

C. 商务部机电产品进出口司　　D. 国家出入境检验检疫部门

6.《中国国家强制性产品认证证书》由（　　）颁发。

A. 国家质检总局

B. 国家认证认可监督管理委员会

C. 国家质检总局指定的认证机构

D. 国家认证认可监督管理委员会指定的认证机构

7. 我国对涉及人类健康和安全，动植物生命和健康，以及环境保护和公共安全的产品实行强制性认证制度，认证标志是（　　），其名称是(　　)。

A. CCIB，中国强制认证　　B. CCIB，中国安全认证

C. CCC，中国强制认证　　D. CCC，中国安全认证

8. 民用商品入境验证是指国家对实行（　　）的民用商品，在通关入境时由出入境检验检疫机构核查其是否取得必需的证明文件。

A. 备案登记制度　　B. 强制性产品认证

C. 入境检疫审批　　D. 进口质量许可制度

9. 出口小家电产品生产企业实行登记制度，首次登记的企业应将样品送至（　　）指定的实验室进行型式试验。

A. 直属检验检疫局　　B. 国家环保总局

C. 国家认监委　　D. 国家质检总局

二、多选题

1. 关于旧机电产品，以下表述错误的有（　　）。

A. 新旧部件混装的机电产品不属于旧机电产品

B. 进口旧机电产品须办理备案手续

C. 进口旧机电产品都须进行装运前检验

D. 已实施装运前检验的，运抵口岸后无须再报检

2. 装运前检验内容包括（　　）。

A. 对安全、卫生、健康、环境保护、防止欺诈、能源消耗等项目作出初步评价

B. 核查产品品名、数量、规格（型号）、新旧、残损情况是否与合同、发票等贸易文件所列相符

C. 是否包括、夹带禁止进口货物

D. 以上都属于装运前检验内容

3. 甘肃某公司从巴西进口一批旧设备，进境口岸是烟台，以下描述错误的有（　　）。

A. 如果已在外经贸主管部门办理了有关机电证明，则无须向检验检疫机构申请品质检验

B. 如果需要进行价值鉴定，则只能向烟台检验检疫局申请鉴定

C. 卫生处理应当在烟台完成，品质检验可以根据申请人的要求在烟台或甘肃进行

D. 该公司若未在烟台检验检疫局办理备案，可临时使用代理报检单位的注册号

4. 下列属于旧机电产品的有（　　）。

A. 旧打印机　　B. 旧电饭锅　　C. 旧钢轨　　D. 旧船用桌椅

5. 国家允许进口销售、使用的旧机电产品为（　　）。

A. 新旧部件混装的机电产品

B. 未使用，但超过质量保证期的机电产品

C. 已使用，仍具备基本功能和一定使用价值的机电产品

D. 未使用，但存放时间过久，部件有明显有形损耗的机电产品

6. 强制性产品认证的程序包括（　　）等。

A. 认证申请和受理　　B. 型式试验

C. 认证结果评价和批准　　D. 获得认证后的监督

7. 以下货物进境时，应按进境旧机电产品的要求办理报检手续的是（　　）。

A. 旧钢制石油管道　　B. 翻新过的印刷机

C. 旧铁制家具　　D. 废电机

三、判断题

1. 价值较高、涉及人身财产安全、健康、环境保护项目的高风险进口旧机电产品，还需实施装运前检验。（　　）

2. 已实施装运前检验的废物原料和旧机电入境时，检验检疫机构不再实施检验。（　　）

3. 进口旧机电产品未办理备案或者未按照规定进行装运前检验的，按照国家有关规定予以退货。（　　）

4. 进口的旧设备应在口岸完成卫生检验、检疫处理和环保项目检验后方可取得《入境货物通关单》。（　　）

5. 涉及进口实施CCC认证制度管理的旧机电产品可以不申请旧机电产品备案。（　　）

6. 经过预检验合格的旧机电产品，在进口报检时只需提供《进口旧机电产品装运前预检验备案书》。（　　）

7. 旧机电产品指已经使用过的机电产品，但不包括已经翻新而尚未使用的机电产品。（　　）

项目十

出入境其他货物的报检与管理

学习目标

了解、掌握入境可用作原料的废物；入境石材、涂料；入境来自疫区的货物；入境特殊物品；入境汽车；出口木家具、竹木草制品；出口打火机、点火枪类商品；出口烟花爆竹的报检范围及要求。

技能目标

熟悉以上出入境其他货物的报检业务流程。

任务一　入境其他货物的报检与管理

案例导入

江苏吴江检验检疫局检验人员来到A公司的仓库，对一批从我国台湾进口的ABS塑胶原料进行现场查验。A公司是吴江一家知名的台资企业，该公司进口的这批塑胶原料共1 130公斤，共有两个型号，货值3 446.96美元。经过现场抽样，发现其中型号为ST－100的塑胶原料颜色偏暗，颗粒大小不一，粒形不完整，有明显的粉碎痕迹，显然是使用过的回收料。检验员当即询问了企业的关务、仓管和原料检验等有关人员，发现该企业和台湾供货商均未取得国家质检总局或者出入境检验检疫机构的注册登记，也没有进行装运前检验。请分析，A公司违反了哪些管理规定？应受到什么行政处罚？

一、入境可用作原料的废物

为加强对进口可用作原料的固体废物检验检疫监督管理，保护环境，根据《中华人民共和国进出口商品检验法》及其实施条例、《中华人民共和国国境卫生检疫法》及其实施细则、《中华人民共和国进出境动植物检疫法》及其实施条例、《中华人民共和国固体废物污染环境防治法》等有关法律法规规定，制定进口可用作原料的固体废物检验检疫监督管理办法。自2009年11月1日起施行。

（一）定义

入境可用作原料的废物指以任何贸易方式和无偿提供、捐赠等方式进入中华人民共和国境内的可用作原料的废物（含废料）。根据可用作原料的废物的物理特性及生产方式分为：

1. 固体可用作原料的废物

这是指在生产建设、日常生活和其他活动中产生的污染环境的固态、半固体废弃物质。

2. 工业固体可用作原料的废物

这是指在工业、交通等生产活动中产生的固体可用作原料的废物。

3. 城市生活垃圾

这是指在城市日常生活中或者为城市日常生活提供服务的活动中产生的固体可用作原料的废物以及法律、行政法规规定的视为生活垃圾的固体可用作原料的废物。

4. 危险废物

这是指列入国家危险废物名录或者根据国家规定的危险废物鉴别标准和鉴别方法认定的具有危险性的废物。

案例

2016年9月，宁波某进出口公司从巴基斯坦进口一批废塑料，重量为149.68吨，货值6.81万美元。宁波检验检疫局按国家环控标准对该批货物进行了开箱、掏箱检验检疫，发现该批货物夹带了医疗废物、生活垃圾和土壤，也就是我们常说的“洋垃圾”，不符合国家环控标准，一旦让其流入境内，其携带的病菌和无法降解的物质将对我国居民的身心健康安全和生态环境安全带来严重影响，所以国家禁止进境。宁波检验检疫局根据有关规定，出具了《检验证书》并作退运处理。

（二）报检范围

1. 为加强对进口废物的管理

国家将进口废物分两类进行管理：一类是禁止进口的废物；一类是可作为原料但必须严格限制进口的废物。

2. 对国家禁止进口的废物

任何单位和个人都不准从事此类废物的进口贸易以及其他经营活动。

3. 对可作为原料但必须严格限制进口的废物

国家制定了《限制进口类可用作原料的废物目录》和《自动进口许可管理类可用作原料的废物目录》，目录内的废物须由国家环保组织部统一审批，并由检验检疫机构实施强制性检验检疫。

（三）国外供货商注册登记

国家对进口废物原料的国外供货商实行注册登记制度。国外供货商在签订对外贸易合同前，应当取得注册登记。国家质检总局负责国外供货商注册登记申请的受理、评审和批准工作。

1. 申请

（1）国外供货商申请注册登记应当符合下列条件：

① 具有所在国家（地区）合法的经营资质。

② 具有固定的办公场所。

③ 熟悉并遵守中国检验检疫、环境保护的法律法规和规章。

④ 获得 ISO9001 质量管理体系，RIOS 体系等认证。

⑤ 企业应当保证其产品符合与其申请注册登记废物原料种类相适应的中国有关安全、卫生和环境保护的国家技术规范的强制性要求。

⑥ 具有相对稳定的供货来源，并对供货来源有环保质量控制措施。

⑦ 近 3 年内未发生过重大的安全、卫生、环保质量问题。

⑧ 具有在互联网申请注册登记及申报装运前检验的能力，具备放射性检测设备及其他相应的基础设施和检验能力。

（2）国外供货商申请注册登记应当提供以下材料：

① 注册登记申请书。

② 经公证的税务登记文件，有商业登记文件的还需提供经公证的商业登记文件。

③ 组织机构、部门和岗位职责的说明。

④ 标明尺寸的固定办公场所平面图，有加工场地的，提供加工场地平面图，能全面展现上述场地实景的视频文件或者 3 张以上照片。

⑤ ISO9001 质量管理体系或者 RIOS 体系等认证证书彩色复印件及相关作业指导文件。

提交的文字材料，须用中文或者中英文对照文本。

2. 受理

国家质检总局对国外供货商提出的注册登记申请，应当根据下列情况分别作出处理：

（1）申请材料不齐全或者不符合法定形式的，应当当场或者在 5 日内一次告知申请人需要补正的全部内容，逾期不告知的，自收到申请材料之日起即为受理。

（2）申请材料齐全、符合法定形式，或者申请人按照国家质检总局的要求提交全部补正申请材料的，应当受理。

3. 评审并决定

（1）国家质检总局应当自受理国外供货商注册登记申请之日起 10 日内组成专家评审组，实施书面评审。评审组应当在评审工作结束后作出评审结论，向国家质检总局提交评审报告。

（2）国家质检总局自收到评审报告之日起 10 日内作出是否准予注册登记的决定。

国家质检总局对评审合格的申请人，准予注册登记并颁发注册登记证书；对评审不合格的，不予注册登记，并书面说明理由，告知申请人享有依法申请行政复议或者提起行政诉讼的权利。

（3）进口废物原料国外供货商注册登记证书有效期为 3 年。

4. 变更

国外供货商注册登记内容发生变化的，应当自变化之日起 30 日内向国家质检总局提出变更申请，并提交相应材料。国家质检总局应当自收到国外供货商变更注册登记申请之日起 20 日内，作出是否准予变更注册登记的决定。

5. 延期

国外供货商需要延续注册登记有效期的，应当在注册登记证书有效期届满 90 日前向国家质检总局提出延续申请，并提交规定的材料以及证书有效期内供货情况的报告。

国家质检总局应当自收到延续注册登记申请之日起90日内，作出是否准予延续注册登记的决定。

（四）国内收货人注册登记

国家对进口废物原料的国内收货人实行注册登记制度。国内收货人在签订对外贸易合同前，应当取得注册登记。直属检验检疫局负责所辖区域国内收货人注册登记申请的受理、评审和批准工作。

1. 申请

（1）国内收货人申请注册登记应当符合下列条件：

① 具有合法的进出口贸易经营资质。

② 具有固定的办公场所。

③ 熟悉并遵守中国检验检疫、环境保护技术规范的强制性要求和相关环境保护控制标准。

④ 建立并实行质量管理制度。

⑤ 具有相对稳定的供货来源和国内利用单位。

（2）国内收货人申请注册登记应当提供以下材料：

① 注册登记申请书。

② 工商营业执照及其复印件。

③ 组织机构代码证书及其复印件。

④《对外贸易经营者备案注册登记证》等进出口资质许可文件及其复印件。

⑤ 质量管理体系文件。

⑥ 代理国内利用单位进口的，应当提供代理进口文件、国内利用单位组织机构代码证书（复印件）和《进口可用作原料的固体废物利用单位备案表》。

2. 受理

直属检验检疫局对国内收货人提出的注册登记申请，应当根据下列情况分别作出处理：

（1）申请材料不齐全或者不符合法定形式的，应当当场或者在5日内一次告知申请人需要补正的全部内容，逾期不告知的，自收到申请材料之日起即为受理。

（2）申请材料齐全、符合法定形式，或者申请人按照直属检验检疫局的要求提交全部补正申请材料的，应当受理。

3. 评审并决定

（1）直属检验检疫局应当自受理国内收货人注册登记申请之日起10日内组成专家评审组，实施书面评审和现场评审。对书面评审合格的申请人，评审组应当按照《进口可用作原料的固体废物国内收货人注册登记现场评审记录表》的要求进行现场评审。评审组应当制订现场评审计划，并在审核实施日期前15日通知申请人。评审组应当在评审工作结束后作出评审结论，向直属检验检疫局提交评审报告。

（2）直属检验检疫局自收到评审报告之日起10日内作出是否准予注册登记的决定。

直属检验检疫局对评审合格的申请人，准予注册登记并颁发注册登记证书；对书面评审不合格、现场评审不合格或者发现存在违反我国法律法规情况的，不予注册登记，并书面说明理由，告知申请人享有依法申请行政复议或者提起行政诉讼的权利。

（3）进口废物原料国内收货人注册登记证书有效期为 3 年。

4. 变更

国内收货人注册登记内容发生变化的，应当自变化之日起 30 日内向直属检验检疫局提出变更申请，并提交相应材料。直属检验检疫局应当自收到国内收货人变更注册登记申请之日起 20 日内，作出是否准予变更注册登记决定。

5. 延期

国内收货人需要延续注册登记有效期的，应当在注册登记证书有效期届满 60 日前向直属检验检疫局提出延续申请，并提交规定的材料以及企业生产经营情况报告。直属检验检疫局应当自收到延续注册登记申请之日起 60 日内，作出是否准予延续注册登记决定。

（五）装运前检验

国家对进口废物原料实行装运前检验制度。进口废物原料报检时，收货人应当提供检验检疫机构或者经国家质检总局指定的检验机构出具的装运前检验证书。

1. 申请

废物原料进境前，国外供货商应当向检验检疫机构或者国家质检总局指定的装运前检验机构（简称装运前检验机构）申请装运前检验。装运前检验机构应当具备与装运前检验业务相适应的检测设备和专业技术人员。

2. 实施装运前检验

装运前检验机构应当在国家质检总局规定的检验业务范围和区域内按照中国环境保护控制标准和装运前检验规程实施装运前检验。

3. 出证

装运前检验机构对其检验合格的废物原料签发电子检验证书；检验不合格的，签发《装运前检验不合格情况通知单》。

4. 监督管理

进口废物原料经检验检疫机构在口岸查验发现货证不符或者环保项目不合格的，装运前检验机构应当向国家质检总局报告装运前检验情况，并提供记录检验情况的图像和书面资料。国家质检总局对装运前检验机构依据相关规定实施监督管理。

知识拓展

目前国家质检总局认可的境外检验机构为：

1. 中国认证认可集团公司的各海外分公司
2. 中国检验有限公司（中国香港）
3. 日中商品检查株式会社

（六）到货检验检疫

进口废物原料到货后，由检验检疫机构依法实施检验检疫。

1. 申请报检

（1）报检时间及地点。

进口废物原料运抵口岸时，国内收货人或者其代理人应当向入境口岸检验检疫机构报检，接受检验检疫。

（2）报检单证。

报检时应当提供《进口可用作原料的固体废物国外供货商注册登记证书》（复印件）；《进口可用作原料的固体废物国内收货人注册登记证书》（复印件）；《装运前检验证书》；废物原料进口许可证（检验检疫联）以及合同、发票、装箱单、提/运单等必要的纸质或者电子单证。

2. 实施检验检疫

（1）检验检疫机构应当依照国家环境保护控制标准及检验检疫规程在入境口岸对进口废物原料实施卫生检疫、动植物检疫、环保项目检验等项目的检验检疫。对进口废纸，国家质检总局可以根据便利对外贸易和检验工作的需要，指定在其他地点检验。

（2）检验检疫机构实施进口废物原料检验检疫工作的查验场所应当具备以下条件：

① 具有足够的专用查验场地或者库房，配备开箱、掏箱和落地检验必需的机械设备。

② 具备实施电子监管、视频监控的设施，并具备现场检验检疫工作所需办公条件。

③ 配置手持式放射检测仪，进口废金属、废五金、冶炼渣的监管场地还应当配备或者装备通道式放射性检测设备。

④ 配置可应对突发事件的必要设施（现场防护、消洗、排污和抢险救援器材物资及个人防护用品）及通信、交通设备。

⑤ 其他检验检疫工作所需的通用现场设施。

3. 出证

检验检疫机构对经检验检疫合格的进口废物原料，出具《入境货物通关单》，并在备注项注明“上述货物经初步检验，未发现不符合环境保护要求的物质”；对经检验检疫不合格的，出具《检验检疫处理通知单》和《检验检疫证书》。

（七）监督管理

1. 对国外供货商和国内收货人的监督管理

（1）国外供货商和国内收货人应当保证符合注册登记的要求，依照注册登记范围开展供货、进口等活动。国内收货人不自行开展加工利用的，应当将进口废物原料交付符合环保部门规定的利用单位。

（2）国家质检总局或者直属检验检疫局可以对国外供货商、国内收货人实施现场检查、验证、追踪货物环保质量状况等形式的监督管理。

（3）国家质检总局根据国外供货商所供货物质量状况，动态评价其诚信水平，对其实施分类管理。

2. 国家质检总局对进口废物原料实施A、B、C三类预警管理

（1）对必须撤销国外供货商和国内收货人的注册登记，或者源自特定国家/地区、特定类别废物原料进口的，国家质检总局发布A类预警，检验检疫机构不再受理其相关报检申请。

（2）对国外供货商提供、国内收货人进口或者源自特定国家/地区、特定类别的进口废物原料采取加严检验措施的，国家质检总局发布B类预警，检验检疫机构对相关废物原料实施全数检验；对国内收货人进口的废物原料采取加严检验措施的，也可以由直属检验检疫局发布B类预警，其辖区内检验检疫机构对相关废物原料实施全数检验。

（3）对环保项目不合格或者需采取其他风险控制措施的废物原料，国家质检总局或者检验检疫机构发布C类预警，口岸检验检疫机构应当在预警有效期内密切关注预警货物及其承载工具的动向，对触发 C 类预警的相关废物原料实施全数检验。

3. 国外供货商发生下列情形之一触发 B 类预警的，检验检疫机构对其输出的废物原料实施为期 90 日的全数检验

（1）一年内货证不符或者环保项目不合格累计 3 批以上（含 3 批）的。

（2）检疫不合格并具有较大疫情风险的。

（3）依据规定被撤销后重新获得注册登记的。

（4）现场检查发现质量控制体系存在缺陷的。

4. 国内收货人发生下列情形之一触发 B 类预警的，检验检疫机构对其进口的废物原料实施为期 90 日的全数检验

（1）进口的废物原料存在严重货证不符、申报不实，经查确属国内收货人责任的。

（2）国内收货人的登记内容发生变更，未在规定期限内向直属检验检疫局办理变更手续的。

（3）一年内首次发生进口废物原料环保项目检验不合格，经查确属国内收货人责任的。

（4）现场检查发现质量控制体系存在缺陷的。

（5）根据规定撤销后重新取得注册登记的。

5. 国内收货人因下列情形之一触发 B 类预警的，检验检疫机构对其进口的废物原料实施为期 180 日的全数检验

（1）一年内货证不符或者环保项目不合格累计 2 批以上（含 2 批），经查确属国内收货人责任的。

（2）在 90 日加严检验期内再次发生《进口可用作原料的固体废物检验检疫监督管理办法》第四十四条所列情况之一的。

（八）法律责任

1. 进口废物原料的国外供货商、国内收货人未取得注册登记，或者进口废物原料未进行装运前检验的

按照国家有关规定责令退货；情节严重的，由检验检疫机构按照《中华人民共和国进出口商品检验法实施条例》第五十三条的规定并处 10 万元以上 100 万元以下罚款。

2. 国外供货商发生下列情形之一的，由国家质检总局按照《中华人民共和国进出口商品检验法实施条例》第五十三条的规定撤销其注册登记

（1）提供虚假入境证明文件的。

（2）将注册登记证书或者注册登记编号转让其他企业使用的。

（3）输出废物原料时存在弄虚作假等欺诈行为的。

（4）输出废物原料环保项目严重不合格或者存在严重疫情风险的。

（5）B 类预警期间，再次发生《进口可用作原料的固体废物检验检疫监督管理办法》第四十三条情形之一的。

（6）不配合退运的。

（7）对已退运的不合格废物原料再次运抵中国大陆地区的。

（8）不接受监督管理的。

3. 国内收货人发生下列情形之一的，由直属检验检疫局按照《中华人民共和国进出口商品检验法实施条例》第五十三条的规定撤销其注册登记

（1）伪造、变造、买卖或者使用伪造、变造的有关证件的。

（2）将注册登记证书或者注册登记编号转让其他企业使用的。

（3）未按要求将进口废物原料交付相应的加工利用单位的。

（4）B类预警期间，再次发生《进口可用作原料的固体废物检验检疫监督管理办法》第四十五条情形之一的。

（5）未按照检验检疫机构的要求实施退运的。

（6）不接受监督管理的。

4. 进口废物原料的国内收货人弄虚作假的

由检验检疫机构按照《国务院关于加强食品等产品安全监督管理的特别规定》第八条的规定处货值金额3倍的罚款；构成犯罪的，依法追究刑事责任。进口废物原料的报检人、代理人弄虚作假的，取消报检资格，并处货值金额等值的罚款。

5. 进口废物原料检验检疫工作人员玩忽职守、徇私舞弊或者滥用职权，依法给予行政处分；构成犯罪的，依法追究其刑事责任

二、入境汽车

（一）报检范围

列入《法检商品目录》的汽车，以及虽未列入但国家有关法律法规明确由检验检疫机构负责检验的汽车。运输工具的动植物检疫和卫生检疫不属于入境汽车的报检范围。

进口机动车辆必须先报检，经检验合格后发给证明，才能向交通车辆管理机构申报领取行车牌照。

（二）报检要求

（1）进口汽车的收货人或其代理人应持有关证单在进境口岸或到达站办理报检手续。口岸检验检疫机构检验合格后签发《入境货物通关单》。

（2）进口汽车入境口岸检验检疫机构负责进口汽车入境检验工作，用户所在地检验检疫机构负责进口汽车质保期内的检验管理工作。

（3）转关到内地的进口汽车，视通关所在地为口岸，由通关所在地检验检疫机构负责检验。

（4）对大批量进口汽车，应在对外贸易合同中约定在出口国装运前进行预检验、监造或监装。

（5）经检验合格的进口汽车，由口岸检验检疫机构签发《入境货物检验检疫证明》，并一车一单签发《进口机动车辆随车检验单》；用户在国内购买进口汽车时必须取得检验检疫机构签发的《进口机动车辆随车检验单》和购车发票。

（6）在办理正式牌证前到所在地检验检疫机构登检，用《进口机动车辆随车检验单》换发《进口机动车辆检验证明》，作为到车辆管理机关办理正式牌证的依据。

各有关单位在办理进口机动车辆的有关事宜时，按《进口机动车辆制造厂名称和车辆品牌中英文对照表》规定的进口汽车、摩托车制造厂名称和车辆品牌中文译名进行签注和计算机管理。对未列入《进口机动车辆厂名称和车辆品牌中英文对照表》的进口机动车制造厂商及车辆品牌，在申请汽车产品强制性认证时，进口关系人应向国家指定的汽车产品认证机构提供进口机动车制造厂商或车辆品牌的中文译名。经指定认证机构审核后，报国家质检总局备案并通报各有关单位。

（7）从2008年3月1日起，检验检疫机构对进口机动车辆实施车辆识别代号（简称VIN）入境验证管理。进口机动车辆识别代号（VIN）必须符合国家强制性标准要求，对VIN不符合上述标准的进口机动车，禁止进口。

如果检验检疫机构在进口汽车检验中发现安全质量问题，国家质检总局将根据规定发出公告，要求制造商召回有缺陷的产品，尽快采取措施，消除安全隐患。

（三）进口汽车报检时应提供的证单

（1）直接从国外进口的，收货人或其代理人在入境口岸报检时，提供下列证单：

① 报检单、合同、发票、提（运）单、装箱单。

② 进口安全质量许可证复印件。

③ 非CFC—12为制冷工质的汽车空调器压缩机的证明。

④ 海关出具的《进口货物证明》正本及复印件。

⑤ 有关技术资料。

（2）通过国内渠道购买进口汽车的用户在报检时应提供《入境货物报检单》或进口机动车辆报检单、口岸检验检疫机构签发的《进口机动车辆随车检验单》和海关出具的《进口货物证明》的正本及复印件。单位用车须提供企业代码或营业执照复印件；个人自用的进口机动车辆报检时须提供车主的身份证及复印件，或户口簿及复印件。

（3）罚没的进口汽车的用户报检时，应提供《入境货物报检单》或进口机动车辆报检单、罚没证正本、商业发票等。单位用车需提供企业代码或营业执照复印件；个人用车需提供使用人的身份证、户口簿复印件。

（4）国外赠送的汽车（包括贸易性和非贸易性交往），必须持有部或省、市级政府同意接受赠送的批文。

三、入境石材、涂料

（一）报检范围

进口石材（《商品名称及编码协调制度》中编码为2515、2516、6801、6802项下的商品）和涂料（《商品名称及编码协调制度》中编码为3208、3209项下的商品）。

（二）石材的报检要求及应提供的单据

（1）报检人应在货物入境前到入境口岸检验检疫机构报检。

（2）报检时除提供合同、发票、提单和装箱单等外贸单证外，还应提供符合GB 6566—2001《建筑材料放射性核素限量》分类要求的石材说明书，注明石材原产地、用途、放射性水平类别和适用范围等。

（3）报检人未提供说明书或者说明书中未注明的，均视为使用范围不受限制，检验时依据GB 6566—2001规定的最严格限量要求进行验收。

（三）涂料的报检要求及应提供的单据

1. 登记备案

（1）国家质检总局对进口涂料的检验实行登记备案、专项检测制度。

国家质检总局指定的进口涂料备案机构和专项检测实验室，分别负责进口涂料的备案和专项检测。

（2）进口涂料的生产商、进口商和进口代理商根据需要，可以向备案机构申请进口涂料备案。

① 备案申请应在涂料进口之前至少2个月向备案机构申请，同时备案申请人应当提交有关的资料。

② 备案机构接到备案申请后，对备案申请人的资格及提供的材料进行审核，在5个工作日内，向备案申请人签发《进口涂料备案申请受理情况通知书》。

③ 由备案申请人将被检样品送指定的专项检测实验室。

④ 专项检测实验室应当在接到样品15个工作日内，完成对样品的专项检测及进口涂料专项检测报告，并将报告提交备案机构。

⑤ 备案机构应当在收到进口涂料专项检测报告3个工作日内，根据有关规定及专项检测报告进行审核，经审核合格的，签发《进口涂料备案书》；经审核不合格的，书面通知备案申请人。

（3）《进口涂料备案书》有效期为2年。当有重大事项发生，可能影响涂料性能时，应当对进口涂料重新申请备案。

2. 报检要求及应提供的证单

（1）报检时除提供合同、发票、提单和装箱单等资料外，已经备案的涂料应同时提交《进口涂料备案书》或其复印件。

（2）检验检疫机构按照以下规定实施检验。

① 核查《进口涂料备案书》的符合性。核查内容包括品名、品牌、型号、生产厂商、产地、标签等。

② 专项检测项目的抽查。同一品牌涂料的年度抽查比例不少于进口批次的10%；每次批次抽查不少于进口规格型号种类的10%；所抽取样品送专项检测实验室进行专项检测。

③ 对未经备案的进口涂料，检验检疫机构接受报检后，按照有关规定抽取样品，并由报检人将样品送专项检测实验室检测，检验检疫机构根据专项性检测报告进行符合性核查。

④ 经检验合格的进口涂料，检验检疫机构签发《入境货物检验检疫证明》。经检验不合格的进口涂料，检验检疫机构出具检验检疫证书，并报国家质检总局。对专项检测不合格的进口涂料，收货人须将其退运出境或者按照有关规定妥善处理。

四、入境特殊物品

案例

近期，山东检验检疫局在临沂、荣成口岸连续截获7批次未办理检疫审批手续的韩国入境旅客携带肉毒素、玻尿酸针剂，共180余支，货值近2万元。因涉事旅客未依法办理《出入境特殊物品卫生检疫审批单》，且7日内未办理入境特殊物品审批手续，检验检疫部门根据《出入境特殊物品卫生检疫管理规定》的有关要求，对截获物品作出封存、退运处理。

这些美容针剂含有特殊物品成分，被人体吸收后，可能会出现头晕、呼吸困难和肌肉乏力等神经中毒症状，有致残风险甚至会危及生命，会对群众的健康造成威胁。特殊物品出入境需办理相关审批手续，经审核许可后方允许入境。此类非法携带进境的美容针剂类产品存在较高的质量安全风险，且一旦发生整形美容医疗事故，使用者合法权利难以得到保障。

（一）报检范围

入境特殊物品指：微生物、人体组织、生物制品、血液及其制品等。

“微生物”包括病毒、细菌、放线菌、立克次氏体、螺旋体、衣原体等医学微生物的菌种、毒种及培养物等和医用抗生素菌种。“人体组织”包括人体器官、组织、细胞和人胚活细胞组织等。“生物制品”包括各类菌苗、疫苗、毒素、类毒素和干扰素、激素、单克隆抗体、酶及其制剂、各种诊断用试剂。“血液及其制品”包括全血、血浆、血清、脐带血、血细胞、球蛋白、白蛋白、纤维蛋白原、蛋白因子、血小板等。

（二）审批程序

（1）出入境特殊物品的卫生检疫管理实行卫生检疫审批、现场查验和后续监督管理制度。

（2）入境特殊物品，必须办理卫生检疫审批手续，未经检验检疫机构许可不准入境。

（3）入境特殊物品的货主或其代理人应当在交运前向入境口岸直属检验局办理特殊物品审批手续，受理申请的直属检疫局对申请材料进行审查，并在20个工作日内做出准予许可或者不准予许可的决定，20个工作日内不能做出决定的，经负责人批准可以延长10个工作日。准予许可的，应当签发《卫生检疫审批单》。

（4）供移植用器官因特殊原因未办理卫生检疫审批手续的，入境、出境时检验检疫机构可以先予放行，货主或其代理人应当在放行后10日内申请补办卫生检疫审批手续。

（5）邮寄、携带出入境特殊物品，因特殊情况未办理卫生检疫审批手续的，检验检疫机构应当予以截留，要求按照规定办理卫生检疫审批手续，受理报检的口岸检验检疫机构对出入境特殊物品实施现场检验，经检疫合格后方可放行。

（6）凡国家禁止进口的特殊物品禁止入境。

（三）报检应提供的单据

入境特殊物品报检时，报检人须携带《入/出境特殊物品卫生检疫审批单》及合同（或函电）、发票、提单（运单）等相关资料，到口岸检验检疫局办理《入境货物通关单》，由口岸检验检疫局有关部门实施查验。

五、入境来自疫区的货物

（一）疫区的概念和分类

1. 概念

在我国，疫区是世界卫生组织或世界动物卫生组织或国际植物保护公约公布并经国家质检总局认可的符合传染病流行特征或动植物疫病流行特征的发生传染病或其他疫情的国家和地区。疫区分为动物传染病疫区、植物疫区、人类传染病区。

2. 分类

疫区分为：动物传染病疫区、植物疫区、人类传染病疫区。

（二）来自疫区货物的检疫

1. 一般而言，来自动植物疫区的动植物及其产品是不能入境的

来自疫区的其他货物在报检要求上与非疫区相同，但是，为防止疫情传入，对来自疫区的货物要进行严格的检疫处理。

2. 来自疫区货物的检疫要根据疫区及货物的具体情况来确定

一般而言，与疫情有关的对应产品不能进口。例如，美国发生了禽流感，我国禁止直接和间接从美国进口禽鸟及其产品。对于与具体疫情无关的货物，检疫要求没有特别的变化。

（三）来自疫区货物检疫处理

1. 动物检疫处理

（1）动物检疫处理概念：指检验检疫机构对经检疫不合格的动物、动物产品及其他检疫物所采取的强制性处理措施。

（2）动物检疫处理方式：除害、扑杀、销毁、退回或封存、不准入境、不准过境。

2. 植物检疫处理

（1）方式：与动物检疫处理要求基本一致，也有所不同，一旦发现有疫情的，作熏蒸、热处理、消毒等植物检疫除害处理，不能做除害处理的，不准入境或过境，已经入境的作退回或销毁处理。

（2）结果：

① 对经检疫不合格的，签发《检疫处理通知单》。

② 对能够做除害处理达到要求的货物，做除害处理。

③ 不能做除害处理或除害处理后仍不符合要求的，做退回或者销毁处理。

④ 经检疫合格或经除害处理合格的，签发《入境货物通关单》。

3. 卫生处理

（1）卫生处理：指隔离、留验和就地诊验等医学措施，以及消毒、除鼠、除虫等卫生措施。

（2）检验检疫机构对出入境的交通工具、人员、集装箱、尸体、骸骨以及可能传播检疫传染病的行李、货物、邮包实施检疫查验、传染病监测、卫生监督和卫生处理。

（四）禁止入境的疫区货物

（1）国家规定了《进境植物禁止进境名录》和《国家禁止进口的血液及其制品的品种》，具体明确禁止进境物。

（2）当某个国家发生新的疫情时，质检总局根据需要发出公告，禁止可能染疫的物品及其相关产品入境，直到疫情解除。

（3）因科学研究等特殊原因需要引进禁止进境物品的，必须事先提出申请，经国家质检总局批准，凭批准证明文件报检。

任务二　出境其他货物的报检与管理

案例导入

多年以来，温州地区出口打火机因产品质量问题被国外官方通报共计14例。从通报案例质量问题看，全部是由于产品设计的安全问题，其不合格理由均为有可能对消费者造成人身伤害，其中12例为不符合欧盟2006/502/EC指令（也就是所谓的CR法规，其主要内容为防止因儿童非预期操作打火机而造成伤害），2例为不符合EN ISO 9994标准（打火机安全标准），EN ISO 9994也与国内标准有相当差异。从通报产品的出口渠道看，其中10批为非法出境，占被通报案例的71.4%，而经过检验检疫机构检验合格出口的仅有1批次，占7.7%（另有三批未能核实其出口过程）。从通报案例发生的贸易环节看，其中有7批为欧盟CR法规生效前进入欧盟市场，占通报案例50%，这些产品入境时尚属合格产品，通报原因在于国外进口商或零售商在指令生效后继续违法销售。请分析，企业与政府相关部门应采取的对策。

一、出境危险货物

危险货物是根据《危险货物分类和品名编号》（GB 6944.2005）定义为：具有爆炸、易燃、毒害、感染、腐蚀、放射性等特性，在运输、储存，生产、经营、使用和处置中，容易造成人身伤亡、财产毁损和环境污染而需要特别防护的物质和物品。危险货物涉及安全卫生、健康、环保。这些货物给现代化社会带来了不可缺少的好处，但同时有些危险货物也对人类健康和环境安全造成了严重损害，导致各种事故和疾病的发生，因而引起了人类越来越多的关注。国际社会相继制定规定，对危险货物实施严格的管理。

目前，国家对出口危险货物包括烟花爆竹、出口打火机和点火枪类商品等已正式实施法定检验。

（一）出口烟花爆竹

烟花爆竹是我国传统的出口商品，同时烟花爆竹又属易燃易爆的危险品，在生产、储存、装卸、运输各个环节极易发生安全事故。为了保证其安全运输出口，我国对出口烟花爆竹的生产企业实施登记管理制度。

1. 报检范围

H S 编码为360410000的烟花爆竹产品。

2. 报检应提供的证单

除按规定填写《出境货物报检单》并提供合同或销售确认书或信用证（以信用证方式结汇时提供）、发票、装箱单等相关外贸单据外，还应提供如下相应的单证：

（1）出境货物运输包装性能检验结果单。

（2）出境危险货物运输包装使用鉴定结果单。

（3）生产企业对出口烟花爆竹的质量和安全做出承诺的声明。

（4）出口规格为6英寸及以上的礼花弹产品，在口岸查验时，需提供检验检疫机构出具的分类定级试验报告和12米跌落试验合格报告。

3. 其他规定和要求

（1）各地检验检疫机构对出口烟花爆竹的生产企业实施登记管理制度。

（2）对烟花爆竹的检验，严格执行国家法律法规规定的标准。

对进口国以及贸易合同高于我国法律、法规规定标准的，按其标准检验。

对首次出口或者原材料、配方发生变化的烟花爆竹，检验检疫机构将实施烟火药剂安全稳定性能检测。

对长期出口的烟花爆竹产品，检验检疫机构每年将进行不少于一次的烟火药剂安全稳定性能的检测。

（3）凡非本地直接出口的且以集装箱运往口岸出口的烟花爆竹，出口商应凭产地检验检疫机构签发的《出境货物换证凭单》到口岸检验检疫机构换领《出境货物通关单》。

（4）对产地直接报关出口的烟花爆竹，出口商凭产地检验检疫机构签发的《出境货物通关单》报关。

（5）盛装出口烟花爆竹的运输包装，应当标有联合国规定的危险货物包装标记和出口烟花爆竹生产企业的登记代码标记。凡经检验合格的出口烟花爆竹，应在其运输包装明显部位加贴验讫标志。

4. 出口烟花爆竹的生产企业登记

（1）适用范围。

出口烟花爆竹的生产企业的产品质量、公共安全和人身安全。

（2）主管部门。

国家质检总局统一管理全国出口烟花爆竹检验和监督管理工作，国家质检总局设在各地的出入境检验检疫机构负责所辖地区出口烟花爆竹的检验和监督管理工作。

（3）申请程序。

各地检验检疫机构对出口烟花爆竹的生产企业实施登记管理制度。

① 出口烟花爆竹生产企业登记条件。

具有工商营业执照、税收登记证和公安机关颁发的生产安全许可证；具有质量手册或质量管理的有关文件；应当具有完整的生产技术文件；应当有经过检验检疫机构培训考试合格的检验人员，能按照产品图纸、技术标准和工艺文件进行生产过程检验；应当具有专用成品仓库。仓库应清洁，有通风防潮、防爆措施，库内产品应分类按品牌堆放，隔地、离墙堆放整齐。

② 申请及审批程序。

a. 申请登记的企业应向所在地检验检疫机构正式提交书面登记申请。并提供有关生产、质量、安全等方面的有关资料。

b. 根据生产企业的申请，各直属检验检疫局由2～3人组成登记考核小组，按照本条件规定的内容对申请登记企业进行考核。

c. 对考核合格的企业，由各直属检验检疫局授予专用的登记代码，登记代码由检验检疫机构按《出口烟花爆竹生产企业登记代码标记编写规定》编制。

d. 经考核不合格的企业，整改后可申请复核，经复核仍不合格，半年后才能重新申请。

（4）监督管理。

出口烟花爆竹的检验和监督管理工作采取产地检验与口岸查验相结合的原则。

各地检验检疫机构将已登记的生产企业名称、登记代码等情况及时报国家质检总局备案。出口烟花爆竹的生产企业在申请出口烟花爆竹的检验时，应向检验检疫机构提交《出口烟花爆竹生产企业声明》。凡经检验合格的出口烟花爆竹，由检验检疫机构在其运输包装明显部位加贴验讫标志。

（二）出口打火机、点火枪类商品

打火机、点火枪类商品是涉及运输及消费者人身安全的危险品，美国、加拿大及欧盟等国家已陆续对该类产品强制性地执行国际安全质量标准。我国是打火机、点火枪类商品生产和出口大国。近年来，出口该类产品因质量不符合国际标准被进口国查禁、销毁、退货情况时有发生，甚至出现了在运输过程中爆炸及烧伤儿童的质量安全事故，直接影响我国产品的信誉和出口。为提高该类商品的质量，促进贸易发展，保障运输及消费者人身安全，我国自

2001 年 6 月 1 日起，对出口打火机、点火枪类商品实施法定检验。

1. 报检范围

出口打火机、点火枪类商品包括 HS 编码为 96131000 一次性袖珍气体打火机；96132000 可充气袖珍气体打火机；96133000 台式打火机；96138000 其他类型打火机（包括点火枪）。

2. 报检应提供的单证

按规定填写《出境货物报检单》并提供合同或销售确认书或信用证（以信用证方式结汇时提供）、发票、装箱单等相关外贸单据外，还应提供如下相应的单证：

（1）生产企业自我声明。

（2）生产企业登记证。

（3）型式试验报告。

（4）出境货物运输包装性能检验结果单。

（5）出境危险货物运输包装使用鉴定结果单。

3. 其他规定和要求

（1）检验检疫机构对出口打火机、点火枪类商品的生产企业实施登记管理制度。

出口打火机、点火枪类商品的生产企业向所在地检验检疫机构提交登记申请，经审查合格的企业，由检验检疫机构颁发《出口打火机、点火枪类商品生产企业登记证》和专用的登记代码或批次号。

（2）企业应当按照《联合国危险货物建议书规章范本》和有关的法律法规的规定生产、包装、储存出口打火机、点火枪类商品。

（3）对出口打火机、点火枪类商品的检验，严格执行国家法律法规规定的标准。

对进口国标准高于我国法律法规规定标准的，按进口国标准进行检验。

对于我国与进口国政府间有危险品检验备忘录或协议的，应符合备忘录或协议的要求。

（4）出口打火机、点火枪类商品上应铸有检验检疫机构颁发的登记代码，其外包装上须印有登记代码和批次，在外包装的明显部位上要贴有检验检疫机构的验讫标志。

（5）检验检疫机构对打火机、点火枪类商品的检验监管坚持型式试验和常规检验相结合的原则。

在打火机、点火枪类商品首次出口或其原材料、生产工艺发生变化时，检验检疫机构将进行全项型式试验，全项型式试验必须在国家质检总局指定的检测实验室进行。产品出口时，检验检疫机构根据型式试验合格报告进行常规检验。

（6）检验检疫机构对打火机、点火枪类商品的检验实施批批检验，同时对其包装实施性能检验和使用鉴定。

4. 出口打火机、点火枪类商品生产企业登记

（1）登记条件。

① 具有工商营业执照、税收登记和公安机关颁发的安全许可证。

② 具有质量手册或质量管理的有关文件。

③ 具有完整的生产技术文件。

④ 具有专用成品仓库。

（2）申请及审批程序。

① 申请登记的企业应向所在地检验检疫机构正式提交书面登记申请，并提供有关生产、

质量、安全等方面的有关资料以及《出口打火机、点火枪类商品生产企业自我声明》。

② 根据生产企业的申请，由各直属局的登记考核小组对申请登记企业进行考核。

③ 对考核合格的企业，由直属局颁发《出口打火机、点火枪类商品生产企业登记证》和专用的登记代码。

④ 经考核不合格的企业，整改后可申请复核，经复核仍不合格的，半年后方可重新申请。

二、出境木家具、竹木草制品

为确保我国出境木制品及木制家具、竹木草制品的产品质量安全，维护对外贸易正常发展，根据国务院《关于食品等产品安全监督管理的特别规定》等要求，国家质检总局对出境木制品及木制家具实施检疫监管和检验监管，对竹木草制品加强检验检疫监管。

（一）出境木制品及木制家具

1. 报检范围

《实施出口木制品及木制家具检验监管的目录》所列的59个HS编码项下的出口木制品及木制家具产品。

2. 报检应提供的单证

按规定填写《出境货物报检单》并提供合同或销售确认书或信用证（以信用证方式结汇时提供）、发票、装箱单等相关外贸单据外，还应提供如下相应单证：

（1）产品符合输入国家或地区的技术法规、标准或国家强制性标准质量的符合性声明。

（2）输入国（地区）技术法规和标准对木制家具机械安全项目有要求的，须提供相关检测报告。

3. 其他规定和要求

（1）国家质检总局对出口木制品和木制家具生产企业实施出口质量许可准入制度。

出口木制品及木制家具生产企业应建立从原料、生产环节到最后成品的质量安全控制体系。对已建立健全的质量安全控制体系并运行有效的出口企业，实施分类管理。

（2）企业应对涉及安全、卫生、环保要求的油漆、胶黏剂、人造板材、布料、皮革等原辅材料开展重金属、甲醛、阻燃性等有关项目的检测，检测不合格的不得使用；检测报告必须来自CNAS（中国合格评定国家认可委员会）认可的实验室。企业还应对原辅材料建立台账，如实记录原辅材料的供应商、品名、规格、数重量、使用情况等。

（二）出境竹木草制品

1. 报检范围

包括竹、木、藤、柳、草、芒等制品。

2. 报检应提供的单据

按规定填写《出境货物报检单》并提供合同或销售确认书或信用证（以信用证方式结汇时提供）、发票、装箱单等相关外贸单据外，还应提供如下相应单证：

一类、二类企业报检时应当同时提供《出境竹木草制品厂检记录单》。

3. 其他规定和要求

（1）国家对出境竹木草制品及其生产企业实施分级分类监督管理。

根据生产加工工艺及防疫处理指标等，将竹木草制品分为低、中、高3个风险等级；通过对竹木草制品生产企业的评估、考核，将企业分为一类、二类、三类三个企业类别，检验检疫机构根据竹木草制品的风险登记，结合企业类别采取不同的检验检疫监管模式。

（2）自2008年4月1日起，出境竹藤草柳制品应来自在检验检疫机构注册登记的企业。

复习思考题

一、单选题

1. 入境废物须由（　　）审批。

A. 国家质检总局　B. 国家环保总局　C. 农业部　D. 卫生部

2. 报检入境废物时，应提供（　　）签发的《废物进口许可证》和（　　）认可的检验机构签发的装运前检验证书。

A. 国家环保总局，国家环保总局

B. 国家质检总局，国家环保总局

C. 国家环保总局，国家质检总局

D. 国家质检总局，国家质检总局

3. 国家对可用作原料固体废物的国外供货商实行（　　）。

A. 供货许可制度　B. 备案登记制度

C. 注册登记制度　D. 资质核准制度

4. 为提高我国打火机、点火枪类商品的质量，促进贸易发展，保障运输及消费者人身安全，对出口打火机、点火枪类商品实施（　　）。

A. 抽查检验　B. 凭货主申请检验

C. 法定检验　D. 以上三者视情况不同而定

5.（　　）不是出口打火机报检时应当提供的单据。

A. 生产企业自我声明　B. 生产企业登记证

C. 型式试验报告　D. 质量许可证

6. 进口涂料的备案申请应在涂料进口之前至少（　　）向备案机构申请。

A. 1个月　B. 2个月　C. 半年　D. 一年

7. 入境废物报检时，除提供合同、发票、装箱单、提单外，还需提供（　　）签发的（　　）和经国家质检总局认可签发的装运前检验证书。

A. 国家环境保护局，废物进口许可证

B. 国家质检总局，废物进口许可证

C. 商务部，废物进口许可证

D. 海关总署，废物进口许可证

8. 以下进口货物，报检时须提供装运前检验证书的是（　　）。

A. 工业产品　B. 可用作原料的固体废物

C. 大宗散装商品　D. 动植物产品

9. 目前，根据国家规定以及国家环保部门的要求，出入境检验检疫机构对通关后进口再生物资（俗称废料）实施品质检验的地点是（　　）。

A. 境外检验　B. 口岸检验

C. 境内检验　D. 收用货地检验

10. 根据有关法律法规规定，因科研等特殊需要输入禁止入境物的，必须提供（ ）签发的特许审批证明。

A. 农业部　　B. 商务部

C. 卫生部　　D. 国家质检总局

11. 进口汽车的收货人或其代理人应持有关证单在进境口岸或到达站办理报检手续，口岸检验检疫机构审核后（ ）。

A. 签发《检验证书》　　B. 签发《入境货物通关单》

C. 签发《合格证书》　　D. 签发《出境货物通关单》

二、多选题

1. 某公司进口一批大理石（检验检疫类别为M/），以下表述正确的有（ ）。

A. 进出口应办理备案手续

B. 应在货物入境前向口岸检验检疫机构报检

C. 如无法提供石材说明书，检验检疫机构将不受理报检

D. 检验检疫机构对该批货物实施放射性检测

2. 办理入境可用作原料的废物报检手续时，应提供（ ）。

A. 废物进口许可证

B. 原产地证明书

C. 装运前检验证书

D. 供货商和收货人的注册登记证书

3. 申请进口废物作原料利用的企业必须是（ ）。

A. 经卫生登记的单位

B. 依法成立的企业法人

C. 具有利用可用作原料的进口废物的能力

D. 具有相应的污染防治设备

4. 进口可用作原料的废物，报检时须提供的单据有（ ）。

A. 强制性产品认证证书

B. 废物进口许可证

C. 企业废物利用风险报告书

D. 国外检验机构签发的装运前检验证书

5. 首次报检时需要提供型式实验报告的出口商品是（ ）。

A. 风扇　　B. 电池

C. 食品研磨机　　D. 打火机

6. 以下所列，实行注册登记制度的有（ ）。

A. 可用作原料的固体废物的国外供货商

B. 可用作原料的固体废物的国内收货人

C. 来自检疫传染病疫区货物的发货人

D. 向中国输出水果的国外果园、加工、存放单位

7. 进口可用作原料的废物，报检时应提交（ ）。

A. 国外官方机构出具的检疫证书

B. 强制性产品认证证书

C. 废物进口许可证

D. 装运前检验证书

8. 某公司进口一批废物原料，货物到达口岸后，下列表述正确的有(　　)。

A. 应在办理报关手续前向检验检疫机构办理报检手续

B. 应凭《入境货物检验检疫证明》办理通关手续

C. 报检时应提交国家环保总局签发的《进口废物批准证书》

9. 按照国家规定，进口下列货物报检时必须提供装船前检验证书的有(　　)。

A. 大宗散装的粮食　　B. 进口废物

C. 旧纺织设备　　D. 活动物

10. 国家将进口废物分两类进行管理，包括（　　）。

A. 禁止进口的废物　　B. 固体废物

C. 可作为原料，但必须限制进口的废物　　D. 危险废物

11. 下列参加国际展览的入境物品中，应实施检验检疫的有（　　）。

A. 入境展览品的木质包装　　B. 入境展览品的运输工具

C. 用于入境展览的食品　　D. 用于入境展览的机械品

12. 如下哪些入境物品需申请办理卫生检疫审批手续，并获得《出入境特殊物品卫生检疫审批单》方可入境，否则不予办理入境手续（　　）。

A. 人体组织　　B. 受保护的活动物

C. 生物制品　　D. 血液及其制品

三、判断题

1. 入境的展览物品，经检疫不合格又无有效处理方法的，应在展览结束后，在检验检疫机构的监督下作退运或销毁处理。（　　）

2. 自海运口岸进口的废物，报检时无需提供出口国官方机构出具的检验合格证书。（　　）

3. 留购的展览物品，报检人应重新办理有关检验检疫手续。（　　）

4. 入境展览品中的旧机电产品不需要按旧机电产品备案手续办理相关证明。（　　）

5. 对国家禁止进口的废物，任何单位和个人都不准从事此类废物的进口贸易及其他经营活动。（　　）

6. 自海运口岸进口的废物，报检时无需提供出口国官方机构出具的检验合格证书。（　　）

7. 进口可用作原料的废物应在入境口岸接受环保项目的检验。（　　）

8. 对于入境可用作原料的固体废物，报检人可凭《废物进口许可证》复印件办理报检手续。（　　）

9. 可用作原料的废物须经输出国官方检验机构检验合格后方可入境。（　　）

10. 对涉及国家安全、环境保护、人类和动植物健康的所有入境废旧物品，检验检疫机构均实施装运前检验。（　　）

11. 进口废物须由输出国官方机构检验合格后方可装运。（　　）

12. 入境废物包括固体废物、工业固体废物和城市生活垃圾。（　　）

13. 加拿大政府无偿赠送给我国广西壮族自治区人民政府100吨的钨钢废碎料，这批货物入境报检时无须提供《废物进口许可证》正本。 （ ）

14. 参加国际展览的入境展览物品及其包装材料、运输工具一律免予检疫。 （ ）

项目十一

出入境货物运输包装容器的报检与管理

学习目标

了解、掌握出入境木质包装的报检范围；出入境木质包装的检疫管理的内容；出入境木质包装检疫监督管理的内容。学习并掌握出境货物运输包装容器：一般货物运输包装容器、危险货物运输包装容器、食品包装三大类的报检与管理。

技能目标

出入境木质包装检验检疫的一般工作程序。

任务一　入境货物木质包装的报检与管理

案例导入

2007 年 9 月 4 日，苏州某国际货运代理有限公司向太仓局报检两批美国进口螺杆式压缩机，报检资料显示发货人是“TRANE EXPORT LLC”，集装箱号码：SPKU4082419（40 尺）和 DFSU4042646（40 尺），启运口岸是美国奥克兰。上述两个进境集装箱中分别装有螺杆式压缩机 12 台（货值 11.4 万美元）和 13 台（货值 11.1 万美元），并分别使用了天然木托 12 个和 13 个，代理申报所有天然木托均有 IPPC 标识。检疫人员在审核相关报检资料后，实施现场查验。现场开箱后，果然货物堆放整齐有序，箱门口木质包装 IPPC 标识清晰，但检疫人员丝毫没有放松警惕，在集装箱发现部分垫木未加施 IPPC 标识，天然木托上还带有大量树皮，经进一步查验，发现大量天牛和小蠹虫幼虫。太仓局立即启动应急预案。经鉴定该批有害生物为虎天牛属幼虫和长毛帽胸长蠹（为国内首次截获），太仓局及时启动了进出境重大动植物疫情应急处置预案，顺利对本批木质包装连同货物进行了退运处理。请分析，我国对木质包装检疫管理的要求。

木质包装是指用于承载、包装、铺垫、支撑、加固货物的木质材料，如木板箱、木条箱、木托盘、木框、木桶、木轴、木楔、垫木、枕木、衬木等。

经人工合成或者经加热、加压等深度加工的包装用木质材料（如胶合板、纤维板等），薄板旋切芯、锯屑、木丝、刨花等以及厚度等于或者小于6mm的木质材料除外。

为防止林木有害生物随进境货物木质包装传入传出，按照我国《中华人民共和国进出境动植物检疫法》及其实施条例，国际植物保护公约组织公布的《国际贸易中木质包装材料管理准则》等有关规定，对进出境货物木质包装进行除害处理，并加施IPPC专用标识。（2002年3月国际植物保护公约（International Plant Protection Convention，简称IPPC）发布了国际植物检疫措施标准第15号出版物《国际贸易中木质包装材料管理准则》（Guidelines for Regulating Wood Packing Material in International Trade），简称第15号国际标准（即为国际木质包装检疫措施标准）。

国家质量监督检验检疫总局（简称国家质检总局）统一管理全国出境货物木质包装的检疫监督管理工作。国家质检总局设在各地的出入境检验检疫机构（简称检验检疫机构）负责所辖地区出境货物木质包装的检疫监督管理。

一、入境货物木质包装报检范围

输往中国货物的木质包装及木质铺垫材料。自2006年1月1日起，进境货物使用的木质包装应当由输出国家或地区政府植物检疫机构认可的企业按中国确认的检疫除害处理办法处理，并加贴国际植物保护公约组织（以下简称IPPC）专用标识。

（1）进境货物使用木质包装且货物属于《出入境检验检疫机构实施检验检疫的进出境商品名录》的，填写入境货物报检单，并在报检单上注明木质包装有关信息，同时按规定附货物有关单证，向检验检疫机构报检。

（2）进境货物使用木质包装，但货物不属于《出入境检验检疫机构实施检验检疫的进出境商品名录》的，针对木质包装填写入境货物报检单，向检验检疫机构报检。

二、入境木质包装的检疫管理

为防止林木有害生物随进境货物木质包装传入我国，保护我国森林、生态环境及旅游资源，根据《中华人民共和国进出境动植物检疫法》及其实施条例，参照国际植物保护公约组织（IPPC）公布的国际植物检疫措施标准第15号《国际贸易中木质包装材料管理准则》，国家质检总局、海关总署、商务部和国家林业局联合发布了2005年第11号公告，要求进境货物木质包装应在输出国家或地区进行检疫除害处理，并加施专用标识。

（一）木质包装材料检疫除害处理方法

1. 热处理（HT）

（1）必须保证木材中心温度至少达到56℃，并持续30分钟以上。

（2）窑内烘干（KD）、化学加压浸透（CPI）或其他方法只要能够达到热处理要求的，可以视为热处理。如化学加压浸透可通过蒸汽、热水或干热等方法达到热处理的技术指标要求。

2. 溴甲烷熏蒸处理（MB）

（1）常压下，按表11-1标准处理：

表 11－1　常压下溴甲烷处理标准

温度/℃	剂量/（g·m^3）$^{-1}$	最低浓度要求/（g·m^3）$^{-1}$			
		0.5 小时	2 小时	4 小时	16 小时
≥21	48	36	24	17	14
≥16	56	42	28	20	17
≥11	64	48	32	22	19

（2）最低熏蒸温度不应低于 10℃，熏蒸时间最低不应少于 16 小时。

（3）来自松材线虫疫区国家或地区的针叶树木质包装暂按照表 11－2 要求进行溴甲烷熏蒸处理。

表 11－2　溴甲烷重蒸处理要求

温度/℃	溴甲烷剂量/（g·m^3）$^{-1}$	24 小时最低浓度要求/（g·m^3）$^{-1}$
≥21	48	24
≥16	56	28
≥11	64	32

注：最低熏蒸温度不应低于 10℃，熏蒸时间最低不应少于 24 小时。松材线虫疫区为：日本、美国、加拿大、墨西哥、韩国、葡萄牙及中国台湾地区、中国香港地区。

待 IPPC 对溴甲烷熏蒸标准修订后，按照其确认的标准执行。

3. 国际植物检疫措施标准或国家质检总局认可的其他除害处理方法

4. 依据有害生物风险分析结果，当上述除害处理方法不能有效杀灭我国关注的有害生物时，国家质检总局可要求输出国家或地区采取其他除害处理措施

（二）木质包装除害处理标识要求

1. 标识式样（如图 11－1 所示）

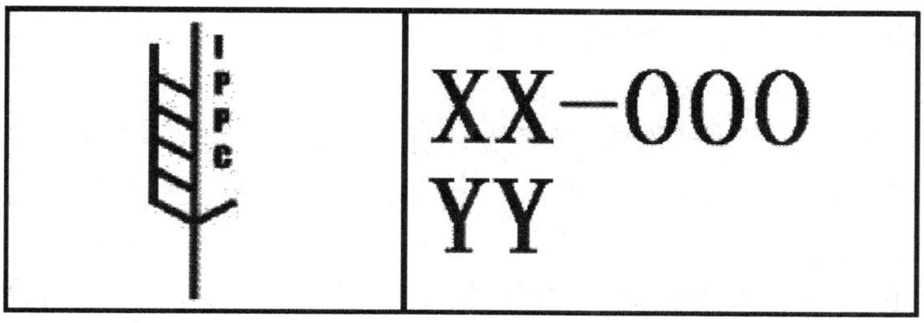

图 11－1　木质包装除害处理标识式样

其中：

IPPC 为《国际植物保护公约》的英文缩写。

XX 为国际标准化组织（ISO）规定的 2 个字母国家编号。

000 为输出国家或地区官方植物检疫机构批准的木质包装生产企业编号。

YY 为确认的检疫除害处理方法，如溴甲烷熏蒸为 MB，热处理为 HT。

2. 输出国家或地区官方植物检疫机构或木质包装生产企业可以根据需要增加其他信息

如去除树皮以 DB 表示。

3. 标识必须加施于木质包装显著位置

至少应在相对的两面，标识应清晰易辨、永久且不能移动。标识避免使用红色或橙色。

三、入境货物木质包装报检

进境货物使用木质包装的，货主或其代理人必须向出入境检验检疫机构报检。按照所用木质包装的标识情况在入境货物报检单的“标记及号码”栏加注“有IPPC 标识”或“无IPPC 标识”（标记及号码如常申报）。对于法定检验检疫进境货物未使用木质包装的，报检时须在报检单的“标记及号码”栏加注“未使用木质包装”声明。报检单上未注明木质包装使用情况的进境货物将不予受理报检。

（一）申请报检

1. 报检时间

进境货物使用木质包装的，货主或者其代理人在其入境时，按规定时间向当地检验检疫机构报检。

2. 报检单证

报检人按规定填写《入境货物报检单》并随附进口贸易合同、国外发票、装箱单、提（运）单等相关单据。

（二）受理并现场检疫

1. 抽查比例

检验检疫机构对进境货物木质包装实施抽查。有下列情况之一的，加大抽查和查验比例：

（1）来自截获疫情频次较高国家或地区的木质包装。

（2）未报检且经常使用木质包装的进境货物。

（3）同一出口商、进口商、标识加施企业多次出现违规情况的。

（4）现场检疫发现有害生物为害迹象的。

2. 查验方式

（1）报检时申明木质包装已加施 IPPC 专用标识的，按规定抽查检疫。

（2）报检时申明木质包装未加施 IPPC 专用标识的，在检验检疫机构监督下对木质包装进行除害处理或者销毁处理。

（3）报检时不能确定木质包装是否加施 IPPC 专用标识的，检验检疫机构实施抽查检疫。

（4）检验检疫机构对未报检但又经常使用木质包装的货物实施重点抽查。

3. 现场查验

（1）需实施现场查验的，货主或者其代理人应当按照检验检疫机构的要求，将货物运往指定地点接受查验，并采取必要的防止疫情扩散的措施。装载于集装箱中的货物木质包装，在检验检疫人员到达现场后方可开启箱门，以防有害生物逃逸、扩散。

（2）现场查验内容

① 核对货物的产地、唛头，包装物类型、数量等内容。

② 集装箱开箱后，先检查箱门内壁、门口及四周有无活虫，用射灯或强光照射木质包装缝隙和集装箱底板。

③ 检查木质包装是否加施 IPPC 专用标识，标识内容、加施方式是否符合中国法定要求。

④ 检查是否携带天牛、白蚁、蠹虫、树蜂、吉丁虫、象虫等钻蛀性害虫及其为害迹象。对有昆虫为害迹象的木质包装应当剖开检查；对带有疑似松材线虫等病害症状的，应当取样送实验室检验。

④ 取样

现场检疫发现害虫送实验室鉴定，若发现的是幼虫，应连同木块一起取样；发现病害症状的，取样送实验室鉴定；现场检疫没有发现有害生物为害迹象的，按照随机抽样原则抽取木质包装样品送实验室检疫。

（三）实验室检疫鉴定

对送检的有害生物标本及木料样品进行检疫鉴定。有害生物鉴定有标准的，按照国家标准、行业标准等进行检疫鉴定；无标准的，按生物学特性、形态特征及参照有害生物鉴定资料进行检疫鉴定。

（四）结果评定与检疫处理

1. 检疫合格的

加施的 IPPC 专用标识符合规定要求，未发现活的有害生物的，准予进境，出具《入境货物检验检疫证明》。

2. 检疫不合格的

已加施 IPPC 专用标识的木质包装，发现活的有害生物，检验检疫机构监督货主或者其代理人对木质包装进行除害处理，出具《检验检疫处理通知单》。需对外索赔的，出具《植物检疫证书》。

对未加施 IPPC 专用标识或标识不符合中国规定的木质包装，检验检疫机构监督货主或者其代理人对木质包装进行除害处理或者销毁处理，出具《检验检疫处理通知单》。需对外索赔的，出具《植物检疫证书》。

木质包装违规情况严重的，检验检疫机构监督货主或者其代理人连同货物一起作退运处理。

四、入境货物木质包装检疫监督管理

（一）检疫监督管理

（1）检验检疫机构对进境木质包装的装卸、运输、存放和检疫处理过程实施监督管理。

（2）检验检疫机构根据检疫情况做好进出口商和输出国家或者地区木质包装标识企业的诚信记录，对其诚信作出评价，实施分类管理。对诚信好的企业，可以采取减少抽查比例和先行通关后在工厂或其他指定地点实施检疫等便利措施。对诚信不良的企业，可以采取加大抽查比例等措施。对多次出现问题的，国家质检总局可以向输出国家或者地区发出通报，暂停相关标识加施企业的木质包装进境。

（3）检验检疫机构根据需要，在进境木质包装的装卸、运输、储存、加工场所实施外来有害生物监测。

（4）从事进境木质包装检疫处理业务的单位，必须经检验检疫机构考核认可，检验检疫机构对检疫除害工作进行监督。

（二）处罚

1. 行政处罚情形

有下列情况之一的，检验检疫机构依照相关规定予以行政处罚：

（1）未按照规定向检验检疫机构报检的。

（2）报检与实际情况不符的。

（3）未经检验检疫机构许可擅自将木质包装货物卸离运输工具或者运递的。

（4）其他违反《中华人民共和国进出境动植物检疫法》及其实施条例的。

2. 3万元以下罚款情形

有下列情况之一的，由检验检疫机构处以3万元以下罚款。

（1）未经检验检疫机构许可，擅自拆除、遗弃木质包装的。

（2）未按检验检疫机构要求对木质包装采取除害或者销毁处理的。

（3）伪造、变造、盗用IPPC专用标识的。

3. 其他处罚情形

国家质检总局认定的检验机构违反有关法律法规以及《进境货物木质包装检疫监督管理办法》规定的，国家质检总局应当根据情节轻重责令限期改正或者取消认定。检验检疫人员徇私舞弊、滥用职权、玩忽职守，违反相关法律法规和《进境货物木质包装检疫监督管理办法》规定的，依法给予行政处分；情节严重、构成犯罪的，依法追究刑事责任。

任务二　出境货物木质包装的报检与管理

案例导入

2012年3月以来，为进一步规范口岸出境货物木质包装加施IPPC标识工作，严厉打击伪造、假冒出境货物木质包装IPPC标识行为，山东检验检疫局成立木质包装查验联合执法组，对黄岛口岸内26个集装箱场站、仓库进行了突击检查，重点检查出境石材、玻璃、机械设备等使用木质包装较多的货物。共发现使用涉嫌违规加施IPPC标识的木质包装14批，收缴制假工具1套。通过本次联合执法检查，发现出口货物使用涉嫌违规加施IPPC标识的木质包装现象较为普遍。在此提醒广大出口企业，出境货物使用违规加施IPPC标识的木质包装违反我国相关法规要求和国际准则，一旦在国外被截获，货物将被退运，同时将给国家声誉造成恶劣影响。建议广大出口企业要了解有关出口木盘、木托等木质包装材料的法律法规要求，使用经正规检疫处理公司生产并加施IPPC标识的木质包装。

通过该案例思考以下问题：

1. 出境货物木质包装的检疫管理要求。

2. 出境货物木质包装的监督管理规定。

为规范木质包装检疫监督管理，确保出境货物使用的木质包装符合输入国家或者地区检疫要求，依据《中华人民共和国进出境动植物检疫法》及其实施条例，参照国际植物检疫措施标准第15号《国际贸易中木质包装材料管理准则》的规定，对出境货物使用的木质包装进行检疫。出境货物木质包装应当按照国家质量监督检验检疫总局的检疫除害处理方法实施处理，并按照要求加施专用标识。输入国家或者地区对木质包装有其他特殊检疫要求的，按照输入国家或者地区的规定执行。

一、出境货物木质包装的报检范围

（一）法定检验检疫出境货物使用木质包装的

货主或其代理人应当向检验检疫机构报检，同时提供《出境货物木质包装除害处理合格凭证》。

（二）非法定检验检疫出境货物使用木质包装的

一般无须报检，但应接受检疫监督管理和抽查检疫。木质包装需要出具《植物检疫证书》或《熏蒸/消毒证书》的，应在出境前报检。

二、出境货物木质包装的检疫管理

（一）木质包装检疫除害处理方法

为确保出境货物使用的木质包装符合输入国家或者地区检疫要求，我国有关部门根据《国际贸易中木质包装材料管理准则》的规定进行检疫除害处理，主要有热处理（HT）（如表 11－3 所示）和溴甲烷熏蒸处理（MB）（如表 11－4 所示）两种。

表 11－3　出境货物木质包装热处理结果报告单

编号：

<table>
<tr><td colspan="2">标识加施企业名称</td><td colspan="2"></td></tr>
<tr><td>包装种类</td><td></td><td>数量/规格</td><td></td></tr>
<tr><td>木材最大厚度</td><td></td><td>处理库号</td><td></td></tr>
<tr><td>生产批次</td><td></td><td>生产编号</td><td></td></tr>
<tr><td colspan="2">处理日期</td><td colspan="2"></td></tr>
<tr><td colspan="4">木材中心温度达到____℃　时间：________
干球温度达到____℃　时间：________
相对湿度为____%
热处理起始时间：________
热处理结束时间：________</td></tr>
<tr><td colspan="4">已按上述要求对本批木质包装实施热处理，请检验检疫机关予以审核。
热处理技术操作人员（签名）：________
业务负责人（签名）：________
____年____月____日（盖章）</td></tr>
<tr><td colspan="4">结果评定：________
该批木质包装热处理过程符合要求，准予加施标识。
检验检疫人员（签名）：________
____年____月____日</td></tr>
<tr><td colspan="4">备注：</td></tr>
<tr><td colspan="4">注：1. 附温度检测自动打印记录。
2. 本表一式二联：第一联交检验检疫机构，第二联标识加施企业留存。</td></tr>
</table>

表11－4　出境货物木质包装熏蒸处理结果报告单

编号：

标识加施企业名称						
包装种类		数量/规格				
生产批次		生产编号				
处理日期		处理体积				
药剂种类		剂量				
温度		时间				
浓度检测值	0.5小时	2小时	4小时	16小时		
已按上述要求对本批木质包装实施熏蒸处理，请检验检疫机关予以审核。 熏蒸处理负责人（签名）：________						
业务负责人（签名）：________ ____年____月____日（盖章）						
结果评定：________ 该批木质包装熏蒸处理过程符合要求，准予加施标识。 检验检疫人员（签名）：________ ____年____月____日						
备注：						
注：本表一式二联：第一联交检验检疫机构，第二联标识加施企业留存。						

（二）标识加施企业资格

1. 检验检疫机构对木质包装标识加施企业实行资格认证制度

对木质包装实施除害处理并加施标识的企业应向所在地检验检疫机构提出资格申请，符合要求取得了除害处理标识加施资格证书方可开展业务。

2. 申请材料

（1）《出境货物木质包装除害处理标识加施申请考核表》。

（2）工商营业执照及相关部门批准证书复印件。

（3）厂区平面图，包括原料库（场）、生产车间、除害处理场所、成品库平面图。

（4）热处理或者熏蒸处理等除害设施及相关技术、管理人员的资料。

（5）木质包装生产防疫、质量控制体系文件。

（6）检验检疫机构要求的其他材料。

直属检验检疫机构对标识加施企业的热处理或者熏蒸处理设施、人员及相关质量管理体系等进行考核，符合要求的，颁发除害处理标识加施资格证书，并公布标识加施企业名单，同时报国家质检总局备案，标识加施资格有效期为三年；不符合要求的，不予颁发资格证书，并连同不予颁发的理由一并书面告知申请企业。未取得资格证书的，不得擅自加施除害处理标识。

标识加施企业应当将木质包装除害处理计划在除害处理前向所在地检验检疫机构申报，检验检疫机构对除害处理过程和加施标识情况实施监督管理。

除害处理结束后，标识加施企业应当出具处理结果报告单。经检验检疫机构认定除害处理合格的，标识加施企业按照规定加施标识。

三、出境货物木质包装报检

（一）申请报检

1. 报检时间

进境货物使用木质包装的，货主或者其代理人在其入境时，按规定时间向当地检验检疫机构报检。

2. 报检单证

使用加施标识木质包装的出口企业，在货物出口报检时，除按规定填写《出境货物报检单》，并提供合同或销售确认书或信用证（以信用证方式结汇时提供）、发票、装箱单等相关外贸单据外，还应向检验检疫机构出示《出境货物木质包装除害处理合格凭证》，如表11－5所示。供现场检验检疫人员查验放行和核销。

表11－5　出境货物木质包装除害处理合格凭证

编号：

标识加施企业名称（盖章）			
联系人		电话	
使用企业名称			
联系人		电话	
货物名称		拟输往国家/地区	
包装种类		数量/规格	
处理结果报告单编号			
备注：			
注：本表一式三联，第一联交使用企业，第二联交检验检疫机构备查核销，第三联标识加施企业留存。			

（二）受理并现场检疫

1. 核查《出境货物木质包装除害处理合格凭证》

法定检验检疫出境货物使用木质包装的，审核《出境货物木质包装除害处理合格凭证》与报检单证是否相符。

非法定检验检疫货物的木质包装在码头、集装箱场站、出境货物仓库实施抽查检疫，审核《出境货物木质包装除害处理合格凭证》与实际货物木质包装是否相符。

2. 现场检疫

（1）抽查比例。法定检验检疫货物的木质包装按出境货物现场检验检疫比例确定。需要出具《熏蒸/消毒证书》或《植物检疫证书》的每批都要检疫。

有下列情况之一的，加大抽查和查验比例：

① 出口商多次被发现违反规定，信誉不良的。

② IPPC 专用标识的加施机构信誉不良的。

③ 集装箱场站、出境货物仓库等出口货物包装堆存场所不规范执行协检制度甚至帮助出口企业逃避抽查检疫的。

④ 现场检疫过程中，发现有害生物为害迹象的。

⑤ 集装箱装载木质包装抽检发现违反规定的。

（2）根据现场检疫情况做好出口商和标识加施企业、相关场站仓库的诚信记录，并对诚信记录作出评价，作为日后抽查检疫或考核的依据，实施分类管理。

（3）检查木质包装是否携带土壤、杂草籽、动植物残留物或排泄物，树皮去除程度是否符合输入国特殊要求。

（4）检查木质包装是否加施了 IPPC 专用标识。加固木、垫木以及组合在一起但可拆解为相互独立的木箱、木托、木捆、木架等形式的木质包装，应视作各为一件，且均应加施 IPPC 专用标识。

（5）检查 IPPC 专用标识的加施是否符合规范，包括式样是否合乎要求、是否加施于至少两个相对面、是否可随意移动到其他木质包装、是否清晰易辨、是否有除害处理批次号、是否有擅自涂改 IPPC 专用标识及除害处理批次号现象、同一件木质包装上是否存在两种以上（含两种）不同 IPPC 专用标识等。

（6）检查木质包装与《出境货物木质包装除害处理合格凭证》是否相符。重点核对木质包装种类、数量、标识代码、除害处理批次号、使用单位、输往国家或地区及防伪信息码等相关信息。

（7）检查木质包装是否携带活的有害生物。重点检查木质包装上是否有松材线虫为害迹象，是否有天牛、白蚁、蠹虫、树蜂、吉丁虫、象虫等钻蛀性害虫及其为害迹象，对有钻蛀性害虫为害迹象的木质包装应剖开检查，必要时可对木质包装取样送实验室检疫。

（8）现场抽查和检疫中发现有活的有害生物为害，或涉嫌伪造、变造、盗用《出境货物木质包装除害处理合格凭证》或 IPPC 专用标识，或 IPPC 标识加施情况严重违规的，对相应木质包装、标识、除害处理批次号、唛头标记及运输工具等现场检疫情况应进行拍照或录像。

3. 送样

送实验室检疫的样品应按规定填写检测委托单。

（三）实验室检疫和鉴定

对送检的样品和现场发现的有害生物，根据生物学特性及形态特征，进行检疫鉴定，检出为检疫性有害生物的，应按规定进行审定。

（四）结果评定出证与检疫处理

按以下情况分别处理。

（1）木质包装携带土壤、杂草籽及动植物残留物、排泄物，或者树皮超过规定的，监督货主或者其代理人清除携带物。

（2）已加施 IPPC 专用标识的木质包装，能提供真实有效的《出境货物木质包装除害处理合格凭证》，IPPC 专用标识及除害处理批次号符合规范要求，且未发现活的有害生物的，立即予以放行。

（3）已加施 IPPC 专用标识的木质包装，发现带有活的有害生物的，由口岸检验检疫机构监督使用企业对整批木质包装进行除害处理。原《出境货物木质包装除害处理合格凭证》废止使用。

（4）出现下列情况之一的，由口岸检验检疫机构监督使用企业对整批木质包装进行除害处理或者放弃使用木质包装（更换为非木质包装或裸装），有《出境货物木质包装除害处理合格凭证》的，该合格凭证废止使用。

①无 IPPC 专用标识的；②有 IPPC 专用标识，不能提供有效《出境货物木质包装除害处理合格凭证》的；③使用未取得检验检疫机构考核批准的 IPPC 专用标识的；④《出境货物木质包装除害处理合格凭证》与《出境货物木质包装防伪信息核查表》信息不符的；⑤IPPC专用标识或除害处理批次号与《出境货物木质包装除害处理合格凭证》不符；⑥IPPC 专用标识式样不符合规范要求的；⑦擅自涂改《出境货物木质包装除害处理合格凭证》的；⑧被证实存在其他伪造、变造、盗用 IPPC 专用标识或《出境货物木质包装除害处理合格凭证》情况的。

（5）出现下列情况之一的，由口岸检验检疫机构监督使用企业对违规部分木质包装进行除害处理或者放弃使用木质包装（更换为非木质包装或裸装），并在《出境货物木质包装除害处理合格凭证》上核销及备注不合格情况。

①IPPC 专用标识加施不符合要求，如标识未加施在木质包装至少两个相对面，标识不可辨认，标识可随意移动到其他木质包装，同一件包装有两种以上不同代码标识；②擅自涂改 IPPC 专用标识或除害处理批次号的；③木质包装加施 IPPC 专用标识后经过重新加固、维修或与未处理木质包装组合使用，重复利用的；④其他影响木质包装检疫质量的。

对（4）（5）款中所列情形，须对木质包装检疫除害处理的，如已加施 IPPC 专用标识的，处理前应铲除原有 IPPC 专用标识，处理合格后按规定重新加施符合规范要求的 IPPC 专用标识及除害处理批次号。

四、检疫监管

（一）检验检疫机构对木质包装的出境货物实施监督理、抽查检疫

口岸检验检疫机构对使用木质包装的出境货物存放、装卸、运输及口岸码头、集装箱场站、出境货物仓库实施监督管理，对木质包装实施抽查检疫。

（二）检验检疫机构对标识加施企业实施日常监督检查

1. 责令整改暂停标识加施资格的情形

（1）热处理/熏蒸处理设施、检测设备达不到要求的。

（2）除害处理达不到规定温度、剂量、时间等技术指标的。

（3）经除害处理合格的木质包装成品库管理不规范，存在有害生物再次侵染风险的。

（4）木质包装标识加施不符合规范要求的。

（5）木质包装除害处理、销售等情况不清的。

（6）相关质量管理体系运转不正常，质量记录不健全的。

（7）未按照规定向检验检疫机构申报的。

（8）其他影响木质包装检疫质量的。

2. 暂停直至取消其标识加施资格的情形

（1）因第十三条在国外遭除害处理、销毁或者退货的。

（2）未经有效除害处理加施标识的。

（3）倒卖、挪用标识等弄虚作假行为的。

（4）出现严重安全质量事故的。

（5）其他严重影响木质包装检疫质量的。

（三）伪造、变造、盗用标识的

依照《中华人民共和国进出境动植物检疫法》及其实施条例的有关规定处罚。

任务三　出境货物运输包装容器的报检与管理

案例导入

2016年，福州市鼓楼区焰兴贸易有限公司申报出口一批疑似危险化学品的货物共计16 000千克，货值67 100美元。抽样鉴定结果表明，申报品名为稳定剂的货物，实际为第4.1类自反应物质；申报品名为聚乙烯弹性体的货物，实际为第5.2类有机过氧化物；申报品名为色粉的货物，实际为第4.1类自反应物质。该批货物均未加贴危险公示标签且未使用合格的危险化学品包装，违反了《关于进出口危险化学品及其包装检验监管有关问题的公告》（总局2012年第30号）相关规定，构成法定检验的出口危险化学品不如实报检、出口危险化学品包装不合格、逃避出口商品法定检验的违法事实。厦门检验检疫局依法对该批货物实施立案调查，对相关责任人进行行政处罚。

请分析，检验检疫机构如何对危险货物运输包装实施监督管理？

一、出境货物运输包装容器

根据检验的性质和要求，出境货物运输包装容器主要分为：一般货物运输包装容器、危险货物运输包装容器、食品包装三大类。

（一）出境一般货物运输包装容器

出境一般货物的运输包装，必须进行性能检验。

1. 报检范围

出境一般货物运输包装容器的检验，是指列入《法检商品目录》及其他法律、行政法规规定须经检验检疫机构检验检疫，并且检验检疫监管条件为“N”或“S”的出口货物的运输包装容器。

目前检验检疫机构实施性能鉴定的出境货物运输包装容器包括：钢桶、铝桶、镀锌桶、钢塑复合桶、纸板桶、塑料桶（罐）、纸箱、集装袋、塑料编织袋、麻袋、纸塑复合袋、钙塑瓦楞箱、木箱、胶合板、木箱、胶合板箱（桶）、纤维板箱（桶）等。

2. 报检应提供的单证

（1）出境货物运输包装检验申请单。

（2）生产单位出具的该批包装容器检验结果单。

（3）包装容器规格清单。

（4）客户订单及对包装容器的有关要求。

（5）该批包装容器的设计工艺、材料检验标准等技术资料。

3.《出境货物运输包装性能检验结果单》的用途

经鉴定合格的出口货物运输包装容器，检验检疫机构出具《出境货物运输包装性能检验结果单》。《出境货物运输包装性能检验结果单》具有以下用途：

（1）出口货物生产企业或经营单位向生产单位购买包装容器时，生产包装容器的单位应提供《性能检验结果单》（正本）。

（2）出口货物生产企业或经营单位申请出口货物检验检疫时，应提供《性能检验结果单》（正本）。以便检验检疫机构同时对出口运输包装容器实施使用鉴定。

（3）对于同一批号不同单位使用的或同一批号多次装运出口货物的运输包装容器，在《性能检验结果单》有效期内可以凭此单向检验检疫机构报检，申请分单。

（二）出境危险货物包装容器

对于出口危险货物，如果包装不良、不适载或不适于正常的运输、装卸和储存，会造成危险货物泄漏，甚至引起爆炸等；会危及人员、运输工具、港口码头、仓库的安全。国际上对运输危险货物有一套完整的规则，如《国际海运危规》《国际铁路危规》等。各国出口危险货物，必须符合国际运输规则的要求。检验检疫机构对出口危险货物运输包装容器实施检验，是按照上述有关国际危规进行的。

盛装危险货物的包装容器，称为危险货物包装容器，均被列入法定检验范围，对出口危险货物运输包装容器的检验可分为性能检验和使用鉴定两种。

1. 出境危险货物运输包装容器的性能检验

（1）报检义务人。

按照《商检法》的规定，为出口危险货物生产运输包装容器的企业，必须向检验检疫机构申请运输包装容器性能检验。

（2）报检应提供单据。

①《出境货物运输包装检验申请单》。

② 运输包装容器生产厂的《出口危险货物运输包装容器质量许可证》。

③ 该批运输包装容器的生产标准。

④ 该批运输包装容器的设计工艺、材料检验标准等技术资料。

（3）其他规定和要求。

① 国家对出口危险货物运输包装容器生产企业实行质量许可证制度。

出口危险货物运输包装容器生产企业须取得出口质量许可证方可生产出口危险货物运输包装容器。

② 空运、海运出口危险货物的运输包装容器由检验检疫机构按照《国际海运危规》和《空运危规》规定实施强制性检验。经检验合格，方可用于包装危险货物。

（4）《出境货物运输包装性能检验结果单》的用途。

经性能检验合格的危险货物运输包装容器，由检验检疫机构出具《出境货物运输包装性能检验结果单》。《出境货物运输包装性能检验结果单》表明，所列运输包装容器经检验检疫机构检验，且符合《国际海运危规》或《空运危规》的规定。《出境货物运输包装性能检验结果单》具有以下用途：

① 正本供出口危险货物的经营单位向检验检疫机构申请出口危险货物品质检验时使用。

② 正本供出口危险货物的经营单位向检验检疫机构申请出口危险货物运输包装容器的

使用鉴定时使用。

③ 在《出境货物运输包装性能检验结果单》的有效期内，同一批号不同使用单位的出口危险货物包装容器，可以凭该单向检验检疫机构申请办理分证。

④ 经检验检疫机构检验合格的本地区运输包装容器销往异地装货使用时，必须附有当地检验检疫机构签发的《出境货物运输包装性能检验结果单》随该批运输包装容器流通。

⑤ 使用地出口危险货物生产企业在报检时，持《出境货物运输包装性能检验结果单》（正本）或分单（正本）办理品质检验或使用鉴定报检手续。

2. 出境危险货物运输包装容器的使用鉴定

性能检验良好的运输包装容器，如果使用不当，仍达不到保障运输安全及保护商品的目的。因此，危险货物运输包装容器性能检验合格后，还必须进行使用鉴定。危险货物运输包装容器经检验检疫机构鉴定合格并取得《出境危险货物运输包装使用鉴定结果单》后，方可包装危险货物出境。

（1）报检义务人。

按照《商检法》的规定，生产出口危险货物的企业，必须向检验检疫机构申请包装容器的使用鉴定。

（2）报检应提供单据。

① 出境货物运输包装检验申请单。

② 出境货物运输包装性能检验结果单。

③ 危险货物说明。

④ 其他有关资料。

（3）《出境危险货物包装容器使用鉴定结果单》的用途。

经使用鉴定合格的危险货物运输包装容器，检验检疫机构出具《出境危险货物运输包装使用鉴定结果单》。《出境危险货物运输包装使用鉴定结果单》表明，所列运输包装容器经检验检疫机构鉴定，可按《国际海运危规》或《空运危规》的规定盛装货物，《出境危险货物运输包装使用鉴定结果单》具有以下用途：

① 外贸经营部门凭《出境危险货物运输包装使用鉴定结果单》验收危险货物。

②《出境危险货物运输包装使用鉴定结果单》是向港务部门办理出口装运手续的有效证件，港务部门凭《出境危险货物运输包装使用鉴定结果单》安排出口危险货物的装运，并严格检查包装是否与检验结果相符，有无破损渗漏、污染和严重锈蚀等情况，对未经鉴定合格并取得《出境危险货物运输包装使用鉴定结果单》的货物，港务部门拒绝办理出口装运手续。

③ 对同一批号、分批出口的危险货物包装容器在《出境危险货物运输包装使用鉴定结果单》有效期内，可凭该结果单在出口所在地检验检疫机构办理分证手续。

（三）出境食品包装

为加强对出口食品的包装容器和包装材料的安全卫生检验检疫和监督管理，保证出口食品的安全，保护消费者身体健康，国家质检总局对出口食品的包装容器生产企业实施备案管理，对出口食品包装产品实施检验。

1. 报检范围

包括出口食品的包装容器和包装材料。出口食品包装容器、包装材料（以下简称食品包装）是指已经与食品接触或预期会与食品接触的出口食品内包装、销售包装、运输包装及包装材料。

2. 报检应提供的单证

除需提供生产企业厂检合格单、销售合同外，还需提供以下单证：

（1）出入境包装及材料检验检疫申请单。

（2）该食品包装的周期检测报告及原辅料检测报告。

食品包装生产企业在提供出口食品包装给出口食品生产企业前应到所在地检验检疫机构申请对该出口食品包装的检验检疫。

出口食品报检时需提供检验检验机构出具的《出入境食品包装及材料检验检疫结果单》，并应注明出口国别。

3. 其他规定和要求

（1）出口食品包装原则上由生产企业所在地检验检疫机构负责实施检验和监督管理。未经检验检疫机构检验检疫或经检验检疫不合格的食品包装不得用于包装、盛放出口食品。

（2）国家质检总局对出口食品包装生产企业实施备案管理制度。各直属检验检疫局负责对辖区相关企业实施备案登记。

（3）对出口食品包装的检验。

出口食品包装的检验监管范围包括对出口食品包装的生产、加工、贮存、销售等生产经营活动的检验检疫和监管。

（4）出口食品包装经检验检疫合格的，由施检的检验检疫机构出具《出入境食品包装及材料检验检疫结果单》，证单有效期为一年。

4. 出口食品运输包装加施检验检疫标志

为保证我国出口食品质量安全，打击食品非法出口行为，维护我国出口食品声誉，国家质检总局决定自 2007 年 9 月 1 日起所有经出入境检验检疫机构检验合格的出口食品，运输包装上必须加施检验检疫标志。

出口食品运输包装检验检疫标志是指依法加施在经出入境检验检疫机构（简称检验检疫机构）检验检疫合格的出口食品运输包装上的证明性标记。

（1）运输包装加施检验检疫标志的出口食品范围。

所有经出入境检验检疫机构检验合格的出口食品，销售包装上必须加施检验检疫标志。

在运输包装上加施检验检疫标志的出口食品范围包括：水产品及其制品、畜禽、野生动物肉类及其制品、肠衣、蛋及蛋制品、食用动物油脂，以及其他动物源性食品。大米、杂粮（豆类）、蔬菜及其制品、面粉及粮食制品、酱腌制品、花生、茶叶、可可、咖啡豆、麦芽、啤酒花、籽仁、干（坚）果和炒货类、植物油、油籽、调味品、乳及乳制品、保健食品、酒、罐头、饮料、糖与糖果巧克力类、糕点饼干类、蜜饯、蜂产品、速冻小食品，食品添加剂等。

以上食品凡有销售包装，必须在销售包装上加施检验检疫标志；运输包装如为筐、麻袋等无法加施的不要求加施，散装食品不要求加施。

（2）加施检验检疫标志食品运输包装的要求。

① 所有经出入境检验检疫机构检验合格的出口食品，必须在运输包装上注明生产企业名称、卫生注册登记号、产品品名、生产批号和生产日期，并加施检验检疫标志。出入境检

验检疫机构要在出具的证单中注明上述信息，以确保货证相符，便于追溯。

检验检疫标志应牢固加施在运输包装上的正侧面左上角或右上角，加施标志规格应与运输包装的大小相适应。

② 企业应将加施标志的时间、地点、规格、流水号区段等信息登记在企业产品检验合格报告上，报检时提交给产地检验检疫机构。

（3）口岸查验要求。

口岸检验检疫机构在对出口食品进行查验时如发现货证不符，或未加施检验检疫标志，一律不准出口。

二、出口小型气体容器

检验检疫机构根据《中华人民共和国进出口商品检验法》和《国际海运危险货物规则》的有关规定，对海运出口危险货物小气体容器实施检验和管理。

（一）报检范围

实施检验的海运出口危险货物小型气体容器，指充灌有易燃的气体充灌容器，容量不超过1 000cm^3，工作压力大于0.1MPa（100kPa）的气体喷雾器及其他充灌有气体的容器。

（二）报检应提供的单证

按规定填写《出境货物运输包装检验申请单》，并提供合同或销售确认书或信用证（以信用证方式结汇时提供）、发票、装箱单等相关外贸单据外，还应提供小型气体容器的产品标准、性能试验报告和包装件厂检合格单。

（三）其他规定和要求

（1）生产出口危险货物小型气体容器的生产企业应向当地检验检疫机构申请办理注册登记，经检验检疫机构考核合格并获得出口商品质量许可证，或取得出口商品质量体系（ISO 9000）合格证书的生产厂商才能从事出口危险货物小型气体容器的生产。

（2）已获准生产出口危险货物小型气体容器的生产企业在对本企业产品检验合格后，向检验检疫机构申请海运出口危险货物小型气体容器的包装检验。

（3）检验检疫机构依照《海运出口危险货物小型气体容器包装检测规程》及《国际海运危险货物规则》，对海运出口危险货物小型气体容器进行性能检验，经检验合格后签发《出境货物运输包装性能检验结果单》。

复习思考题

一、单选题

1. 生产出口危险运输包装容器的企业，必须向检验检疫机构申请实施运输包装容器的（　　）。

A. 使用鉴定　　B. 载损鉴定　　C. 适载检验　　D. 性能检验

2. 进境货物使用的木质包装应加贴（　　）标识。

A. IPPC　　B. CCC　　C. CIQ　　D. ECIQ

3. 为防止林木有害生物随木质包装传入，按照国际木质包装检疫标准，我国自2006年1月1日起，要求进境货物使用的木质包装，应在输出国家或地区进行有效的检疫除害处理，并加贴（　　）专用标识。

A. 世界卫生组织　　B. 世界动物卫生组织

C. 国际植物保护组织　　D. 世界粮农组织

4. 某公司向日本出口一批纸箱包装的羽绒服（检验检疫类别为/N），报检时无须提供的单据是（　　）。

A. 合同、发票、装箱单　　B. 无木质包装声明

C. 出境货物运输包装性能检验结果单　　D. 厂检结果单

5. 下列标记不属于出口烟花爆竹的运输包装应当标记的是（　　）。

A. 危险货物包装标记　　B. 检验检疫认证标记

C. 生产企业的登记代码标记　　D. 验讫标志

6. 不符合（　　）的危险品包装容器，不准装运危险货物。

A. 装运条件　　B. 卫生条件　　C. 安全条件　　D. 加工条件

7. 生产食品包装的企业应到（　　）检验检疫机构申请对该出口食品包装的检验检疫。

A. 出口食品生产企业所在地　　B. 销售企业所在地

C. 出口口岸　　D. 食品包装生产企业所在地

8. 以下出口商品中，经检验检疫机构检验合格后，包装上应加贴验讫标志的是（　　）。

A. 食品　　B. 输美日用陶瓷　　C. 电动剃须刀　　D. 点火枪

9. 生产危险货物出口包装容器和生产出口危险货物的企业，必须分别向检验检疫机构申请包装容器的（　　）。

A. 使用检验，性能鉴定　　B. 使用鉴定，性能检验

C. 性能鉴定，使用检验　　D. 性能检验，使用鉴定

10. 对出口危险货物包装容器实行出口质量（　　）制度，危险货物包装容器须经检验检疫机构进行性能鉴定和使用鉴定后，方能生产和使用。

A. 许可　　B. 登记　　C. 备案　　D. 验证

11. 出口食品加施（装）检验检疫标志应牢固加施在运输包装上的（　　），加施标志规格应与运输包装的大小相适应。

A. 正侧面左上角或右上角　　B. 正侧面左下角或右上角

C. 正侧面左上角或右下角　　D. 正侧面左下角或右下角

12. 下列检验检疫证单中（　　）是企业向港务部门办理出口危险货物装运手续的有效证件。

A. 出境货物通关单

B. 出境货物换证凭单

C. 出境货物运输包装性能检验结果单

D. 出境危险货物运输包装使用鉴定结果单

13. 出境普通运输包装容器检验的货物是指检验检疫监管条件为（　　）的出口货物的运输包装容器。

A. “P”或“S”　　B. “N”或“P”

C. “N”或“S”　　D. “N”或“L”

二、多选题

1. 检验检疫机构对进口的货物木质包装实施检疫，这里所指的木质包装包括（　　）。

A. 木桶　　B. 木托　　C. 垫木　　D. 纤维板箱

2. 某企业从德国引进一条生产流水线，设备及零部件使用木箱包装并分批入境，每批货物对应的 HS 编码均不在《出入境检验检疫机构实施检验检疫的进出境商品目录》内，检验检疫机构将对该生产线的设备及零部件实施（　　）。

A. 木质包装检疫　　B. 品质检验

C. 民用商品入境验证　　D. 抽查检验

3. 某企业从德国进口一套旧电焊机（使用非针叶树木托作铺垫），该设备需实施装运前检验，向检验检疫机构报检时提供了以下单据，其中（　　）不符合报检的有关规定。

A. 合同、发票、提单、装箱单

B. 非针叶树木质包装声明

C. 商务部签发的注明为旧机电的机电进口证明

D. 国外检验机构出具的装运前检验证书

4. 某公司从美国进口一批袋装化肥，未使用包装，报检时应提供的单据有（　　）。

A. 合同、发票、装箱单、提单　　B. 美国官方的检疫证书

C. 进境动植物检疫许可证　　D. 无木质包装声明

5. 从欧盟进口的一批葡萄酒，如用木箱包装，报检时应提供的单据包括（　　）。

A. 原产地证书　　B. 进口食品标签审核证书

C. 出境动植物检疫许可证　　D. 官方出具的植物检疫证书

三、判断题

1. 生产出口危险货物的企业，应向检验检疫机构申请危险货物运输包装容器的性能检验。（　　）

2. 进境木质包装必须具有 IPPC 标识才能放行。（　　）

3. 来自韩国使用木质包装的货物，报检时都须提供韩国官方机构出具的植物检疫证书。（　　）

4. 从欧盟进口木制品，报检时无须提供针对包装的证书或声明。（　　）

5. 用于包装、铺垫、支撑、承载货物的木箱、木框、木楔、胶合板等都属于检验检疫中木质包装的范畴。（　　）

6. 来自欧盟的货物，使用了非针叶树木质包装的，报检人在报检时应提供输出国家官方检疫部门出具的符合要求的检疫书。（　　）

7. 从美国进口的商品，包装为塑料桶和胶合板，报检时应提供“无木质包装声明”。（　　）

8. 欧盟输往中国的货物，使用木质包装，报检人应提供由我国官方检疫部门出具的符合要求的植物检疫证书。（　　）

项目十二

出入境集装箱、运输工具的报检与管理

学习目标

了解我国检验检疫机构对出入境运输工具检验检疫的一般规定，分别掌握进出境船舶、航空器、集装箱的报检与检疫规程。

技能目标

通过本章学习，在熟练掌握各类出入境运输工具的报检与检疫流程的基础上，学会在实践中完成运输工具的报检工作。

任务一　出入境集装箱的报检与管理

案例导入

2009 年 5 月 24 日，涪陵检验检疫局采取三项措施加强对入境集装箱的卫生处理，严防甲型 H1N1 流感从口岸传入。一是广泛开展宣传，要求进境大豆企业公司高度重视疫情防控工作，落实专人每日向涪陵局报告进境空箱的数量及来源、船舶抵涪时间、船名等信息；二是加强对来自甲型 H1N1 流感流行国家和地区的进境集装箱的检验检疫监管。要求凡进场的入境集装箱（包括重箱和空箱）和大豆运输船舶首先进行严格彻底的消毒处理。对进境大豆中豆秆杂草等下脚料进行集中收集，由检验检疫人员定期监督焚烧处理，并且作好相关记录；三是加强集装箱场站的卫生监督检查和媒介生物的监控，防止有害生物的传入。

请分析：

1. 我国对出入境的集装箱的报检与管理的要求。
2. 加强对出入境的集装箱卫生处理的意义。

进出境集装箱是指国际标准化组织所规定的集装箱，包括出境、进境和过境的集装箱。根据是否装载货物又分为重箱和空箱。为加强进出境集装箱检验检疫管理工作，根据《中华人民共和国进出口商品检验法》《中华人民共和国进出境动植物检疫法》《中华人民共和国国境卫生检疫法》《中华人民共和国食品安全法》及有关法律法规的规定，制定《进出境集装箱检验检疫管理办法》，自2000年2月1日起施行。集装箱进出境前、进出境时或过境时，承运人、货主或其代理人（简称报检人）必须向检验检疫机构报检。检验检疫机构按有关规定对报检集装箱实施检验检疫。

一、集装箱检验检疫管理的相关制度

（一）注册登记制度

为促进外贸发展，本着方便进出、加强后续管理的原则，对集装箱的货主、承运人、代理人实施注册登记管理。

1. 注册登记对象

注册登记对象包括：有进出口经营权的单位或企业；中外合资、中外合作和外商独资企业；各类代理报检机构；其他与进出口有关的单位。

2. 注册登记相关证件

集装箱的货主、代理人、承运人，在进行注册登记时，应备齐以下有效证件，检验检疫机构方签发《中华人民共和国检疫监管注册登记证》及注册登记证副本。注册后，方可办理集装箱出入境检验检疫手续。

（1）国境卫生检疫监管注册申请表。

（2）企业单位：工商管理部门核发的企业法人营业执照副本或经工商行政部门签章的影印件。

（3）事业单位：当地县市级以上主管部门的证明。

（4）外贸单位：外经贸部门批准经营进出口业务的文件。

（5）三资企业：外商独资经营企业批准证书的影印件、中外合资（合作）经营企业批准证书的影印件。

（二）国际集装箱场地卫生许可制度

为加强集装箱的后续管理，改善集装箱的储存及拆装箱工作卫生环境，防止传染病通过集装箱传入传出，对集装箱储存场地实施卫生许可制度。

从事集装箱储存的单位必须在取得“中华人民共和国国境口岸储存场地卫生许可证”后，方可开展集装箱的储存、拆装箱等经营业务。

集装箱场地的主管部门应建立卫生管理制度，配备专职或兼职的卫生管理人员，并经常性地实施卫生检查。

开展集装箱仓储业务的单位，应负责集装箱储存场地的卫生管理，建立卫生责任制度，在检验检疫机构的指导下，对本单位从事集装箱相关工作的人员开展卫生教育和宣传。

二、集装箱检验的项目

（一）法定验箱

对装运出口易腐烂变质食品、冷冻品的集装箱进行清洁、卫生、冷藏效能、密固性能等项检验，亦称法定验箱。经检验合格的集装箱，出具集装箱检验合格证书，并在集装箱上加贴检验合格标志。经检验不合格的集装箱不准装箱。其验箱方法包括外观检查、内部检查两种。

（二）装箱检验

集装箱货物的监视装箱，亦称装箱检验。装箱时进行监视装载，包括指导装载、积载或理数，在装箱完毕后，立即对所装载集装箱进行封识，并签发集装箱货物装箱检验证书。

（三）封识检验

集装箱的监视加封和启封，称为封识检验。检验检疫机构根据相关证据做出的加封或启封的证明，可以作为集装箱承运人或者相关责任人分清货差的依据。

（四）拆箱检验

集装箱货物的监视拆箱称为拆箱检验。对进境集装箱的货物、箱号、封识号及外观情况进行检查或核对，如果发现货物残损可办理集装箱货物残损鉴定，出具拆箱检验证书，供作货物交接、处理索赔的依据。

（五）承租鉴定和退租鉴定

根据承租人或退租人的申请，对相关的集装箱类别、号码、数量、外观、规格和技术性能进行鉴定，供作双方交接和处理争议的凭证。

三、出入境集装箱检验检疫范围

（一）进境集装箱实施检验检疫的范围

1. 卫生检疫

所有入境集装箱应实施卫生检疫。

2. 动植物检疫

来自动植物疫区的，装载动植物、动植物产品和其他检验检疫物的，以及箱内带有植物性包装物或铺垫材料的集装箱，应实施动植物检疫。

3. 法律、行政法规、国际条约规定或者贸易合同约定的其他应当实施检验检疫的集装箱按照有关规定、约定实施检验检疫

（二）出境集装箱实施检验检疫的范围

1. 卫生检疫

所有出境集装箱应实施卫生检疫。

2. 动植物检疫

装载动植物、动植物产品和其他检验检疫物的集装箱应实施动植物检疫。

3. 装运出口易腐烂变质食品、冷冻品的集装箱应实施清洁、卫生、冷藏、密固等适载检验

4. 输入国要求实施检验检疫的集装箱按要求实施检验检疫

5. 法律、行政法规、国际条约规定或贸易合同约定的其他应当检验检疫的集装箱按有关规定约定实施检验检疫

（三）过境集装箱实施检验检疫的范围

过境应检集装箱，由进境口岸检验检疫机构实施查验，离境口岸检验检疫机构不再实施检验检疫。

四、出入境集装箱的报检

（一）出入境集装箱的报检程序

1. 报检

应实施检验检疫范围内的出入境、过境集装箱，货主、承运人或代理人应持有关单证向口岸检验检疫机构申报。装载动植物、动植物产品和其他检疫物的入境集装箱，应在办理报关手续前报检；其他应检箱，应在办理提货（箱）手续前申报；非应检入境集装箱直接办理放行手续。对装运出口易腐烂变质食品、冷冻品、动植物、动植物产品和其他应检疫的集装箱，应在装箱前向起运地出入境检验检疫机构申报。

应实施检疫的集装箱检疫合格的，检验检疫机构签发《放行通知单》；入境后符合办理转关条件的，签发《调离移运通知单》；检疫不合格的，签发《处理通知单》。

2. 检疫内容

（1）核对箱号。

（2）用杀虫剂对集装箱中缝及四周喷射或实施密闭喷射，实施杀虫。

（3）打开箱门，光线不足时应打开强光手电实施查验。查验内容一般包括：箱内卫生状况，是否生存昆虫，货物种类，是否存有垃圾，货物是否污染等情形。

（4）查验结束后，详细填写《集装箱检验记录》。

3. 查验结果及处理办法

（1）法定措施。包括对废旧物品实施卫生处理；对禁止进口的货物禁止入境；对部分种类货物做就地销毁或令其离境处理。

（2）做卫生处理调查。需实施卫生处理的，货主或其代理人应填写申报单，检疫人员向货主或代理人签发《卫生处理通知书》。不需要实施卫生处理的，国家允许进口的货物，检疫人员签发《入境卫生检疫许可证》，给予放行。

（3）对检疫不合格的做检疫处理或不准进境、过境或装箱出口。

（4）装载动植物、动植物产品和其他检疫物以及植物性包装物、铺垫物的进境集装箱，一般在入境口岸随同货物一起实施检验检疫并作处理。

（二）进境集装箱的报检要求

1. 进境重箱集装箱报检要求

进境集装箱承运人、货主或其代理人（以下简称报检人）在办理海关手续前必须填写《入境集装箱报检单》或《出/入境货物报检单》（装载法定检验检疫货物集装箱）向进境口岸检验检疫机构报检，未经检验检疫机构许可，不得提运或拆箱。

报检时，应提供集装箱数量、规格、号码、到达或离开口岸的时间、装箱地点和目的地、货物的种类和包装材料等单证和情况。

2. 进境空箱报检要求

报检人在办理海关手续前必须向进境口岸检验检疫机构申报，申报内容包括集装箱数量、规格、号码、到达或离开口岸的时间、装箱地点和目的地等单证或情况。

（三）出境集装箱的报检要求

出境集装箱报检人应该在装货前填写《出境货物报检单》或《出/入境集装箱报检单》

以及随附的装箱配载清单等相关的资料向所在地检验检疫机构报检。

出境空集装箱，报检人应填写《出/入境集装箱报检单》向出境口岸检验检疫机构报检。未经检验检疫机构许可，不准装运或出境。

装运出口易腐烂变质食品、冷冻品的集装箱，承运人或者装箱单位必须在装货前申请检验，未经检验合格的，不准装运。

五、出入境集装箱检验检疫程序

（一）进境集装箱检验检疫程序

1. 装载法定检验检疫商品的进境集装箱

检验检疫机构受理报检后，集装箱结合货物一并实施检验检疫，检验检疫合格的，准予放行，并统一出具《入境货物通关单》。经检验检疫不合格的，按规定处理。

需要实施卫生除害处理的，签发《检验检疫处理通知书》，完成处理后应报检人要求出具《熏蒸/消毒证书》。

2. 装载非法定检验检疫商品的进境集装箱和进境空箱的检验检疫程序

检验检疫机构受理报检后，根据集装箱箱体可能携带的有害生物和病媒生物种类以及其他有毒有害物质情况实施检验检疫。对不需要实施卫生除害处理的，应报检人要求出具《集装箱检验检疫结果单》；对需要实施卫生除害处理的，签发《检验检疫处理通知书》，完成处理后应报检人要求出具《熏蒸/消毒证书》。

3. 应在进境口岸实施检验检疫及监管的进境、过境集装箱检验检疫程序

（1）口岸结关的、装载废旧物品的以及国家有关法律法规规定必须在进境口岸查验的集装箱，口岸检验检疫机构可根据工作需要指定监管地点对其集装箱实施检验检疫或做卫生除害处理。

（2）对过境集装箱，实施监管。经口岸检查集装箱外表，发现有可能中途撒漏造成污染的，报检人应按检验检疫机构的要求，采取密封措施；无法采取密封措施的，不准过境。发现被污染或危险性病虫害的，应做卫生除害处理或不准过境。

（3）对已在口岸启封查验的进境集装箱，查验后要施加 CIQ 封识，出具《集装箱检验检疫结果单》，并列明所查验的进境集装箱原、新封识号。

4. 进境转关分流的集装箱

（1）指运地结关（转关）的进境集装箱，由指运地检验检疫机构实施检验检疫。口岸检验检疫机构实施口岸登记后，根据集装箱外表可能传带的有害生物种类实施检验检疫。主要检查有无非洲大蜗牛和土壤等。一般在进境口岸结合对运输工具的检验检疫、箱体卸运或进入堆场后检验检疫进行。

（2）口岸检验检疫机构应将在指运地检验检疫的进境集装箱的流向等有关资料信息及时通报有关检验检疫机构，以便加强对进境集装箱的检验检疫和监管工作。有关检验检疫机构应将逃、漏检的情况及时反馈口岸检验检疫机构。

（二）出境集装箱检验检疫程序

1. 对装运出口易腐烂变质食品、冷冻品的集装箱，在装运前实施清洁、卫生、冷藏、密固等适载检验

对装载出口植物、动植物产品和其他检疫物的集装箱以及输入国家或地区要求和国家法律、法规或国际条约规定其他必须实施检验检疫的集装箱，经检验检疫取得证书的方可装运。其他出境集装箱，受理报检后即可放行。

2. 检验检疫机构受理报检并实施检验检疫

（1）对不需要实施卫生除害处理的，应报检人要求出具《集装箱检验检疫结果单》。

（2）对需要实施卫生除害处理的，签发《检验处理通知书》，完成处理后应报检人要求出具《熏蒸/消毒证书》。

3. 出境口岸检验检疫机构凭启运口岸检验检疫机构出具的《集装箱检验检疫结果单》或《熏蒸/消毒证书》放行

4. 集装箱检验检疫有效期为21天，超过有效期限的出境集装箱需要重新检验检疫

5. 出境新造集装箱的检验检疫程序

新造集装箱是指专门的集装箱生产企业生产的未使用过的集装箱。

（1）对不使用木地板的新造集装箱，仅作为商品空箱出口时不实施检验检疫。

（2）对使用了木地板的新造集装箱，作为商品空箱出口时，报检的规定如下。

① 使用进口木材，且进口时附有用澳大利亚检验机构认可的标准作永久性免疫处理的证书，并经我国检验检疫机构检验合格，新造集装箱出口时可凭检验检疫合格证书放行，不实施检验检疫。

② 使用国产木材，且附有已用澳大利亚检验机构认可的标准作永久性免疫处理的证书的，新造集装箱出口时，凭该处理证明放行，不实施检验检疫。

③ 使用进口木材地板，没有进口检验检疫合格证书；或使用国产木材，没有用澳大利亚检验机构认可的标准作永久性免疫处理的，新造集装箱出口时应实施出境动植物检疫。

任务二　出入境运输工具的报检与管理

案例导入

巴拿马籍“仙鹤爱神”号货轮由韩国丽水港出发，于2009年5月28日晚抵达我国南通检疫锚地。南通检验检疫局检疫人员在实施入境检疫时发现，该轮未按规定在夜间悬挂三盏红灯的检疫信号，检疫人员当场向该轮船长指出其违法行为，对船方进行了严肃的批评教育，并依法给予1 000元人民币的当场处罚。这是该局2009年以来查处的第三起入境船舶未悬挂检疫信号案件。

请分析：

1. 出入境运输工具的报检与管理的规定。
2. 入境船舶未悬挂检疫信号而给予行政处罚的法律依据。

一、出入境运输工具报检与管理的概述

（一）出入境运输工具检疫范围

根据《中华人民共和国进出境动植物检疫法》及其实施条例、《中华人民共和国国境卫生检疫法》及其实施条例，出入境的运输工具，如船舶、飞机、火车和汽车应依法接受检疫，其检疫的范围为：

1. 所有出入境交通运输工具

包括船舶、飞机、火车和车辆等，都应实施卫生检疫。

2. 来自动植物疫区的入境交通运输工具

装载入境或过境动物的交通运输工具，包括船舶（含供拆船用的废旧船舶）、飞机、火车和车辆，都须实施动植物检疫。

来自动植物疫区的交通运输工具，是指本航次或本车次的始发地或途经地是上述动植物疫区的交通运输工具。

（二）出入境运输工具检疫的主要内容

检查运输工具内是否有染疫人、染疫嫌疑人，被检疫传染病污染部位。

检查运输工具内是否携带国家禁止或限制进境的物品。

检查运输工具内是否携带动植物的危险性有害生物。

检查运输工具内是否携带人类检疫传染病的传播媒介。

检查运输工具内的有关证件是否有效，并签发有关证书。

检查运输工具的食品、饮用水、从业人员以及环境证书是否符合国家规定。

检查运输工具是否装载特定的进出口货物。

（三）运输工具检疫的重点

检查员工和乘客的健康状况。

交通员工和乘客生活、活动的场所。

存放和使用食品以及饮用水、动植物产品的场所，如厨房、储藏室等。

容易隐藏动植物危险性有害生物的场所，如货舱壁、夹缝等。

存放泔水和动植物性废弃物、垃圾的场所和存放卫生工具的卫生间。

陆路口岸入境汽车的驾驶室。

饮用水、压舱水。

（四）运输工具的除害处理

如果外国运输工具的负责人拒绝接受检验检疫机构的卫生除害处理，除有特殊情况外，准许该运输工具在检验检疫机构的监督下，立即离开我国国境。

除害处理包括蒸熏、消毒、除鼠、除虫等，出入境检验检疫机构或其认可的机构对运输工具做防疫消毒或除害处理。

（五）运输工具检疫或消毒证书的签发

1. 《船舶卫生证书》

申请电讯检疫的舰艇应事先向检验检疫机构申请卫生检查。合格者，发给《船舶卫生证书》，该证书自签发之日起12个月内有效。

2. 《除鼠证书》

国际航行船舶的船长必须每隔6个月向检验检疫机构申请一次鼠患检查。检验检疫机构根据检查结果实施除鼠或者免于除鼠。对运输工具实施熏蒸除鼠的，签发《除鼠证书》。

3. 《免于除鼠证书》

符合下列条件之一，并经检验检疫机构检查确认运输工具无鼠害的，签发《免于除鼠证书》：

（1）空仓。

（2）舱内虽然装有压仓物品或者其他物品，但这些物品不引诱鼠类，放置情况又不妨碍实施鼠类检查。

（3）对油轮实舱进行检查时，可以签发《免于除鼠证书》。

4.《入境检疫证》

对入境的运输工具检查没有发现染疫的，签发《入境检疫证》。船舶领到该证后，才可以降下检疫信号。

5.《出境检疫证》

出境的运输工具经检查没有发现染疫的签发该证。

6.《灭蚊证书》

对航空器实施灭蚊处理的签发该证。

7.《运输工具消毒证书》

对运输工具作消毒处理的签发该证。

二、各类出入境运输工具的报检要求

检验检疫机构根据《国际航行船舶出入境检验检疫管理办法》对出入境船舶实施检验检疫。

（一）出入境船舶的报检要求

1. 入境船舶的报检要求

入境的船舶必须在最先抵达口岸的指定地点接受检疫，办理入境检验检疫手续。入境船舶报检时，船方或者其代理人应当在船舶预计抵达口岸24小时前（航程不足24小时的，在驶离上一口岸时）向检验检疫机构申报，填报入境检疫申请表，并将船舶在航行中发现检疫传染病、疑似检疫传染病，或者有人非因意外伤害而死亡且死因不明的情况，立即向入境口岸检验检疫机构报告。

办理入境检验检疫手续时，船方或者其代理人应当向检验检疫机构提供以下资料：《航海健康申报书》《总申报单》《货物申报单》《船员名单》《旅客名单》《船用物品申报单》《压舱水报告单》及载货清单，并应检验检疫人员的要求提交《船舶免于卫生控制措施证书/卫生控制措施证书》《交通工具卫生证书》《预防接种证书》《健康证书》以及《航海日志》等有关资料。

报检后如船舶动态或者申报内容有变化，船方或者其代理人应当及时向检验检疫机构更正。

根据《中华人民共和国国境卫生检疫法》的规定，接受入境检疫的船舶，必须按照规定悬挂检疫信号，在检验检疫机构签发入境检疫证书或者通知检疫完毕以前，不得降下检疫信号。白天入境时，在船舶的明显处悬挂国际通语检疫信号旗：“Q”字旗，表示本船没有染疫，请发给入境检疫证；“QQ”字旗，表示本船有染疫或有染疫嫌疑，请即刻实施检疫。夜间入境时，在船舶的明显处垂直悬挂信号灯：红灯三盏，表示本船没有染疫，请发给入境检疫证；红、红、白、红灯四盏，表示本船有染疫或有染疫嫌疑，请即刻实施检疫。除引航员和经检验检疫机构许可的人员外，其他人员不准上船；不准装卸货物、行李、邮包等物品；其他船舶不准靠近；船上人员，除因船舶遇险外，未经检验检疫机构许可，不得离船；检疫完毕之前，未经检验检疫机构许可，引航员不得擅自将船舶引离检疫锚地。

2. 出境船舶报检要求

出境船舶必须是在最后离开的出境港口接受检疫。出境的船舶，船方或者其代理人应当在船舶离境前 4 小时内向出境口岸检验检疫机构申报，办理出境检验检疫手续。已办理手续但出现人员、货物的变化或者因其他特殊情况 24 小时内不能离境的，须重新办理手续。办理出境检验检疫手续时，船方或者其代理人应当向检验检疫机构提交《航海健康申报书》《总申报单》《货物申报单》《船员名单》《旅客名单》及载货清单等有关资料（入境时已提交且无变动的可免于提供）。

（二）出入境航空器的报检要求

1. 入境飞机的报检要求

（1）来自非检疫传染病疫区并且在飞行中未发现检疫传染病、疑似检疫传染病，或者有人非因意外伤害而死亡且死因不明的飞机，可通过地面航空站向检验检疫机构采用电讯方式进行报检；其申报内容是：飞机的国籍、机型、号码、识别标志、预定到达的时间、出发站、经停站、机组及旅客人数，及飞机上是否载有病人或在飞行途中是否发现病人或死亡人员；若有应提供病名或者主要症状、患病人数、死亡人数。飞机到达后，向检验检疫机构提交飞机总申报单、旅客名单及货物仓单。

（2）来自检疫传染病疫区的飞机，在飞行中发现检疫传染病、疑似检疫传染病，或者有人非因意外伤害而死亡且死因不明时，机长应当立即通知到达机场的航空站向检验检疫机构申报，并在最先到达的国境口岸的指定地点接受检疫。向检验检疫机构申报内容是：飞机的国籍、航班号、机号、机型、预定到达的时间、出发站、经停站、机组及旅客人数，及飞机上是否载有病人或在飞行途中是否发现病人或死亡人员；若有应提供病名或者主要症状、患病人数、死亡人数。

2. 出境飞机的报检要求

实施卫生检疫机场的航空站，应当在出境检疫的飞机起飞前向检验检疫机构提交飞机总申报单、货物仓单和其他有关检疫证件。向检验检疫机构申报内容是：飞机的国籍、机型、号码、识别标志、预定起飞的时间、经停站、目的站及旅客和机组人数。

（三）出入境列车及其他车辆的报检要求

1. 出入境列车的报检要求

出入境列车在到达或者出站前，车站有关人员应向检验检疫机构提前通报列车预计到达时间或预定发车时间、始发站或终点站、车次、列车编组情况、行车路线、停靠站台、旅客人数、司乘人员人数、车上有无疾病发生等事项。

2. 出入境汽车及其他车辆的报检要求

边境口岸出入境车辆是指汽车、摩托车、手推车、自行车、畜产车等。

固定时间的客运汽车在出入境前由有关部门提前通报预计到达时间、旅客人数等；装载的货物应按口岸规定提前向检验检疫机构申报货物种类、数量及重量、到达地等。

三、出入境交通运输工具检验检疫程序

（一）出入境船舶的检验检疫程序

1. 入境船舶检验检疫程序

船舶的入境检验检疫，必须在最先到达的国境口岸的检疫锚地或者经检验检疫机构同意

的指定地点实施。检验检疫机构对申报内容进行审核，确定入境船舶的检疫方式。目前船舶的检疫方式分为：锚地检疫、随船检疫、靠泊检疫和电讯检疫。

（1）锚地检疫。对有下列情况的船舶，应实施锚地检疫。

①来自检疫传染病疫区的；②有检疫传染病人、疑似传染病人或有人非因意外伤害而死亡且死因不明的；③发现啮齿动物异常死亡的；④未持有有效《船舶免于卫生控制措施证书/卫生控制措施证书》的；⑤没有申请随船检疫、靠泊检疫或电讯检疫的；⑥装载活动物的。

（2）随船检疫

对旅游船、军事船、要人访问所乘船舶等特殊船舶及遇有特殊情况的船舶，如船上有病人需要救治、特殊物质急需装卸、船舶急需抢修等，经船方或者其代理人申请，可以实施随船检疫。

（3）靠泊检疫

对未持有我国检验检疫机构签发的有效《交通工具卫生证书》，并且没有应实施锚地检疫所列情况或者由于天气、潮水等原因无法实施锚地检疫的船舶，经船方或者其代理人申请，可实施靠泊检疫。

（4）电讯检疫

对持有我国检验检疫机构签发的有效《交通工具卫生证书》，并且没有应实施锚地检疫所列情况的船舶，经船方或者其代理人申请，可实施电讯检疫。电讯检疫必须是持有效的《交通工具卫生证书》的国际航行船舶在抵港前24小时，通过船舶公司或船舶代理向港口或锚地所在地检验检疫机构以电报形式报告。

检验检疫机构对经检疫判定没有染疫的入境船舶，出具《船舶入境卫生检疫证》；对经检疫判定染疫、染疫嫌疑或者来自传染病疫区应当实施卫生处理的或者其他限制事项的入境船舶，在实施相应卫生处理或者注明应当接受的卫生处理事项后，签发《船舶入境检疫证》。

对于来自动植物疫区的入境船舶，在入境口岸均应实施动植物检疫，重点对船舶的生活区、厨房、冷藏室及动植物性废弃物存放场所和容器等区域进行检疫和防疫处理。发现装有我国规定禁止或限制进境的物品，施加标识予以封存，船舶在中国期间，未经检验检疫机构的许可，不得启封动用。发现有危险性病虫害的，作不准带离运输工具，除害、封存或销毁处理；对卸离运输工具的非动植物性物品或货物作外包装消毒处理；对可能被动植物病虫害污染的部位和场地作消毒除害处理。经检验检疫合格或经除害处理合格的，由口岸检验检疫机构根据不同情况，分别签发《运输工具检疫证书》《运输工具检疫处理证书》方能准予入境。

装载入境动物的船舶，抵达口岸时，未经口岸检验检疫机构防疫消毒和许可，任何人不得接触和移动动物。口岸检验检疫机构采取现场预防措施，对上下船舶的人员、接近动物的人员、装载动物的船舶以及被污染的场地，由口岸检验检疫机构作防疫消毒处理，对饲喂入境动物的饲料、饲养用的铺垫材料以及排泄物等作消毒、除害处理。

入境供拆船用的废旧船舶的检疫，包括进口供拆船用的废旧钢船、入境修理的船舶以及我国淘汰的远洋废旧钢船。不论是否来自动植物疫区，一律由口岸检验检疫机构实施检疫。对检疫发现的我国禁止入境物、来自动植物疫区或来历不明的动植物及其产品，以及动植物性废弃物，均作销毁处理。对发现危险性病虫害的舱室进行消毒、熏蒸处理。

2. 出境船舶检验检疫程序

检验检疫机构审核船方提交的出境有关资料或经登轮检疫，符合有关规定的，签发《交通工具出境卫生检疫证书》。

装载出境动植物、动植物产品和其他检疫物的船舶，经口岸检验检疫机构查验合格后方可装运。如发现危险性病虫害或一般生活害虫超过规定标准的须经除害处理后，由口岸检验检疫机构签发《运输工具检疫处理证书》，准予装运。《运输工具检疫处理证书》只限本次出境有效。

（二）出入境航空器的检验检疫程序

1. 入境飞机的检验检疫程序

来自黄热病疫区的飞机，机长或其授权代理人须主动出示有效的灭蚊证书。检疫人员根据来自不同地区的飞机及机上旅客的健康状况采取不同的处理措施。

对于来自动植物疫区的入境飞机，在入境口岸均应实施动植物检疫，重点对飞机的食品配餐间、旅客遗弃的动植物及其产品、动植物性废弃物等区域进行检疫和防疫处理。发现装有我国规定禁止或限制进境的物品，施加标识予以封存。飞机在中国期间，未经检验检疫机构的许可，不得启封动用。发现有危险性病虫害的，作不准带离运输工具，除害、封存或销毁处理；对卸离运输工具的非动植物性物品或货物作外包装消毒处理；对可能被动植物病虫害污染的部位和场地作消毒除害处理。经检验检疫合格或经除害处理合格的，由口岸检验检疫机构根据不同情况，分别签发《运输工具检疫证书》《运输工具检疫处理证书》方能准予入境。

装载入境动物的飞机抵达口岸时，未经口岸检验检疫机构防疫消毒和许可，任何人不得接触和移动动物。口岸检验检疫机构采取现场预防措施，对上下飞机的人员、接近动物的人员、装载动物的飞机以及被污染的场地，由口岸检验检疫机构作防疫消毒处理，对饲喂入境动物的饲料、饲养用的铺垫材料以及排泄物等作消毒、除害处理。

2. 出境飞机的检验检疫程序

由检验检疫机构确认机上卫生状况符合《卫生检疫法》的要求及其他相关要求，确认机上无确诊或疑似检疫传染病病人，确认机上的中国籍员工均持有检验检疫机构签发的有效健康证书并区别前往国的要求进行必要的卫生处理。检验检疫机构对符合要求的飞机签发《交通工具出境卫生检疫证书》并予以放行。

（三）出入境列车及其他车辆的检验检疫程序

1. 出入境列车的检验检疫程序

客运列车到达车站后，检疫人员首先登车，列车长或者其他车辆负责人应当口头申报车上人员的健康情况及列车上鼠、蚊、蝇等卫生情况。由检疫人员分别对软包、硬包、软座、硬座、餐车、行李车及邮车进行检查。检查结束前任何人不准上下列车，不准装卸行李、货物、邮包等物品。货运列车重点检查货运车厢及其货物卫生状况、可能传播传染病的病媒昆虫和啮齿动物的携带情况。

入境、出境检疫的列车，在查验中发现检疫传染病或疑似检疫传染病，或者因卫生问题需要卫生处理时，应将延缓开车时间、需调离便于卫生处理的行车路线、停车地点等有关情况通知车站负责人。

对于来自动植物疫区的入境列车，在入境口岸均应实施动植物检疫，重点对列车的食品配餐间、旅客遗弃的动植物及其产品、动植物性废弃物等区域进行检疫和防疫处理。发现装有我国规定禁止或限制进境的物品，施加标识予以封存，列车在中国期间，未经检验检疫机构的许可，不得启封动用。发现有危险性病虫害的，作不准带离运输工具，除害、封存或销毁处理；对卸离运输工具的非动植物性物品或货物作外包装消毒处理；对可能被动植物病虫害污染的部位和场地作消毒除害处理。经检验检疫合格或经除害处理合格的，由口岸检验检疫机构根据不同情况，分别签发《运输工具检疫证书》《运输工具检疫处理证书》方能准予入境。

装载入境动物的列车，抵达口岸时，未经口岸检验检疫机构防疫消毒和许可，任何人不得接触和移动动物。采取现场预防措施，对上下列车的人员、接近动物的人员、装载动物的列车以及被污染的场地，由口岸检验检疫机构作防疫消毒处理，对饲喂入境动物的饲料、饲养用的铺垫材料以及排泄物等作消毒、除害处理。

装载过境动物的列车到达口岸时，口岸检验检疫机构对列车和装载容器外表进行消毒。对动物进行检疫，检疫合格的准予过境，检疫不合格的不准过境。过境动物的饲料受病虫害污染的，作除害、不准过境或销毁处理。过境动物的尸体、排泄物、铺垫材料以及其他废弃物，不得擅自抛弃。装载过境植物、动植物产品或其他检疫物的列车或包装容器必须完好，不得有货物撒漏。过境时，口岸检验检疫机构检查列车和包装容器外表，符合国家检疫要求的准予过境，发现列车和包装不严密，有可能使过境货物在途中撒漏的，承运人或押运人应按检疫要求采取密封措施。无法采取密封措施的，不准过境。检疫发现有危害性病虫的，必须进行除害处理，除害处理合格的准予过境，动植物、动植物产品或其他检疫物过境期间，未经检验检疫机构批准不得开拆包装或者卸离列车。出境口岸对过境货物及运输工具不再检疫。

装载过境动植物、动植物产品或其他检疫物的列车检验检疫程序，与装载出境动植物、动植物产品或其他检疫物的船舶检验检疫程序相同。

2. 出入境汽车及其他车辆的检验检疫程序

检验检疫机构对大型客车应派出检疫人员登车检查，旅客及其携带的行李物品应在候车室或检查厅接受检查。

对入境货运汽车，根据申报实施卫生检疫查验或必要的卫生处理。来自动植物疫区的，由入境口岸检验检疫机构作防疫消毒处理。检疫完毕后签发《运输工具检疫证书》。

装载入境动物的汽车及其他车辆，抵达口岸时，未经口岸检验检疫机构防疫消毒和许可，任何人不得接触和移动动物。口岸检验检疫机构采取现场预防措施，对上下车辆的人员、接近动物的人员、装载动物的车辆以及被污染的场地，由口岸检验检疫机构作防疫消毒处理，对饲喂入境动物的饲料、饲养用的铺垫材料以及排泄物等作消毒、除害处理。

装载过境动物的汽车及其他车辆检验检疫程序，与装载过境动物的列车的检验检疫程序相同。

装载出境动物的汽车及其他车辆，须在口岸检验检疫机构监督下进行消毒处理合格后，由口岸检验检疫机构签发《运输工具检疫处理证书》，准予装运。

装载出境动植物、动植物产品或其他检疫物的汽车及其他车辆，与装载出境动植物、动植物产品或其他检疫物的船舶检验检疫程序相同。

复习思考题

一、单选题

1. 出境的交通工具和人员，必须在（　　）的国境口岸接受检疫。

A. 最后离开　B. 最先到达　C. 经过的任何　D. 装货港

2. 出境集装箱的报检时间为（　　）。

A. 装货前　B. 报关前　C. 任何时候　D. 出厂前

3. 入境船舶白天入境时，若此船没有染疾，应于船舶明显处悬挂（　　）。

A. “QQ”字旗　B. “Q”字旗

C. 红红白红四盏灯　D. 红灯三盏

4. 来自动植物疫区的，装载动植物、动植物产品和其他检验检疫物的，以及箱内带有植物性包装物或铺垫材料的集装箱，应实施（　　）。

A. 例行检查　B. 动植物检疫　C. 抽查　D. 检验

5. 新造集装箱使用国产木地板的，须附已有（　　）检验检疫机构认可的标准作永久性免疫处理的证明，才可不用实施检验检疫。

A. 澳大利亚　B. 英国　C. 美国　D. 欧盟

6. 装载动植物、动植物产品的进出境集装箱必须实施（　　）。

A. 卫生检疫　B. 适载鉴定

C. 动植物检疫　D. A、C 都是

7. 装运经国家批准进口的废物原料的集装箱，应当由（　　）实施检验检疫。

A. 目的地检验检疫机构　B. 进境口岸检验检疫机构

C. 指运地检验检疫机构　D. 合同指定的检验检疫机构

8. 来自动植物疫区的船舶、飞机、火车，经检疫发现有禁止进境的动植物、动植物产品和其他检疫物的，口岸出入境检验检疫机构必须进行(　　)。

A. 退回　B. 熏蒸、消毒

C. 封存或销毁　D. 补办检疫审批手续

9.《运输工具检疫处理证书》有效期为（　　）。

A. 1 年　B. 2 年

C. 3 年　D. 只限本次出境有效

10. 装载出境动物的运输工具，装载前应当在口岸检验检疫机构监督下进行（　　）。

A. 清洗处理　B. 消毒处理　C. 灭害处理　D. 以上都对

11. 出境集装箱，如装运出口易腐烂变质食品、冷冻品，则对其实施(　　)。

A. 食品检验　B. 适载检验

C. 动植物检验　D. 以上的答案都不对

12. 船舶必须是在（　　）接受检疫，船舶代理或船方代表应到出境口岸检验检疫机构办理出境检疫手续。

A. 锚地　B. 最后离开的出境港口

C. 码头泊位　D. 任意港口

13. 来自动植物疫区的进境车辆，由口岸检验检疫机构作（　　）。

A. 隔离检疫　B. 封存处理　C. 防疫消毒处理　D. 除害处理

14. 经检验合格的出境危险货物运输包装容器，检验检疫机构出具（ ）。
    A. 出境货物运输包装性能检验结果单
    B. 出境货物运输包装检验申请表
    C. 出境危险货物包装容器使用鉴定结果单
    D. 出口危险货物包装容器质量许可证
15. 生产装载出口危险货物包装容器的企业，必须向检验检疫机构申请实施包装容器的（ ）。
    A. 性能鉴定　B. 使用鉴定　C. 适载检验　D. 载损鉴定
16. 关于集装箱检验检疫，以下表述错误的是（ ）。
    A. 出入境的集装箱均需实施卫生检疫
    B. 出入境集装箱均需做卫生除害处理
    C. 装运冷冻水产品的出境集装箱，需在装货前申请适载检验
    D. 装载动植物、动植物产品的出入境集装箱，需实施动植物检疫
17. 以下出口货物，其装运集装箱必须在装货前实施适载检验的是（ ）。
    A. 易燃烧爆炸物品　B. 易腐烂变质物品
    C. 易破碎损坏物品　D. 易挤压变形物品
18. 装载出口（ ）的集装箱，装载前必须申请实施适载检验。
    A. 轻工产品　B. 机电产品　C. 矿产品　D. 食品

二、多选题

1. 对符合下列情况的船舶，经船方或者其代理人申请，检验检疫机构应当实施锚地检疫（ ）。
    A. 来自检疫传染病疫区的
    B. 废旧船舶
    C. 有检疫传染病病人、疑似检疫传染病病人
    D. 有人非因意外伤害而死亡且死因不明的
2. 新造集装箱不实施检验检疫、不收取任何检验检疫费的情况包括（ ）。
    A. 对不使用木地板的新造集装箱，仅作为商品空箱出口时不实施检验检疫
    B. 所使用的木地板为进口木地板，且进口时附有用澳大利亚检验检疫机构认可的标准作永久性免疫处理的证书，并经我国检验检疫机构检验合格的
    C. 所使用的木地板为国产木地板，且附有已用澳大利亚检验检疫机构认可的标准作永久性免疫处理的证明的
    D. 使用的进口木地板没有我国进口检验检疫合格证书或使用国产木地板没有用澳大利亚检验检疫机构认可的标准作永久性免疫处理的
3. 出境口岸检验检疫机构凭启运口岸检验检疫机构出具的（ ）或（ ）放行。
    A. 《集装箱检验检疫结果单》　B. 《熏蒸/消毒证书》
    C. 《检验处理通知书》　D. 动植物检疫证明
4. 装载动植物、动植物产品的进出境集装箱必须实施（ ）。
    A. 卫生检疫　B. 动植物检疫　C. 适载鉴定　D. 熏蒸消毒
5. 下列表述正确的是（ ）。

A. 所有进境集装箱应实施动植物检疫
B. 所有进境集装箱应实施卫生检疫
C. 所有出境集装箱应实施卫生检疫
D. 所有出境集装箱应实施适载检疫

6. 下列属于运输工具负责人应尽的义务是（　　）。
A. 应及时填写和交验有关单证
B. 如实回答检验检疫人员的询问，并在所提供的文件和询问记录上签字
C. 提供与检验检疫有关的文件
D. 配合检验检疫人员开展检疫工作

7. 来自疫区的入境运输工具经检疫合格或经除害处理合格的，由口岸检验检疫机构根据不同情况，分别签发（　　）方能准予入境。
A. 《运输工具检疫证书》　B. 《运输工具检疫处理证书》
C. 《检验检疫处理通知书》　D. 《交通工具卫生证书》

8. 目前，船舶入境卫生检疫的检疫方式有（　　）。
A. 锚地检疫　B. 随航检疫　C. 泊位检疫　D. 电讯检疫

9. 符合下列哪些条件之一，并经检验检疫机构检查确认运输工具无鼠害的，可签发《免予除鼠证书》（　　）。
A. 空舱
B. 舱内物品不引诱鼠类、放置情况又不妨碍实施鼠类检查
C. 对油轮实舱进行检查
D. 以前多次检查均无鼠害的运输工具

10. 装载过境动物的运输工具到达口岸时，口岸检验检疫机构对（　　）进行消毒。
A. 装载的动物　B. 装载容器外表　C. 运送人员　D. 运输工具

11. 报检出口危险货物时，需提供的单证有（　　）。
A. 生产企业自我声明
B. 出口危险货物包装容器质量许可证
C. 出境危险货物运输包装使用鉴定结果单
D. 出境货物运输包装性能鉴定检验结果单

12. 以下所列出口货物，其装运集装箱无须实施适载检验的有（　　）。
A. 冷冻食品　B. 服装　C. 陶瓷制品　D. 玩具

13. 国内外发生重大传染病疫情时，国家质检总局发布对出入境交通工具和人员及其携带物采取临时性检验检疫强制措施的公告，这些强制措施包括（　　）。
A. 来自疫区的交通工具必须在指定地点停靠
B. 出入境人员必须逐人如实填报《出入境检疫健康申明卡》
C. 出入境人员应由检验检疫专用通道通行
D. 出入境人员携带物必须逐渐通过 X 光机透视检查

14. 装运出口易腐烂变质食品的船舱、集装箱等运载工具，必须在装运前申请适载检验，以下所列属于适载检验项目的有（　　）。
A. 清洁　B. 残损　C. 湿度　D. 密固

15. 某企业从南非进口一批板材（检验检疫类别为 M. P/Q），集装箱运输。货物入境时应对集装箱实施（　　）。

A. 卫生检疫　　B. 动植物检疫　　C. 隔离检疫　　D. 适载检验

16. 以下所列入境集装箱，须实施动植物检疫的有（　　）。

A. 来自动植物疫区的集装箱空箱

B. 来自动植物疫区的集装箱重箱

C. 装载动植物、动植物产品的入境集装箱

D. 带有植物性包装物或铺垫材料的入境集装箱

17. 以下所列，须经检验检疫机构卫生检查或检疫方准入境或出境的有(　　)。

A. 人员　　B. 交通工具

C. 集装箱　　D. 可能传播检疫传染病的货物

三、判断题

1. 目前对入境船舶应采用的检疫方式有锚地检疫、随航检疫、码头泊位检疫和电讯检疫四种。（　　）

2. 所有进境集装箱均应实施动植物检疫。（　　）

3. 入境集装箱可随货物一起在报关后由目的地检验检疫机构实施检疫。（　　）

4. 进境供拆解用的废旧船舶，由口岸出入境检验检疫机构实施动植物检疫。（　　）

5. 享有外交、领事特权与豁免的外国机构和人员公用或者自用的动植物、动植物产品和其他检疫物进境，口岸出入境检验检疫机关不实施动植物检疫。（　　）

6. 需入境检疫的船舶，夜间在明显处垂直悬挂红红白红灯四盏灯号，表示本船没有染疫，请发给入境检疫证。（　　）

7. 装载动物的运输工具抵达口岸时，未经口岸检验检疫机构防疫消毒和许可，任何人不得上下运输工具。（　　）

8. 装载出境动物的运输工具，须在口岸检验检疫机构监督下进行消毒处理合格后，由口岸检验检疫机构签发《运输工具检疫处理证书》，准予装运。（　　）

9. 出入境列车的检疫申报由列车长向检验检疫机构办理。（　　）

10. 输往保税区的货物，应在报检单的“输往国家（地区）”栏填写“保税区”。（　　）

11. 对没有唛头的出口货物，应在报检单的“标记及号码”栏填制“＊＊＊”。（　　）

12. 所有进出境集装箱均应实施卫生检疫。（　　）

13. 装运出口易腐烂变质食品、冷冻品的集装箱，承运人或者装箱单位必须在装货前申请检验，未经检验合格的不准装运。（　　）

14. 已实施装运前检验的货物，入境时无须再报检。（　　）

15. 出口危险货物的生产企业，应向检验检疫机构申请危险货物包装容器使用鉴定。（　　）

16. 入境集装箱必须向入境口岸检验检疫机构报检，未经许可不得提运或拆箱。（　　）

17. 装运出口易腐烂变质食品的集装箱，需申请性能检验和使用鉴定。（　　）

项目十三

出入境人员、携带物、邮寄物、快件的报检与管理

学习目标

了解出入境邮寄物报检、携带物报检、出入境人员报检、快件报检的相关规定；掌握以上任务检验检疫的报检范围、报检的实施方式及程序。

技能目标

通过学习，能够在实践中独立完成出入境邮寄物报检、携带物报检、出入境人员报检、快件报检的手续；初步具备处理以上项目报检过程中各个环节可能出现的问题的能力。

任务一　出入境人员、携带物的报检与管理

案例导入

2012 年 5 月 13 日下午，宁波检验检疫局机场办事处检疫人员在执行从澳门飞往宁波的 NX162 航班检疫查验时，经 X 光机检查，发现一名旅客的箱包有异常，开包进一步检查后，发现行李箱内有一大包鲍鱼干。检验检疫人员现场称量，该批鲍鱼干重达 16 千克。水果和鲍鱼干是我国法律明令禁止携带入境的物品，因无法提供相关检疫合格证书，检疫官员对该批鲍鱼干作出截留、限期退运出境处理决定。请分析：国家对携带物的管理规定以及做出处理决定的依据。

【相关链接】

2012 年 1 月 13 日，农业部、质检总局发布了新修订的《中华人民共和国禁止携带、邮寄进境的动植物及其产品名录》，在这一新名录中，三大类十六项的动植物及其产品禁止经携带、邮寄途径传入我国内地。

一、动物及动物产品类

（一）活动物（犬、猫除外），包括所有的哺乳动物、鸟类、鱼类、两栖类、爬行类、昆虫类和其他无脊椎动物，动物遗传物质。（二）（生或熟）肉类（含脏器类）及其制品，水生动物产品。（三）动物源性奶及奶制品，包括生奶、鲜奶、酸奶，动物源性的奶油、黄油、奶酪及其他未经高温处理的奶类产品。（四）蛋及其制品，包括鲜蛋、皮蛋、咸蛋、蛋液、蛋壳、蛋黄酱及其他未经热处理的蛋源产品等。（五）燕窝（罐头装燕窝除外）。（六）油脂类，皮张、毛类，蹄、骨、角类及其制品。（七）动物源性饲料（乳清粉、血粉等）、动物源性中药材、动物源性肥料。

二、植物及植物产品类

（八）新鲜水果、蔬菜。（九）烟叶（不含烟丝）。（十）种子（苗）、苗木及其他具有繁殖能力的植物材料。（十一）有机栽培介质。（十二）土壤。

三、其他检疫物类

（十三）动物尸体、动物标本、动物源性废弃物。（十四）菌种、毒种等动植物病原体，害虫及其他有害生物，细胞、器官组织、血液及其制品等生物材料。（十五）转基因生物材料。（十六）国家禁止进境的其他动植物、动植物产品和其他检疫物。

注：1. 通过携带或邮寄方式进境的动植物及其产品和其他检疫物，经过国家有关行政管理部门审批许可，并具有输出国或地区官方出具的检疫证书，不受此名录的限制。

2. 具有输出国官方兽医出具的动物检疫证书和疫苗接种证书的犬、猫等宠物，每人仅限一只。

一、出入境人员卫生检疫

检验检疫机构通过对出入国境口岸的人员进行检验和查验，发现染疫人和染疫嫌疑人，并采取隔离、留验、就地诊验等措施和必要的卫生处理，达到控制传染病源、切断传播途径、防止传染病传入或传出，保护人类健康的目的。

（一）出入境人员健康检查

1. 健康检查对象

应接受健康检查的出入境人员包括：

（1）申请出国或出境一年以上的中国籍公民。

（2）在境外居住3个月以上的中国籍回国人员。

（3）来华工作或居留一年以上的外籍人员。

（4）国际通行交通工具上的中国籍员工。

2. 健康检查的重点项目

健康检查的重点项目因检查对象的不同而有所不同，具体为：

（1）中国籍出境人员。重点检查检疫传染病、监测传染病，还应根据去往国家疾病控制要求、职业特点及健康标准，着重检查有关项目，增加必要的检查项目。

（2）回国人员。除按照国际旅行人员健康检查记录表中的各项内容检查外，重点应进行艾滋病抗体监测、梅毒等性病的监测。同时根据国际疫情增加必要的检查项目，如疟疾血清监测或血涂片、肠道传染病的粪检等。

（3）来华外籍人员。验证外国签发的健康检查证明，对可疑项目进行复查，对项目不全的进行补项。其重点检查项目是检疫传染病、监测传染病和外国人禁止入境的传染病。

（4）国际通行交通工具上的中国籍员工。除按照国际旅行人员健康检查记录表中的各项内容检查外，重点进行艾滋病抗体监测、梅毒等性病的监测。

（二）国际预防接种

1. 国际预防接种的对象

应接受国际预防接种的人员包括：

（1）中国籍出入境人员（包括旅游、探亲、留学、定居、外交官员、公务、研修、劳务等）。

（2）外籍人员（含我国香港、澳门、台湾同胞）。

（3）国际海员和其他途径国际口岸的交通工具上的员工。

（4）边境口岸有关人员。

2. 国际预防接种的项目

国际旅行者是否需要实施某种预防接种，视其旅行的路线和到达国家的要求及其传染病疫情而确定。预防接种的项目可分为三类：

（1）根据世界卫生组织和《国际卫生条例》有关规定确定的预防接种项目，目前黄热病预防接种是国际旅行中唯一要求的预防接种项目；

（2）推荐的预防接种项目；

（3）申请人自愿要求的预防接种项目。

3. 国际预防接种禁忌证明

《预防接种禁忌证明》是签发给患有不宜进行预防接种的严重疾病的旅行者的一种证书。前往正在流行《国际卫生条例》规定的烈性传染病的疫区或被世界卫生组织确定为某种传染病的常年疫区的地区，需要有某种有效的预防接种，有些国家也要求入境旅行者应具有某种有效的预防接种，否则将受到留验等卫生处理措施。由于这些人所患疾病为需要接种疫苗的禁忌证，因此，经申请人申请及提供有关的疾病诊断证明，检验检疫机构将给予签发《预防接种禁忌证明》。

（三）出入境人员检疫申报要求

1. 常态管理

当国内外未发生重大传染病疫情时，出入境人员免于填报《出/入境健康申明卡》。但有发热、呕吐等症状，患有传染性疾病或精神病，携带微生物、人体组织、生物制品、血液及其制品，动植物及其产品等须主动申报事项的出入境人员须主动口头向检验检疫人员申报，并接受检验检疫。

检验检疫人员通过加强对出入境人员的医学巡视、红外线体温检测，采用现代科技手段和科学合理的监督管理办法加强对出入境人员携带特殊物品的检疫巡查、X 光机检查、抽查等。提高检验检疫工作的有效性，严防疫病传入或传出，防止禁止进境物入境。

2. 应急管理

当国内外发生重大传染病疫情时，出入境人员必须逐人如实填报《出/入境健康申明卡》，并经检验检疫机构设立的专用通道通行；出入境人员携带物必须逐件通过 X 光机透视检查。

对疑似染疫人员、患有传染性疾病或精神病的人员，检验检疫人员将实施体温复查、医学检查等措施；对可能传播传染病的出入境人员携带物，检验检疫人员将采取相应的处理措施，防止疫病疫情传播。

二、出入境人员携带物的检验检疫

为防止传染病及其医学媒介生物、动物传染病、寄生虫病和植物危险性病、虫、杂草以及其他有害物经国境传入、传出，保护人体健康和农、林、牧、渔业安全，根据《中华人民共和国进出境动植物检疫法》及其实施条例、《中华人民共和国国境卫生检疫法》及其实施细则和其他有关法律法规的规定，制定出入境人员携带物检疫管理办法。

携带物是指出入境人员包括旅客、员工和享有外交、领事特权与豁免权人员携带或随交通工具托运的物品。

（一）携带物的检验检疫范围

1. 入境动植物、动植物产品及其他检疫物

2. 出入境的微生物、人体组织、生物制品、血液及血液制品等特殊物品（简称特殊物品）

3. 出入境的骸骨、骨灰及尸体、棺柩等

4. 来自疫区、被传染病污染或者可能传播传染病的出入境的行李和物品

5. 其他应当向出入境检验检疫机构申报并接受检疫的携带物

检验检疫机构在出入境港口、机场、车站和边境通道等场所实施检验、检疫，以现场检疫为主，其他检疫手段为辅。

（二）携带物的检验检疫程序

1. 携带物检验检疫申报要求

（1）入境人员携带上述检验检疫范围内的物品入境时，必须如实填写《入境检疫申明卡》，主动向口岸检验检疫机构申报。

（2）携带植物种子、苗木及其他植物繁殖材料入境的，需提供事先经进境直属检验检疫机构局备案的《引进种子、苗木检疫审批单》或《引进林木种子、苗木和其他繁殖材料检疫审批单》。因科学研究等特殊需要携带禁止进境物入境的，须提供国家质检总局出具的《进境动植物特许检疫许可证》。

（3）携带特殊物品出入境的，应当按照有关规定提供《入/出境特殊物品卫生检疫审批单》（简称《卫生检疫审批单》）。

（4）携带尸体、骸骨等出入境的，应当按照有关规定提供死者的死亡证明及其他相关单证。

2. 携带物的检验检疫程序

（1）口岸检验检疫机构对申报的内容和相关材料进行物证审核。对于国家规定允许携带并且在合理数量范围内的携带物以现场检疫为主，经现场检疫未发现病虫害的，随检放行；如果现场检疫认定需要截留作实验室检测以及必须实施除害处理的，则做截留处理，向物主签发《出入境人员携带物留检/处理凭证》，经检验检疫合格或除害处理后放行。检验检疫不合格又无法有效处理或经除害处理后不合格的，限期退回或销毁处理，并有口岸检验检疫机构签发《出入境人员携带物留检/处理凭证》。

（2）禁止携带《中华人民共和国进境植物检疫禁止进境名录》《中华人民共和国禁止携

带、邮寄进境的动物、动物产品和其他检疫物名录》所列的各物和国家禁止进口的废旧服装、废旧麻袋、血液、血液制品（除人血清白蛋白）及国家规定禁止入境的其他检疫物入境。携带国家禁止携带进境物入境的，作退回或销毁处理。

（3）出入境人员携带的特殊物品，经检验检疫合格后予以放行；尸体、骸骨、骨灰、棺柩经检疫和卫生检查合格签发《尸体/棺柩/骸骨/骨灰入/出境许可证》，方可运进或者运出，不合格的做卫生处理或予以退回。

（4）携带出境的动植物、动植物产品和其他检疫物，物主有要求的，检验检疫机构实施检验检疫，检疫合格的，签发检疫证书。

任务二　出入境邮寄物、快件的报检与管理

案例导入

江苏、深圳、上海检验检疫局先后从来自欧洲、日本、我国台湾等国家和地区的入境邮包中截获禁止携带、邮寄的数批入境生物，包括活体昆虫（主要为犀金龟科昆虫和蚂蚁）和龟类。截获的邮包均申报为玩具、礼品和服装，企图蒙混过关。江苏、深圳、上海检验检疫局已依法对这些邮包进行了销毁处理。请分析，我国对邮寄物品的检验检疫监督管理规定要求。

一、出入境邮寄物检验检疫

随着经济全球化和国际交往日益频繁，出入境邮寄物数量激增，邮寄物中夹带国家禁止邮寄出入境的动植物及其产品、其他检疫物及特殊物品的现象呈上升趋势，外来有害生物及有毒有害物质传入我国的风险性随之加大。为防止传染病、寄生虫病、危险性病虫杂草及其他有害生物随邮寄物传入、传出我国国境，保护我国农、林、渔、牧、副业生产安全和人体健康，加强邮寄物检验检疫的任务十分艰巨。

（一）邮寄物检验检疫的范围

邮寄物检验检疫是指对通过国际邮政渠道（包括邮政部门、国际邮件快递公司和其他经营国际邮件的单位）出入境动植物、动植物产品和其他检疫物实施的检验检疫。

邮寄物检验检疫的范围包括通过邮政寄递的下列物品：

1. 进出境的动植物、动植物产品及其他检疫物

2. 进出境的微生物、人体组织、生物制品、血液及其制品等特殊物品

3. 来自疫区的、被检疫传染病传染的或者可能成为检疫传染病传播媒介的邮包

4. 进境邮寄物所使用或携带的植物性包装物、铺垫材料

5. 其他法律法规、国际条约规定需要实施检疫的进出境邮寄物

（二）邮寄物检疫审批

1. 邮寄进境植物种子、苗木及其繁殖材料

收件人须事先按规定向农业或林业主管部门办理检疫审批手续，因特殊情况无法事先办理的，收件人应向进境口岸所在地直属检验检疫局申请补办检疫审批手续。

邮寄进境植物产品需要办理检疫审批手续的，收件人须事先向国家质检总局或经其授权

的进境口岸所在地直属检验检疫局申请办理检疫审批手续。

2. 因科研、教学等特殊需要，需邮寄进境《中华人民共和国禁止携带、邮寄进境的动物、动物产品和其他检疫物名录》和《中华人民共和国进境植物检疫禁止进境名录》所列禁止进境物的

收件人须事先按照有关规定向国家质检总局申请办理特许审批手续。

3. 邮寄《中华人民共和国禁止携带、邮寄进境动物、动物产品和其他检疫物名录》以外的动物产品

收件人须事先向国家质检总局或经其授权的进境口岸所在地直属检验检疫局申请办理检疫审批手续。

4. 邮寄物属微生物、人体组织、生物制品、血液及其制品等特殊物品

收件人或寄件人须向进出境口岸所在地或产地直属检验检疫局申请办理检疫审批手续。

（三）邮寄物检验检疫

1. 入境检疫

（1）申报。邮寄物入境后，邮政部门应及时通知检验检疫机构实施现场检疫，并向检验检疫机构提供入境邮寄物清单。

由国际邮件互换局直分到邮局营业厅的邮寄物，由邮局通知收件人到检验检疫机构办理检疫手续。收件人对须检疫审批的物品，应向检验检疫机构提供检疫审批的有关单证。

快递邮寄物由快递公司、收件人或其代理人限期到检验检疫机构办理检疫手续。

（2）检疫。对需拆包检查的入境邮寄物，由检验检疫机构工作人员进行拆包、重封，邮政部门工作人员应在现场给予必要的配合。重封时，应加贴检验检疫封识。

对需做进一步检疫的入境邮寄物，由检验检疫机构工作人员同邮政部门办理交接手续后予以封存，带回检验检疫机构，并通知收件人。收件人应按检验检疫机构的通知要求限期办理审批和报检手续。

（3）放行和处理。

① 检验检疫机构对来自疫区或者被传染病污染的进出境邮寄物实施卫生处理，并签发有关单证。

② 入境邮寄物经检验检疫机构检疫合格或经检疫处理合格的，由检验检疫机构在邮件显著位置加盖检验检疫印章放行，由邮政机构运递。

③ 入境邮寄物有下列情况之一的，由检验检疫机构作退回或销毁处理。

未按规定办理检疫审批或未按检疫审批的规定执行的；国家质检总局公告规定禁止邮寄入境的；证单不全的；在限期内未办理报检手续的；经检疫不合格又无有效方法处理的；其他需作退回或销毁处理的。

对进境邮寄物做退回处理的，由检验检疫机构出具《检验检疫处理通知书》，并注明退回原因，由邮政机构负责退回寄件人。

做销毁处理的，由检验检疫机构出具《检验检疫处理通知书》，并与邮政机构共同登记后，由检验检疫机构通知寄件人。

2. 出境检疫

（1）申报。出境邮寄物有下列情况之一的，寄件人须向检疫机构报检，由检验检疫机构按照有关国家或地区的检验检疫要求实施现场或实验室检疫。

① 寄往与我国签订双边植物检疫协定的国家，或输入国有检疫要求的。

② 出境邮寄物中含有微生物、人体组织、生物制品、血液及其制品等特殊物品的。

③ 寄件人有检疫需要的。

（2）检疫。出境邮寄物经检验检疫机构检疫合格的，由检验检疫机构出具有关单证，由邮政机构运递。经检疫不合格又无有效方法处理的，不准邮寄出境。

二、出入境快件检验检疫

《商检法》及其实施条例、《动植物检疫法》及其实施条例、《卫生检疫法》及其实施细则、《食品安全法》及其实施条例、《出入境快件检验检疫管理办法》等有关法律、法规和部门规章规定，出入境检验检疫机构依法对出入境快件实施检验检疫。

出入境快件是指依法经营出入境快件的企业（简称快件经营人）在特定时间内以快速的商业运输方式承运的出入境货物和物品。

（一）出入境快件检验检疫的范围

应当实施检验检疫的出入境快件包括：

（1）根据《动植物检疫法》及其实施条例和《卫生检疫法》及其实施细则，以及国际公约及双边规定应当实施动植物检验检疫和卫生检疫的。

（2）列入《法检商品目录》的。

（3）属于实行强制性认证制度、进口安全质量许可制度、出口质量许可制度以及卫生注册登记制度管理的。

（4）其他有关法律、法规规定应当实施检验检疫的。

（二）出入境快件的报检要求

1. 报检的时间和地点

快件经营人必须经检验检疫机构备案登记后，方可按照有关规定办理出入境快件的报检手续。

（1）快件出入境时，应由具备快件资格的快件经营人及时向所在地的检验检疫机构办理报检手续，凭检验检疫机构签发的《出/入境货物通关单》向海关办理报关手续。

（2）入境快件在到达特殊监管区时，快件经营人应及时向所在地的检验检疫机构办理报检手续。

（3）出境快件在其运输工具离境 4 小时前应向离境口岸检验检疫机构办理报检手续。

（4）快件经营人可以通过电子数据交换的方式申请办理报检，检验检疫机构对符合条件的予以受理。

2. 报检应提供的单证

快件经营人在申请办理出入境快件报检时，应提供报检单、总运单、每一批快件的分运单、发票等有关单证。属于下列情形之一的，还应向检验检疫机构提供有关文件。

（1）输入动物、动物产品、植物种子、种苗及其他繁殖材料的，应提供相应的检疫审批许可证件和检疫证明。

（2）因科研等特殊需要，输入禁止进境物的，应提供国家质检总局签发的特许审批证明。

（3）属于微生物、人体组织、生物制品、血液及其制品等特殊物品的，应提供国家相关部门出具的准出入证明、《出入境特殊物品卫生检疫审批单》及其相关资料。

（4）属于实施强制认证制度、进口安全质量许可制度、出口质量许可制度以及卫生注册登记制度管理的，应提供有关证明。

（5）其他法律法规或者有关国际条约，双边协议有规定的，应提供相应的审批证明文件。

（三）检验检疫及处理

检验检疫机构对出入境快件的检验检疫监管，以现场检验检疫为主，特殊情况的，可以取样作实验室检验检疫。

（1）入境快件经检验检疫发现检疫传染病病原体污染的或者带有动植物检疫危险性病虫害的以及根据法律法规规定须作检疫处理的，应当由检验检疫机构按规定实施卫生、除害处理。

（2）入境快件经检验不符合法律、行政法规规定的强制性标准或者其他必须执行的检验标准的，必须在检验检疫机构的监督下进行技术处理。

（3）出入境快件经检验检疫合格的或检验检疫不合格但经实施有效检验检疫处理符合要求的，由检验检疫机构签发《出/入境货物通关单》，予以放行。对检验检疫不合格且不能进行技术处理，或经技术处理后重新检验仍不合格的，由检验检疫机构签发有关单证交快件运营人，作退回或销毁处理。

（4）对应当实施检验检疫的出入境快件，未经检验检疫或者经检验检疫不合格的，不得运递。

（5）检验检疫机构对出入境快件需做进一步检验检疫处理的，检验检疫机构可以封存，并与快件运营人办理交接手续。

复习思考题

一、单选题

1.《预防接种禁忌证明》是签发给患有（　　）的旅行者的一种证书。

A. 慢性病　　B. 严重疾病

C. 艾滋病　　D. 不宜进行预防接种的严重疾病

2. 为了加强出入境人员传染病监测，根据法律法规的有关规定，出入境检验检疫机构要求入境人员旅客填写（　　）。

A. 预防接种申请书　　B. 入境检疫申明卡

C. 国际旅行健康检查证明书　　D. 出入境人员传染报告卡

3. 中国籍出境人员重点检测（　　）和监测传染病。

A. 遗传传染病　　B. 家庭传染病

C. 近亲传染病　　D. 检疫传染病

4. 旅客携带物检验检疫以（　　）为主。

A. 医院检验　　B. 现场检疫

C. 任意检疫手段　　D. 其他检疫手段

5. 携带植物种子、苗木以及其他繁殖材料的，（　　）。

A. 可以免办检疫审批手续

B. 事先办理检疫审批手续

C. 可以事后随时补办检疫审批手续

D. 在报检的同时办理检疫审批手续

6. 携带国家禁止携带进境物进境的，作（　　）处理。

A. 封存　B. 退回　C. 销毁　D. 退回或者销毁

7. 旅客携带伴侣犬、猫进境，须持有输出国（或地区）官方兽医检疫机关出具的检疫证书和（　　）。

A. 动物注册证明　B. 宠物注册证明

C. 宠物健康证明　D. 狂犬病免疫证书

8. 旅客携带伴侣动物进境，口岸检验检疫机构对有关伴侣犬、猫在指定场所进行为期（　　）天的隔离检疫。

A. 7　B. 15　C. 30　D. 60

9. 检验检验机构对快件运营人实行（　　）。

A. 出口质量许可制度　B. 分类管理制度

C. 备案登记制度　D. 审批认证制度

10. 出入境快件由（　　）向检验检疫机构办理报检手续。

A. 发货人　B. 代理报检单位

C. 快件营运人　D. 收货人

11. 出境快件在其运输工具离境（　　）小时，快件营运人应向离境口岸检验检疫机构办理报检。

A. 4 小时　B. 5 小时　C. 6 小时　D. 8 小时

12. 因科学研究需要携带了禁止携带物进境，必须（　　）。

A. 事先办理检疫审批手续

B. 在报检的同时办理检疫审批手续

C. 可以事后办理检疫审批手续

D. 可以免办检疫审批手续

13. 因科研等特殊需要，输入禁止进境物的快件，快件营运人报检时应提供（　　）签发的特许审批证明。

A. 邮政部门　B. 国家质检总局

C. 中国科学院　D. 直属检验检疫机构

14. 邮寄物入境后，邮政部门应向检验检疫机构提供进境邮寄物清单，由检验检疫人员实施（　　）。

A. 拆验检疫　B. 抽样检疫　C. 电讯检疫　D. 现场检疫

15. 关于出入境快件报检，以下表述正确的有（　　）。

A. 快件收发货人可以直接办理报检手续

B. 快件收发货人应当委托快件营运企业办理报检手续

C. 快件营运企业应当以收发货人的名义办理报检手续

D. 快件营运企业应以自己的名义办理报检手续

16. 应实施检验检疫的出入境快件包括（　　）。

A. 其他有关法律法规规定应当实施检验检疫的

B. 列入《出入境检验检疫机构实施检验检疫的进出境商品目录》内的

C. 属于实施强制性认证制度、出口质量许可制度以及卫生注册登记制度管理的
D. 根据《中华人民共和国进出境动植物检疫法》及其实施条例和《中华人民共和国国境卫生检疫法》及其实施细则，已经过有关国际条约、双边规定应当实施动植物检验检疫和卫生检疫的海关员工

17. 出境有机物经检疫或经检疫处理合格的，检验检疫机构签发（　　）放行。检疫不合格又无有效方法处理的，不准入境。
A.《出境货物通关单》　　B.《出境货物检疫证书》
C.《出镜邮寄货物通关单》　　D.《出镜邮寄货物检疫证书》

18. 邮寄植物种子、种苗及其他繁殖材料入境，未依法办理检疫审批手续的，口岸出入境检验检疫局应当依法进行处理，下列各项中表述错误的是（　　）。
A. 对邮寄物予以没收
B. 作销毁处理的，签发通知单，通知邮寄人
C. 作退回的，在邮件及发递单上批注退回原因的
D. 由口岸出入境检验检疫局作退回或者销毁处理

二、多选题

1. 国内外发生重大传染病疫情时，国家质检总局发布对出入境交通工具和人员及其携带物采取临时性检验检疫强制措施的公告，这些强制措施包括（　　）。
A. 来自疫区的交通工具必须在指定的地点停靠
B. 出入境人员必须逐人如实填写《出入境检疫健康申请卡》
C. 出入境人员应由检验检疫专用通道通行
D. 出入境人员携带物必须逐件通过X光机透视检查

2. 根据《中华人民共和国国境卫生检疫法》，应接受健康检查的出入境人员包括（　　）。
A. 申请出国或出境一年以上的中国籍公民
B. 在境外居住3个月以上的中国籍回国人员
C. 在华工作或居留一年以上的外籍人员
D. 国际通行工具上的中国籍员工

3. 根据《中华人民共和国国境卫生检疫法》及其实施细则有关规定，患有（　　）的外国人将被阻止入境。
A. 开放性肺结核病　　B. 艾滋病和性病
C. 麻风病　　D. 精神病

4. 出入境人员检疫是通过检疫查验发现染疫嫌疑人，给予（　　）等手段，从而达到控制传染病源、切断传播途径、防治传染病传入或传出的目的。
A. 隔离　　B. 留验　　C. 扣留　　D. 就地诊验

5. 回国人员检疫是通过检疫检查除按照国际旅行人员健康检查记录表中的各项内容检查外，重点应进行（　　）。
A. 开放性肺结核监测　　B. 艾滋病抗体监测
C. 精神病监测　　D. 梅毒等性病的监测

6. 根据对象的具体出国国别及鉴证类型不同，预防接种项目也不同，但大致可分为哪三类？（　　）

A. 途经国法定要求接种项目
B. 前往国法定要求接种项目
C. 前往地区或机构推荐接种项目
D. 申请人自愿要求的接种项目

7. 以下物品出境，须向检验检疫机构申报的有（　　）。
A. 参加巴黎国际时装展览的服装
B. 援助印度洋海啸受灾国家的物资
C. 出境旅客携带的宠物犬
D. 赴欧洲演杂技团携带的演艺物品

8. 某畜产品公司经理在法国参加贸易洽谈会后回国时，随身携带了 2 只活兔子、3 张生兔皮样品、2 包法国产的香肠和 20 粒法国名贵花木种子，以下表述正确的有（　　）。
A. 除生兔皮外，其他的都是禁止携带进境物
B. 只有花木种子是允许携带的，但应补办检疫审批手续
C. 香肠是允许携带的，而且在申报时也无须提供标签审核证书
D. 活兔子即使是用于产品开发实验，也不允许携带入境

9. 下列关于携带伴侣动物出入境说法正确的有（　　）。
A. 最多可以携带两只伴侣动物出入境
B. 出境时持县级以上检疫部门出具的有关证书向检验检疫机构申报
C. 口岸检验检疫机构对伴侣动物在指定场所进行为期 45 天的隔离检疫
D. 进境时向海关申报，并持有输出国或地区官方出具的检疫证书及相关证明

10. 关于出入境快件报检，以下表述正确的有（　　）。
A. 快件收发货人可以直接办理报检手续
B. 快件收发货人应当委托快件营运企业办理报检手续
C. 快件营运企业应当以收发货人的名义办理报检手续
D. 快件营运企业应以自己的名义办理报检手续

11. 应实施检验检疫的出入境快件包括（　　）。
A. 其他有关法律法规规定应当实施检验检疫的
B. 列入《出入境检验检疫机构实施检验检疫的进出境商品目录》内的
C. 属于实施强制性认证制度、出口质量许可制度以及卫生注册登记制度管理的
D. 根据《中华人民共和国进出境动植物检疫法》及其实施条例和《中华人民共和国国境卫生检疫法》及其实施细则，已经过有关国际条约、双边规定应当实施动植物检验检疫和卫生检疫的

12. 进出境邮寄物检疫的范围包括（　　）。
A. 动植物、动植物产品及其他检疫物的国际邮寄物品
B. 来自疫区的被传染病污染的或可能成为传染病传播媒介的国际邮寄物品
C. 微生物、人体组织、生物制品、血液及其制品等特殊物品的国际邮寄物品
D. 通过邮政渠道运递并需实施检疫的其他国际邮寄物品

13. 携带、邮寄进境的动植物、动植物产品和其他检疫物，经检疫不合格又无有效方法做除害处理的，作（　　）处理。

A. 没收　　　B. 销毁　　　C. 退回　　　D. 罚款

14. 进境邮寄物有下列（　　）情况之一的，作退回或销毁处理。

A. 罚单不全的

B. 经检疫不合格又无有效处理方法的

C. 在期限内未办理检疫审批或报检手续的

D.《中华人民共和国国家质量监督检验检疫总局公告》规定禁止邮寄进境的

三、判断题

1. 所有出境人员在入境时必须填写《入境检疫申请卡》。（　　）

2. 申请出国或出境一年以上的中国籍公民应申请出入境人员健康体检。（　　）

3. 在境外居住3个月以上的中国籍人员，必须申请出入境人员健康体检。（　　）

4. 出入境人员检验检疫是通过检疫查验发现染疫人和染疫嫌疑人，并予以隔离、留验、就地诊断和必要的卫生处理，从而达到控制传染病源、切断传播途径、防止传染病传入或传出的目的。（　　）

5. 出境的交通工具和人员，必须在最后离开的国境口岸接受检疫。（　　）

6. 检查来华外籍人员重点检查项目有检疫传染病、麻风、精神病等。（　　）

7. 入境人员随身从境外带入境内的自用物品无须办理强制性产品认证。（　　）

8. 对出入境的旅客、员工个人携带的行李和物品，无须实施卫生处理。（　　）

9. 对旅客携带用于人体的特殊物品入境的，必须事先申请办理检疫审批，携带出境的不需要办理，但要办理申报手续。（　　）

10. 旅客携带伴侣犬、猫进境时，对犬、猫的数量没有限制。（　　）

11. 隔离检疫期内，由于伴侣犬、猫的饲养管理所产生的费用由检验检疫机构负责。（　　）

12. 口岸检验检疫机构对伴侣动物在指定场所进行为期30天的隔离检疫。（　　）

13. 采用快件方式进出口的商品，应有收发货人办理报检手续。（　　）

14. 法定检验检疫的出入境快件的报检手续应当由快件营运人办理。（　　）

15. 快件出入境时，应由具备报检资格的快件营运人及时向所在地检验检疫机构办理报检手续，凭检验检疫机构签发的《检验检疫处理通知书》向海关办理报关。（　　）

16. 快件营运不可通过电子数据交换（EDI）的方式申请报检。（　　）

17. 出境快件在其离境6小时之前，快件营运人应向离境口岸检验检疫机构办理报检手续。（　　）

18. 入境快件在离开海关监管区之前，快件营运人应及时向所在地检验检疫机构办理报检手续。（　　）

19. 根据规定需要办理检疫审批的入境邮寄物，收件人应向入境口岸检验检疫机构申请办理检疫审批手续，经审批同意并经检疫合格后方准入境。（　　）

20. 携带、邮寄植物种子、种苗及其他繁殖材料入境的，携带人或者邮寄人应当在货物到岸后向口岸检验检疫机构申请办理检疫审批手续，经审批机关同意并经检疫合格后方准入境。（　　）

21. 入境出境的微生物、人体组织、生物制品、血液及其制品等特殊物品的携带人、托运人或者邮递人，必须向卫生检疫机关申报并接受卫生检疫。（　　）

参考资料

1. 相关书籍

［1］国家质检总局报检员资格考试委员会. 报检员资格全国统一考试教材［M］. 北京：中国标准出版社，2009.

［2］童宏祥. 报检理论与实务［M］. 上海：复旦大学出版社，2010.

2. 网络资源

［1］国家质量监督检验检疫总局：http://www.aqsiq.gov.cn.

［2］北京出入境检验检疫局：http://www.bjciq.gov.cn.

［3］杭州出入境检验检疫局：http://www.ha.ziq.gov.cn.

［4］苏州出入境检验检疫局：http://www.jsciq.gov.cn.

［5］浙江检验检疫技术性贸易措施信息服务平台：http://www.tbt-sps.ziq.gov.cn.

［6］报检员资格考试网：http://www.baojianyuan.net.cn.